普通高等教育"十一五"国家级规划教材

北京高等教育精品教材
BEIJING GAODENG JIAOYU JINGPIN JIAOCAI

电子信息科学基础课程丛书

电子技术与数字电路

(第二版)

王克义　编著

北京大学出版社
PEKING UNIVERSITY PRESS

内 容 简 介

本书为普通高等教育"十一五"国家级规划教材。本书第一部分讲述模拟电子技术，内容包括：半导体器件基础知识、基本放大电路、集成运算放大器、直流稳压电源等。第二部分讲述数字电子技术，内容包括：数制与编码、逻辑代数基础及应用、常用逻辑门电路、组合逻辑电路的分析与设计、触发器及时序逻辑电路、常用逻辑部件、可编程逻辑器件及其开发工具、数/模和模/数转换等。

本书严格按照教学大纲编写，内容精练，层次清楚，实用性强。本书可作为高等学校理工科各专业教材，也可作为高等教育自学考试和高职高专学校教材。

图书在版编目(CIP)数据

电子技术与数字电路/王克义编著. —2版. —北京：北京大学出版社，2010.12
（电子信息科学基础课程丛书）
ISBN 978-7-301-18428-8

Ⅰ.①电… Ⅱ.①王… Ⅲ.①模拟电路－电子技术－高等学校－教材②数字电路－电子技术－高等学校－教材 Ⅳ.①TN7

中国版本图书馆 CIP 数据核字(2010)第 007154 号

书　　　　名：	电子技术与数字电路（第二版）
著作责任者：	王克义　编著
责 任 编 辑：	王　华
标 准 书 号：	ISBN 978-7-301-18428-8/TP · 1149
出 版 发 行：	北京大学出版社
地　　　　址：	北京市海淀区成府路 205 号　100871
网　　　　址：	http://www.pup.cn　电子信箱：zpup@pup.pku.edu.cn
电　　　　话：	邮购部 62752015　发行部 62750672　编辑部 62765014　出版部 62754962
印 刷 者：	三河市博文印刷厂
经 销 者：	新华书店
	730 毫米×980 毫米　16 开本　23.5 印张　430 千字
	1996 年 2 月第 1 版
	2010 年 12 月第 2 版　2013 年 10 月第 2 次印刷
定　　价：	42.00 元

未经许可，不得以任何方式复制或抄袭本书之部分或全部内容。
版权所有，侵权必究
举报电话：(010)62752024　电子信箱：fd@pup.pku.edu.cn

前　言

随着电子技术的迅速发展和计算机技术的广泛应用,"模拟电子技术与数字电子技术"已成为高等学校许多专业的一门重要的技术基础课。

本书紧密围绕模拟电路与数字电路的核心知识,在选材和内容安排上注意基础知识和实际应用技术相结合,并按照"器件—模拟—数字—数/模和模/数"的体系编排。模拟电路部分主要讨论了半导体器件及模拟集成电路构成的电子电路,主要内容包括半导体基础知识,放大电路基础,集成运算放大器和直流稳压电源。对半导体器件内部工作原理的讨论,力求概念清楚,避免繁复的数学推导。对各类模拟集成电路,重点是介绍集成元件的外部特性及实际应用技术。

数字电路部分主要讨论了数制与编码,逻辑代数基础,逻辑门电路,触发器电路以及组合逻辑电路和时序逻辑电路的分析与设计等内容,并特别介绍了可编程逻辑器件及其开发工具 MAX＋Plus II。此外,还介绍了脉冲信号的产生与整形以及数/模和模/数转换方面的有关内容。

本书注重精选内容,突出重点,加强学生对基本概念和基本原理的理解,并注重实际应用能力的训练。每章后的小结便于学生复习时参考,思考题和习题有利于学生自我检查。书后给出了部分习题的参考答案。

本书适合作高等学校有关专业"电子技术"或同类课程的教材,也可用作高等教育自学考试及高职高专的相应教材。前 4 章内容建议学时数为 20 学时,后 9 章建议学时数为 40 学时。

本书是作者在近年承担北京大学计算机系本科生、北京大学理科实验班教学实践的基础上编写而成的,并参考和吸收了国内外优秀教材的有关内容。在此,特向有关作者一并致谢。

在本书的编写和出版过程中,承蒙北京大学信息科学技术学院及北京大学出版社领导的热情支持和指导,北京大学出版社理科编辑室陈小红主任、责任编辑王华老师为本书的编辑、出版给予了大力支持和帮助。在此,谨向他/她们表示衷心的感谢。

由于时间及水平所限,书中一定存在不少缺点和错误,诚请读者和使用本书的教师批评、指正。

编　者

2010 年 12 月于北京大学计算机科学技术系

wky@pku.edu.cn

目 录

第1章 半导体器件 (1)

1.1 半导体基础知识 (1)
- 1.1.1 半导体的导电特性 (1)
- 1.1.2 PN结及其单向导电特性 (3)

1.2 半导体二极管 (6)
- 1.2.1 二极管的结构与分类 (6)
- 1.2.2 二极管的伏安特性 (7)
- 1.2.3 二极管的主要参数 (9)
- 1.2.4 特殊二极管 (10)
- 1.2.5 二极管的应用 (12)

1.3 双极型晶体管 (15)
- 1.3.1 晶体管的结构 (15)
- 1.3.2 晶体管的电流控制作用 (16)
- 1.3.3 晶体管的特性曲线 (18)
- 1.3.4 晶体管的主要参数 (20)

1.4 场效应晶体管 (21)
- 1.4.1 场效应晶体管的主要特点与分类 (21)
- 1.4.2 绝缘栅型场效应晶体管的结构 (22)
- 1.4.3 绝缘栅型场效应晶体管的特性曲线 (23)
- 1.4.4 绝缘栅型场效应晶体管的主要参数 (25)

本章小结 (26)

习题1 (26)

第2章 放大电路基础 (29)

2.1 基本放大电路的组成和工作原理 (29)
- 2.1.1 共发射极基本放大电路的组成 (30)
- 2.1.2 共发射极基本放大电路的工作原理 (30)

2.2 放大电路的静态分析 (31)
- 2.2.1 计算法 (31)
- 2.2.2 图解法 (32)

2.3 放大电路的动态分析 (33)

2.3.1　图解法的动态分析 …………………………………… (34)
　　　2.3.2　微变等效电路法的动态分析 ………………………… (37)
　2.4　静态工作点的稳定 …………………………………………… (41)
　　　2.4.1　温度对静态工作点的影响 …………………………… (41)
　　　2.4.2　静态工作点稳定的放大电路 ………………………… (42)
　2.5　共集电极放大电路 …………………………………………… (45)
　　　2.5.1　静态分析 ……………………………………………… (46)
　　　2.5.2　动态分析 ……………………………………………… (46)
　2.6　场效应晶体管放大电路 ……………………………………… (48)
　　　2.6.1　电路的组成 …………………………………………… (49)
　　　2.6.2　静态分析 ……………………………………………… (49)
　　　2.6.3　动态分析 ……………………………………………… (50)
　2.7　多级放大电路 ………………………………………………… (52)
　　　2.7.1　多级放大电路的耦合方式 …………………………… (52)
　　　2.7.2　多级放大电路的性能分析 …………………………… (55)
　2.8　差分放大电路 ………………………………………………… (55)
　　　2.8.1　差分放大电路的基本结构和工作原理 ……………… (56)
　　　2.8.2　差分放大电路的输入输出方式 ……………………… (59)
　2.9　功率放大电路 ………………………………………………… (61)
　　　2.9.1　功率放大电路的特点及类型 ………………………… (62)
　　　2.9.2　互补对称功率放大电路 ……………………………… (63)
　本章小结 ……………………………………………………………… (66)
　习题 2 ………………………………………………………………… (67)

第 3 章　集成运算放大器及其应用 …………………………………… (71)
　3.1　集成运算放大器 ……………………………………………… (71)
　　　3.1.1　集成运放的特点 ……………………………………… (71)
　　　3.1.2　集成运放的组成及主要参数 ………………………… (71)
　　　3.1.3　集成运放的理想模型 ………………………………… (73)
　3.2　放大电路中的负反馈 ………………………………………… (75)
　　　3.2.1　反馈的基本概念 ……………………………………… (75)
　　　3.2.2　负反馈的基本类型及其判别[1] ……………………… (77)
　　　3.2.3　负反馈对放大电路性能的影响 ……………………… (79)
　3.3　集成运放的线性应用 ………………………………………… (81)
　　　3.3.1　比例运算电路 ………………………………………… (81)

3.3.2　加法和减法运算电路 …………………………………… (84)
　　　3.3.3　积分和微分运算电路 …………………………………… (86)
　3.4　集成运放的非线性应用 ……………………………………………… (88)
　　　3.4.1　零电压比较器 …………………………………………… (88)
　　　3.4.2　任意电压比较器 ………………………………………… (90)
　　　3.4.3　滞回比较器 ……………………………………………… (91)
　　　3.4.4　窗口比较器 ……………………………………………… (92)
　本章小结 ………………………………………………………………… (93)
　习题 3 …………………………………………………………………… (93)
第 4 章　直流稳压电源 ………………………………………………………… (97)
　4.1　整流电路 …………………………………………………………… (97)
　　　4.1.1　单相桥式整流电路工作原理 ……………………………… (97)
　　　4.1.2　单相桥式整流电路参数计算 ……………………………… (98)
　4.2　滤波电路 …………………………………………………………… (100)
　　　4.2.1　电容滤波电路 ……………………………………………… (100)
　　　4.2.2　电感滤波电路 ……………………………………………… (103)
　　　4.2.3　复合滤波电路 ……………………………………………… (104)
　4.3　直流稳压电路 ……………………………………………………… (104)
　　　4.3.1　稳压管稳压电路 …………………………………………… (104)
　　　4.3.2　串联型稳压电路 …………………………………………… (106)
　4.4　集成稳压器 ………………………………………………………… (108)
　本章小结 ………………………………………………………………… (110)
　习题 4 …………………………………………………………………… (110)
第 5 章　数字电路基础 ………………………………………………………… (113)
　5.1　进位计数制 ………………………………………………………… (113)
　　　5.1.1　进位计数制及其基数和权 ………………………………… (113)
　　　5.1.2　计算机中几种常用的进位计数制 ………………………… (114)
　5.2　不同进位制数之间的转换 ………………………………………… (117)
　　　5.2.1　二进制数转换为十进制数 ………………………………… (117)
　　　5.2.2　十进制数转换为二进制数 ………………………………… (117)
　　　5.2.3　任意两种进位制数之间的转换 …………………………… (120)
　5.3　二进制数的算术运算和逻辑运算 ………………………………… (121)
　　　5.3.1　二进制数的算术运算 ……………………………………… (121)
　　　5.3.2　二进制数的逻辑运算 ……………………………………… (122)
　　　5.3.3　移位运算 …………………………………………………… (124)

5.4 数据在计算机中的表示形式 ………………………………………… (125)
　　5.4.1 机器数与真值 ………………………………………………… (125)
　　5.4.2 四种常见的机器数形式 ……………………………………… (126)
　　5.4.3 二-十进制编码 ……………………………………………… (131)
　　5.4.4 其他几种 BCD 码 …………………………………………… (132)
5.5 字符代码 …………………………………………………………… (136)
5.6 逻辑代数的基本原理及应用 ……………………………………… (138)
　　5.6.1 逻辑代数的基本概念 ………………………………………… (138)
　　5.6.2 逻辑代数的基本公式 ………………………………………… (142)
　　5.6.3 逻辑代数的三个重要规则 …………………………………… (144)
　　5.6.4 逻辑函数的代数化简法 ……………………………………… (146)
本章小结 ………………………………………………………………… (149)
习题 5 …………………………………………………………………… (149)

第 6 章 逻辑门电路 …………………………………………………… (152)

6.1 分立元件的门电路 ………………………………………………… (152)
　　6.1.1 二极管"与"门 ……………………………………………… (152)
　　6.1.2 二极管"或"门 ……………………………………………… (153)
　　6.1.3 "非"门 ……………………………………………………… (153)
　　6.1.4 "与非"门 …………………………………………………… (154)
6.2 集成门电路 ………………………………………………………… (155)
　　6.2.1 TTL"与非"门 ……………………………………………… (156)
　　6.2.2 TTL 门电路的其他类型 ……………………………………… (157)
　　6.2.3 ECL 门电路 …………………………………………………… (163)
6.3 MOS 电路 …………………………………………………………… (163)
6.4 逻辑门电路的性能指标 …………………………………………… (165)
　　6.4.1 输出高电平(V_{OH})和输出低电平(V_{OL}) ……………………… (165)
　　6.4.2 关门电平(V_{OFF})、开门电平(V_{ON})和阈值电平(V_T) …… (165)
　　6.4.3 平均延迟时间 ………………………………………………… (166)
　　6.4.4 扇入系数(N_i)和扇出系数(N_o) ………………………… (167)
　　6.4.5 空载导通电源电流(I_{CCL})和空载截止电源电流(I_{CCH}) … (167)
6.5 常用逻辑门的图形符号 …………………………………………… (168)
本章小结 ………………………………………………………………… (169)
习题 6 …………………………………………………………………… (170)

第 7 章 组合逻辑电路 ………………………………………………… (171)

7.1 几个基本概念 ……………………………………………………… (171)

- 7.1.1 "积之和"与"和之积" …… (171)
- 7.1.2 最小项和最大项 …… (171)
- 7.1.3 最小项表达式和最大项表达式 …… (173)

7.2 逻辑函数的卡诺图化简法 …… (175)
- 7.2.1 卡诺图 …… (175)
- 7.2.2 卡诺图的编号 …… (177)
- 7.2.3 用卡诺图化简逻辑函数 …… (178)

7.3 不完全规定的逻辑函数的化简方法 …… (183)
- 7.3.1 无关最小项的概念 …… (183)
- 7.3.2 利用无关最小项化简逻辑函数 …… (183)

7.4 组合逻辑电路的分析 …… (185)

7.5 组合逻辑电路的设计 …… (187)
- 7.5.1 加法电路的设计 …… (188)
- 7.5.2 代码转换电路的设计 …… (190)
- 7.5.3 七段数字显示器的原理与设计 …… (192)

7.6 几种常用的组合逻辑电路 …… (195)
- 7.6.1 加法器 …… (195)
- 7.6.2 译码器 …… (196)
- 7.6.3 编码器 …… (197)
- 7.6.4 多路选择器 …… (200)
- 7.6.5 多路分配器 …… (203)

7.7 利用中、大规模集成电路进行逻辑设计 …… (205)
- 7.7.1 利用中规模集成电路组件构成所需逻辑部件 …… (206)
- 7.7.2 ROM 的逻辑结构及其应用 …… (208)
- 7.7.3 可编程逻辑阵列 PLA …… (213)

7.8 组合逻辑电路中的竞争与险象 …… (215)
- 7.8.1 竞争现象 …… (215)
- 7.8.2 险象的产生 …… (216)
- 7.8.3 险象的判别 …… (218)
- 7.8.4 险象的消除 …… (219)

本章小结 …… (222)

习题 7 …… (223)

第 8 章 时序电路的基本单元——触发器 …… (226)

8.1 RS 触发器 …… (226)
- 8.1.1 基本 RS 触发器 …… (226)

8.1.2 钟控 RS 触发器 ……………………………………………… (228)
　　8.1.3 数据锁存器 …………………………………………………… (229)
8.2 触发器外部逻辑特性的描述 …………………………………………… (231)
8.3 维阻 D 触发器 ……………………………………………………………… (232)
8.4 主从 JK 触发器 …………………………………………………………… (235)
　　8.4.1 主从触发器 …………………………………………………… (235)
　　8.4.2 JK 触发器 ……………………………………………………… (236)
　　8.4.3 主从 JK 触发器 ……………………………………………… (237)
8.5 T 触发器 ……………………………………………………………………… (238)
8.6 触发器的主要参数 ………………………………………………………… (239)
　　8.6.1 触发器的直流参数 ……………………………………………… (239)
　　8.6.2 触发器的时间参数 ……………………………………………… (239)
8.7 不同类型触发器间的转换 ………………………………………………… (240)
　　8.7.1 D 触发器转换成其他类型的触发器 ………………………… (241)
　　8.7.2 JK 触发器转换成其他类型的触发器 ……………………… (242)
8.8 触发器的激励表 …………………………………………………………… (244)
8.9 触发器集成电路 …………………………………………………………… (245)
本章小结 …………………………………………………………………………… (247)
习题 8 ……………………………………………………………………………… (247)

第 9 章 时序逻辑电路 ……………………………………………………… (248)

9.1 时序电路的基本组成 ……………………………………………………… (248)
9.2 时序电路的描述方法 ……………………………………………………… (249)
　　9.2.1 状态图 ………………………………………………………… (249)
　　9.2.2 状态表 ………………………………………………………… (249)
　　9.2.3 时间图 ………………………………………………………… (250)
9.3 时序电路的分析 …………………………………………………………… (251)
9.4 时序电路的设计 …………………………………………………………… (255)
　　9.4.1 根据设计要求形成原始状态表 ……………………………… (255)
　　9.4.2 状态化简 ……………………………………………………… (257)
　　9.4.3 状态分配与电路实现 ………………………………………… (258)
　　9.4.4 时序电路设计举例 …………………………………………… (261)
本章小结 …………………………………………………………………………… (263)
习题 9 ……………………………………………………………………………… (264)

第 10 章 时序逻辑电路的应用 …………………………………………… (266)

10.1 寄存器 ……………………………………………………………………… (266)

10.1.1 代码寄存器 ……………………………………………… (266)
10.1.2 移位寄存器 ……………………………………………… (268)
10.2 串行加法器 …………………………………………………………… (272)
10.3 计数器 ………………………………………………………………… (273)
10.3.1 概述 …………………………………………………………… (273)
10.3.2 二进制异步计数器 …………………………………………… (274)
10.3.3 二进制同步计数器 …………………………………………… (275)
10.3.4 非二进制计数器 ……………………………………………… (279)
10.3.5 组合计数器 …………………………………………………… (282)
本章小结 …………………………………………………………………… (283)
习题 10 ……………………………………………………………………… (283)

第 11 章 可编程逻辑器件及其开发工具 …………………………………… (285)
11.1 可编程逻辑器件(PLD)概述 …………………………………………… (285)
11.1.1 PLD 的产生 …………………………………………………… (285)
11.1.2 PLD 的发展 …………………………………………………… (286)
11.1.3 PLD 的主要特点 ……………………………………………… (287)
11.1.4 PLD 的基本结构 ……………………………………………… (288)
11.2 FPGA 的工作原理与基本结构 ………………………………………… (288)
11.2.1 FPGA 的工作原理[5] ………………………………………… (288)
11.2.2 FPGA 的基本结构 …………………………………………… (289)
11.2.3 IP 核简介[5] …………………………………………………… (292)
11.3 FPGA 的设计与开发 …………………………………………………… (293)
11.3.1 FPGA 的基本开发流程 ……………………………………… (293)
11.3.2 FPGA/CPLD 开发工具 MAX+Plus II 简介 ……………… (295)
本章小结 …………………………………………………………………… (307)
习题 11 ……………………………………………………………………… (308)

第 12 章 脉冲信号的产生与整形 …………………………………………… (309)
12.1 脉冲信号波形的特性参数 ……………………………………………… (309)
12.2 单稳态触发器 …………………………………………………………… (310)
12.2.1 微分型单稳电路 ……………………………………………… (310)
12.2.2 积分型单稳电路 ……………………………………………… (312)
12.3 多谐振荡器 ……………………………………………………………… (313)
12.3.1 环形多谐振荡器 ……………………………………………… (314)
12.3.2 *RC* 环形振荡器 ……………………………………………… (315)
12.3.3 石英晶体多谐振荡器 ………………………………………… (316)

12.4 施密特触发器 ……………………………………………… (318)
 12.4.1 电路组成 ……………………………………… (318)
 12.4.2 工作原理 ……………………………………… (318)
 12.4.3 应用举例 ……………………………………… (320)
12.5 555 定时器 ………………………………………………… (321)
 12.5.1 电路结构 ……………………………………… (321)
 12.5.2 引脚功能 ……………………………………… (323)
 12.5.3 定时器的逻辑功能 …………………………… (323)
 12.5.4 555 定时器应用举例 ………………………… (324)
12.6 单次脉冲产生电路 ……………………………………… (327)
 12.6.1 异步单脉冲发生器 …………………………… (327)
 12.6.2 同步单脉冲发生器 …………………………… (328)
本章小结 ………………………………………………………… (329)
习题 12 …………………………………………………………… (329)

第 13 章 数/模和模/数转换器 …………………………………… (331)
13.1 概述 ……………………………………………………… (331)
13.2 D/A 转换器 ……………………………………………… (332)
 13.2.1 D/A 转换器的工作原理 ……………………… (332)
 13.2.2 D/A 转换器的主要技术指标 ………………… (336)
 13.2.3 D/A 转换器芯片 ……………………………… (337)
 13.2.4 D/A 转换器与微处理器的接口 ……………… (340)
13.3 A/D 转换器 ……………………………………………… (340)
 13.3.1 基本概念 ……………………………………… (340)
 13.3.2 A/D 转换器的工作原理 ……………………… (342)
 13.3.3 A/D 转换器的主要技术指标 ………………… (343)
 13.3.4 A/D 转换器芯片 ……………………………… (344)
 13.3.5 A/D 转换器与微处理器接口 ………………… (346)
本章小结 ………………………………………………………… (346)
习题 13 …………………………………………………………… (347)

附录一 半导体器件的命名方法 ………………………………… (348)
附录二 线性网络常用定理与定律 ……………………………… (349)
部分习题参考答案 ………………………………………………… (353)
主要参考文献 ……………………………………………………… (362)

第1章 半导体器件

半导体器件是用半导体材料制成的电子器件,它是构成各种电子电路的基本元件,也是构造各种复杂模拟或数字电路系统的基础器件。本章首先介绍半导体基础知识,包括半导体材料的特性,半导体中载流子的运动,PN 结及其单向导电特性;然后介绍半导体二极管、稳压管、双极型晶体管以及场效应晶体管的结构、工作机理、特性曲线和主要参数等。

1.1 半导体基础知识

1.1.1 半导体的导电特性

自然界中的物质,按其导电能力的强弱可分为导体、半导体和绝缘体三种类型。半导体的导电能力介于导体和绝缘体之间。物理学和化学原理表明,物质的导电能力是由它们的原子结构决定的。导体一般为低价元素,例如银、铜等金属材料都是良好的导体,它们的原子结构中的最外层电子极易挣脱原子核的束缚而成为自由电子,在外电场的作用下产生定向移动,形成电流;高价元素(如隋性气体)或高分子物质(如橡胶),它们的原子结构中的最外层电子极难挣脱原子核的束缚成为自由电子,其导电性极差,称为绝缘体。

常用的半导体材料有硅(Si)和锗(Ge)等,硅原子中共有 14 个电子围绕原子核旋转,最外层轨道上有 4 个电子,如图 1.1(a)所示。原子最外层轨道上的电子通常称为价电子,因此硅为 4 价元素。锗原子中共有 32 个电子围绕原子核旋转,最外层轨道上的电子数也为 4 个,如图 1.1(b)所示,所以锗也为 4 价元素。为了简便起见,常用带+4 电荷的正离子和周围的 4 个价电子来表示一个 4 价

(a) 硅　　　　　　(b) 锗　　　　　　(c) 简化模型

图 1.1　硅和锗的原子结构示意图

元素的原子,如图1.1(c)所示。硅和锗的最外层电子既不像导体那样容易挣脱原子核的束缚,也不像绝缘体那样被原子核所紧紧束缚,所以其导电性介于导体和绝缘体之间,呈现出典型的半导体导电特性。

1. **本征半导体**

将硅和锗这样的半导体材料经一定的工艺高纯度提炼后,其原子排列将变成非常整齐的状态,称为单晶体,也称本征半导体。

在本征半导体中,每个原子与相邻的 4 个原子结合,每一原子的 4 个价电子分别为相邻的 4 个原子所共有,组成所谓共价键结构,如图 1.2 所示。共价键中的电子不像绝缘体中的价电子被束缚得那样紧。一些价电子获得一定能量(如温度升高或被光照)后,可以克服共价键的束缚而成为自由电子,这种现象称为电子"激发"。此时,本征半导体具有了一定的导电能力,但由于自由电子的数量很少,所以它的导电能力比较微弱。同时,在原来的共价键中留下一个空位,这种空位称为空穴。空穴因失掉一个电子而带正电。由于正负电的相互吸引作用,空穴附近共价键中的价电子会来填补这个空位,于是又会产生新的空穴,又会有相邻的价电子来填补,如此进行下去就形成了空穴移动,如图 1.3 所示。

图 1.2　共价键结构示意图

图 1.3　空穴和自由电子

由此可见,半导体中存在着两种运载电荷的粒子,称为载流子,即带负电的自由电子和带正电的空穴。在本征半导体中,自由电子和空穴总是成对产生,成为电子-空穴对,所以两种载流子浓度是相等的。

在室温条件下,本征半导体中载流子的数目很少,所以导电性能较差。温度升高时,载流子浓度将按指数规律增加。因此,温度对本征半导体的导电性能有很大影响。

2. **杂质半导体**

若在本征半导体中掺入少量的杂质元素,就能显著地改善半导体的导电性能。根据所掺杂质的不同,掺杂后的半导体可分为 N(Negative)型半导体和 P(Positive)型半导体两种。

(1) N 型半导体

如果在纯净的硅(或锗)晶体中掺入少量的 5 价杂质元素(如磷 P、砷 As、锑

Sb 等),则原来晶格中的某些硅原子的位置将被杂质原子所代替,就形成了 N 型半导体。由于这种杂质原子最外层有 5 个价电子,其中 4 个与周围硅原子形成共价键,因此还多出一个电子。这个多出的电子由于不受共价键的束缚便成为可以导电的自由电子,而杂质原子成为不可移动的正离子,如图 1.4 所示。

在 N 型半导体中,自由电子的浓度将远远高于空穴的浓度,因此自由电子称为多数载流子(简称多子),而其中的空穴称为少数载流子(简称少子)。由于杂质原子可以提供电子,故称为施主原子。N 型半导体主要靠施主原子提供的电子导电,掺入的杂质原子越多,自由电子的浓度也就越高,导电性能就越强。

(2) P 型半导体

如果在纯净的硅(或锗)晶体中掺入少量的 3 价杂质元素(如硼 B、铝 Al、镓 Ga 等),则原来晶格中的某些硅原子的位置将被杂质原子所代替,就形成了 P 型半导体。由于这种杂质原子最外层有 3 个价电子,在与周围 4 个硅原子形成共价键时,就产生了一个空穴,如图 1.5 所示。当相邻硅原子的外层电子由于热运动填补此空穴时,杂质原子成为不可移动的负离子,同时在硅原子的共价键中又产生了一个新的空穴。

在 P 型半导体中,空穴的浓度将远远高于自由电子的浓度,因此空穴为多子,而其中的自由电子为少子。由于杂质原子中形成的空穴可以吸收电子,故称这样的杂质原子为受主原子。P 型半导体主要靠受主原子提供的空穴导电,掺入的杂质原子越多,空穴的浓度就越高,导电性能就越强。

图 1.4 N 型半导体结构

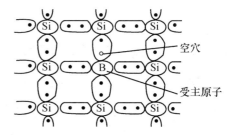

图 1.5 P 型半导体结构

值得注意的是,N 型半导体和 P 型半导体虽然各自都有一种多数载流子,但在整个半导体中正、负电荷数是相等的,即从总体上看,仍然保持着电中性。

1.1.2 PN 结及其单向导电特性

在一块本征半导体上,一边掺入施主杂质,使之成为 N 型半导体,另一边掺入受主杂质,使之成为 P 型半导体,那么在 N 型和 P 型半导体的交界面附近,就会形成具有特殊物理性能的 PN 结。PN 结是构成各种半导体器件的基础。

1. PN 结的形成

由于 N 型半导体中电子是多子,空穴是少子;而 P 型半导体中空穴是多子,电子是少子,因此在 N 型半导体和 P 型半导体的交界处存在着较大的电子和空穴浓度差。N 型区中的电子要向 P 型区扩散,P 型区中的空穴要向 N 型区扩散。如图 1.6 所示,靠近交界处的箭头表示了两种载流子的扩散方向。然而,带电粒子的扩散不会无限制地进行下去,因为带电粒子一旦扩散到对方就会发生复合现象,从而使电子和空穴因复合而消失。N 型区的电子向 P 型区扩散,并与 P 型区的空穴复合,使 P 型区失去空穴而留下不能移动的带负电的离子;P 型区的空穴也要向 N 型区扩散,并与 N 型区的电子复合,使 N 型区失去电子而留下带正电的离子。这些正、负离子所占的空间称作"空间电荷区"。由于空间电荷区内缺少可以自由运动的载流子,所以又称"耗尽层",如图 1.7 所示。空间电荷区中的正、负离子之间形成一个内电场,方向是由 N 型区指向 P 型区。内电场对两边多子的进一步扩散起阻挡作用,所以空间电荷区也称为"阻挡层"。但内电场可以使两边的少子产生漂移运动。漂移运动的方向与扩散运动相反。扩散运动使空间电荷区加宽,内电场增强,于是扩散阻力增大;漂移运动使空间电荷区变窄,内电场减弱,使扩散容易进行。当扩散运动和漂移运动作用相等时,便处于动态平衡状态,空间电荷区不再扩大,这种动态平衡状态下的空间电荷区就是 PN 结。

图 1.6 多子的扩散运动

图 1.7 PN 结的形成

从上面的介绍可以看到,在 PN 结中进行着两种载流子运动:多子的扩散运动和少子的漂移运动。在无外电场和其他激发作用下,多子的扩散运动和少子的漂移运动保持动态平衡。

2. PN 结的单向导电性

如果在 PN 结两端外加电压,将破坏其原来的平衡状态。当外加电压极性不同时,PN 结表现出截然不同的导电性能,即呈现出单向导电性。

当电源的正极接 P 区,负极接 N 区,称为"加正向电压"或"正向偏置",如图 1.8 所示。这时外加电场方向与内电场方向相反,外电场将 P 区和 N 区的多数载流子推向空间电荷区,使其空窄,削弱了内电场,破坏了原来的平衡,使扩散运动加剧,而漂移运动减弱。由于电源的作用,扩散运动源源不断地进行,从而形成正向电流,PN 结导通。

PN 结导通时的结压降只有零点几伏,所以应在它所在的回路中串联一个电阻,以限制回路中的电流,防止 PN 结因正向电流过大而损坏。

当电源的正极接 N 区,负极接 P 区,称为"加反向电压"或"反向偏置",如图 1.9 所示。反向偏置时,外加电场与内电场方向相同,外电场将 N 区和 P 区的多数载流子拉向电源电极方向,使空间电荷区变宽,内电场增加,阻止扩散运动的进行,而加剧漂移运动的进行,形成反向电流(也称漂移电流)。反向电流是由少数载流子的漂移运动形成的,当温度不变时,少数载流子的浓度不变,反向电流在一定范围内将不随外加电场的大小而变化,所以常把反向电流称为"反向饱和电流"。由于少数载流子数目极少,所以反向电流近似为零,可以认为 PN 结反向偏置时处于截止状态。

综上所述,PN 结加正向电压时,呈现较小的正向电阻,形成较大的正向电流,PN 结处于导通状态;PN 结加反向电压时,呈现很大的反向电阻,流过很小的反向电流,PN 结近似于截止状态。这种只允许一个方向电流通过的特性称为 PN 结的单向导电性。

图 1.8　PN 结外加正向电压时导通　　　图 1.9　PN 结外加反向电压时截止

3. PN 结的伏安特性

式(1-1)给出了流过 PN 结的电流 I 与 PN 结两端电压 U 之间的关系式:

$$I = I_S(e^{U/U_T} - 1) \tag{1-1}$$

式中,I_S 为反向饱和电流;U_T 是温度的电压当量,在常温(300 K)下,$U_T = 26\,\mathrm{mV}$。把式(1-1)绘成曲线,如图 1.10 所示,称为 PN 结的伏安特性曲线。当 PN 结加正向电压时,在 U 大于 U_T 几倍以后,式(1-1)中 $e^{U/U_T} \gg 1$,于是 $I \approx I_S e^{U/U_T}$,表明正向电流 I 随电压 U 呈指数规律增加,如图中 OA 段,这段曲线称为 PN 结的正向伏安特性;当 PN 结加反向电压时,$U<0$,在 $|U|$ 大于 U_T 几倍后,式(1-1)中的 $e^{U/U_T} \to 0$,于是 $I \approx -I_S$,即反向电流基本上是一个不随外加电

压变化而变化的常数,如图中的 OB 段,这段曲线称为 PN 结的反向伏安特性。

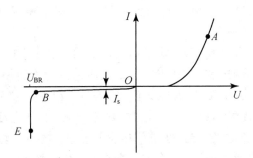

图 1.10 PN 结的伏安特性曲线

4. PN 结的击穿

当加于 PN 结的反向电压增大到一定数值时,反向电流突然急剧增大,如图 1.10 中的 BE 段所示,这种现象称为 PN 结的反向击穿。对应于电流开始剧增的反向电压 U_{BR},称为击穿电压。PN 结的击穿分为"雪崩击穿"和"齐纳击穿"两种类型。

雪崩击穿是指 PN 结内作漂移运动的少数载流子受强电场的加速作用可获得很大的能量,当它与 PN 结内的原子碰撞时,把其中的价电子碰撞出来,产生新的电子-空穴对。新的电子-空穴对在强电场的作用下,再去碰撞其他原子,产生更多的电子-空穴对,如同雪崩一样。雪崩击穿发生在掺杂浓度比较低、外加电压比较高的情况中。

齐纳击穿发生在高浓度掺杂的 PN 结中。由于杂质浓度高,所以形成的 PN 结很窄,即使外加反向电压并不很高,结内电场强度就很强,它可以把结内的束缚电子从共价键中拉出来引起反向电流的剧增。

需要指出,发生上述两种击穿后,只要反向电流的热效应不致损坏 PN 结,当反向电压降到击穿电压以下时,PN 结的性能仍可恢复。

1.2 半导体二极管

1.2.1 二极管的结构与分类

如果在一个 PN 结的两端加上电极引线并用外壳封装起来,便构成一只半导体二极管,简称二极管。由 P 区引出的电极称为阳极或正极,由 N 区引出的电极为阴极或负极。常见的二极管的结构及符号表示如图 1.11 所示。

图 1.11 二极管的结构和符号

二极管的类型很多,按制造材料来分,有硅二极管和锗二极管;按二极管的结构来分,主要有点接触型和面接触型。下面简要说明几种不同结构二极管的主要特点。

1. 点接触型

其结构如图 1.11(a)所示。它是用一根细金属丝压在晶片上,在接触点形成 PN 结。由于它的结面积小,因而不能通过较大的电流,但结电容小,适用于高频检波及小电流高速开关电路中。

2. 面接触型

其结构如图 1.11(b)所示。它用合金法做成较大接触面积,允许通过较大电流,但结电容较大,只适用于低频及整流电路中。

3. 平面型

其结构如图 1.11(c)所示。它用二氧化硅作保护层,使 PN 结不受污染,从而大大地减小了 PN 结两端的漏电流,因此,它的质量较好。其中结面积大的作大功率整流管,结面积小的作高频管或高速开关管。

1.2.2 二极管的伏安特性

二极管的特性实际上是 PN 结特性,考虑到引线电阻及表面漏电流等因素的影响,实测的二极管伏安特性与 PN 结伏安特性存在一定偏差。图 1.12 是实测二极管伏安特性曲线,该特性曲线可以分为正向特性和反向特性两部分。下面分别予以介绍。

(a) 硅二极管2CP11　　　　(b) 锗二极管2AP15

图 1.12　二极管伏安特性

1. 正向特性

当二极管两端加很低的正向电压时(如图 1.12 中①所指部分)，外电场还不能克服 PN 结内电场对多数载流子扩散运动所形成的阻力，因此这时的正向电流仍很小，二极管呈现的电阻较大；当二极管两端的电压超过一定数值即阈值电压后(如图 1.12 中②所指部分)，内电场被大大削弱，二极管的电阻变得很小，于是电流增长很快。阈值电压又称开启电压或死区电压，随管子的材料和温度的不同而改变，硅管约为 0.6 V，锗管约为 0.2 V。

2. 反向特性

当二极管两端加上反向电压时(如图 1.12 中③所指部分)，由于少数载流子的漂移运动，因而形成很小的反向电流。反向电流有两个特性，一是它随温度的增长而增长；二是当反向电压不超过某一数值时，反向电流不随反向电压改变而改变，因此这个电流称为反向饱和电流。

当外加反向电压过高时，反向电流将突然增大(如图 1.12 中④所指部分)，二极管失去单向导电特性，这种现象称为反向击穿。产生击穿时加在二极管上的反向电压称为反向击穿电压 U_{BR}。

3. 温度对二极管特性的影响

温度对二极管特性有较大影响，随着温度的升高，将使正向特性曲线向左移，反向特性曲线向下移。正向特性曲线左移，表明在相同的正向电流下，二极管正向压降随温度升高而减小。实验表明，温度每升高 1℃，正向压降约减小 2 mV。反向特性曲线下移，表明温度升高时，反向电流增大。实验表明，温度每升高 10℃，反向电流约增大一倍。

4. 理想二极管特性

在电路中,如果二极管正向压降远小于和它串联的电压,反向电流远小于和它并联的电流,则二极管可用理想二极管来等效。对于理想二极管,正向偏置时,二极管管压降为零,相当于短路;反向偏置时,反向电流为零,二极管相当于开路。

例 1.1 在如图 1.13 所示的电路中,已知输入端 A 的电位 $U_A=3\,\mathrm{V}$,输入端 B 的电位 $U_B=0\,\mathrm{V}$,电阻 R 接 $+5\,\mathrm{V}$ 电源,设二极管 D_1 和 D_2 均为理想二极管,试求输出端 F 的电位 U_F。

图 1.13 例 1.1 的电路图

解 因为 $U_B<U_A$,所以二极管 D_2 优先导通,又由于二极管为理想元件,则输出 F 的电位为 $U_F=U_B=0\,\mathrm{V}$。当 D_2 导通后,D_1 上加的是反向电压,因而 D_1 截止。

在本例中,二极管 D_2 起钳位作用,把 F 端的电位钳制在 $0\,\mathrm{V}$;D_1 起隔离作用,把输入端 A 和输出端 F 隔离开来。

1.2.3 二极管的主要参数

元件参数是对元件性能的定量描述,是选择和使用元件的基本依据。二极管的参数有很多,各种参数都可以从半导体器件手册中查出,下面只介绍几个主要参数。

1. 最大整流电流 I_{FM}

I_{FM} 是指二极管长期运行时,允许通过的最大平均电流。其大小主要取决于 PN 结的结面积,并且受结温的限制。使用时,二极管的平均电流不要超过此值,否则可能使二极管因过热而损坏。

2. 最高反向工作电压 U_{DRM}

U_{DRM} 是指二极管使用时允许加在二极管上的最大反向电压,通常取反向击穿电压 U_{RB} 的 1/2。

3. 反向电流 I_R

I_R 是指在室温下,在二极管两端加上规定的反向电压时,流过二极管的反向电流。I_R 越小,管子的单向导电性能越好。

4. 最高工作频率 f_M

f_M 值主要决定于 PN 结的结电容大小,结电容越大,二极管允许的最高工作频率越低。

1.2.4 特殊二极管

除了上面介绍的普通二极管外,还有一些特殊二极管,如稳压二极管、光电二极管和发光二极管等,下面对它们作简单介绍。

1. 稳压二极管

(1) 稳压管的工作特性

稳压二极管是一种具有特殊用途的面接触型二极管,由于它在电路中与适当数值的电阻配合后能够起稳定电压的作用,故称稳压管(也称齐纳二极管)。稳压管的伏安特性曲线与普通二极管类似,如图1.14(a)所示,其差异是稳压管的反向特性曲线比较陡。图1.14(b)是稳压管的符号表示。

(a) 伏安特性曲线   (b) 符号

图1.14 稳压管的伏安特性曲线与符号

稳压管工作于反向击穿状态,利用其反向电流变化量 ΔI_Z 很大时而管子两端电压的变化量 ΔU_Z 却很小的特点,在电路中达到稳压的目的。与一般二极管不同的是,稳压管的反向击穿是可逆的。当反向电压去掉之后,稳压管又可恢复正常。这一特性是由制造工艺来达到的。但需注意的是,如果反向电流超过允许范围,稳压管将因过热而损坏。

(2) 稳压管的主要参数

(a) 稳定电压 U_Z。它是稳压管在正常工作下管子两端的电压。这一参数随工作电流和温度的不同略有改变,且不同管子的参数值存在一定的分散性。例如,手册中给出 2CW14 的 $U_Z = (6 \sim 7.5)$ V,是指有的管子是 6 V,有的是 7 V 等等,而不是指每只管子的稳定电压变化有如此之大。

(b) 稳定电流 I_Z。它是稳压管正常工作时的电流值,原则上应选 $I_{Zmin} < I_Z < I_{Zmax}$。$I_{Zmin}$ 是稳压管能够正常稳压的最小工作电流,电流低于此值时稳压效果变坏,甚至不稳;I_{Zmax} 是稳压管能够正常稳压的最大工作电流,电流高于此值时会因 PN 结温度过高而损坏。

(c) 动态电阻 r_Z。它是指稳压管两端电压的变化量与相应的电流变化量的比值,即 $r_Z = \Delta U_Z / \Delta I_Z$。稳压管的反向伏安特性曲线越陡,则动态电阻越小,稳压性能越好。

(d) 最大耗散功率 P_{ZM}。它是指保证稳压管安全工作所允许的最大功率损耗,$P_{ZM} = U_Z \cdot I_{Zmax}$。

2. 光电二极管

光电二极管也是一种特殊二极管,又称光敏二极管。其管壳上备有一个玻璃窗口,以便接受光照。它利用光粒子激发共价键中的束缚电子而获取光生电子,从而把光能转变为电能,其灵敏度的典型值为 $0.1\mu A/Lx$(Lx—光照强度单位,勒克斯)。光电二极管的伏安特性曲线及符号表示如图 1.15 所示,其主要特点是反向电流与光照强度成正比。人们日常生活中使用的太阳能电池正是由若干这种光电二极管组成的储能电路。

(a)伏安特性曲线　　　　　　　　　　(b)符号

图 1.15　光电二极管的伏安特性曲线及符号

3. 发光二极管

发光二极管简写为 LED(Light Emitting Diode),其符号表示及正向导通发光时的工作电路如图 1.16 所示。

在正向偏置的二极管中,多数载流子扩散到对方要被复合,复合过程是载流子释放能量的过程,在每个复合的晶格上辐射成一粒光子。硅(锗)半导体发射光的波长不在可见光谱内,故不能做成发光二极管。而砷化镓(GaAs)、磷化镓(GaP)等化合物半导体材料制成的 PN 结复合时可以发射可见光,光的颜色视具体的半导体材料而定。

(a) 符号　　　　　　　　(b) 工作电路

图 1.16　发光二极管的符号及其工作电路

当发光二极管正向偏置时,其发光亮度随注入电流的增大而提高。为限制其工作电流,通常都要串接限流电阻 R。由于发光二极管的工作电压低(1.5 V~3 V)、工作电流小(5 mA~10 mA),所以用发光二极管做为显示器件具有响应速度快、功率小、驱动简单和寿命长等优点。

常见的发光二极管除可以单个使用外,还有七段数码管,它可以显示 0~9 的 10 个字形符号。发光二极管广泛应用于数字钟、计算机及各种数字化仪器的数字显示中。

1.2.5　二极管的应用

二极管具有广泛的应用,普通二极管可用作整流、检波、限幅、钳位及数字电路中的开关等。这里仅简要介绍普通二极管的整流和限幅电路以及稳压二极管的稳压电路。

1. 单相半波整流电路

单相半波整流电路是一种最简单的整流电路。图 1.17(a)所示电路为纯电阻负载的单相半波整流电路。图中 T_r 为电源变压器,它的作用是将交流电网电压 u_1 变换为整流电路所需要的交流电压 u_2,即变压器原边电压为 u_1,副边电压为 u_2;D 为整流二极管,R_L 为负载电阻。

设变压器副边电压 $u_2 = U_{2m}\sin\omega t$。当 u_2 为正半周时,其极性为上正下负,即 a 点电位高于 b 点电位,二极管因承受正向电压而导通。此时有电流流过负载,并且和二极管上的电流相等。忽略二极管上的电压降,则负载两端的输出电压等于变压器副边电压,即 $u_o = u_2$,输出电压 u_o 的波形与变压器副边电压 u_2 的波形相同。

当 u_2 为负半周时,其极性为上负下正,即 a 点电位低于 b 点电位,二极管因承受反向电压而截止。此时负载上无电流流过,输出电压 $u_o = 0$,变压器副边电压 u_2 全部加在二极管 D 上。

综上所述,在负载电阻 R_L 上呈现的电压波形如图 1.17(b)所示。由于这种电路只在整个交流周期的半个周期二极管导通,才有电流流过负载,输出电压是单方向的脉动电压,故称此种电路为单相半波整流电路。

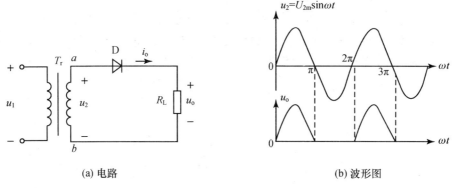

(a) 电路　　　　　　　　　　(b) 波形图

图 1.17　单相半波整流电路及其波形图

2. 限幅电路

所谓限幅,是指输出电压的幅度受到规定电压(限幅电压)的限制。图 1.18(a)是一个二极管限幅电路,U_L 为限幅电压。在实际电路的分析中,通常把二极管看成理想器件,即当其正向导向时,相当于短路,反向截止时,相当于开路。对于图 1.18(a)的电路,当输入电压 u_i 高于限幅电压 U_L 时,加在二极管上的电压 $(u_i - U_L)$ 为正,二极管导通,相当于短路,输出电压 u_o 被限定在 U_L 值上;反之,当输入电压 u_i 低于限幅电压 U_L 时,加在二极管上的电压 $(u_i - U_L)$ 为负,二极管截止,$u_o = u_i$,即 u_o 与 u_i 的关系为

$$u_o = \begin{cases} U_L & (u_i > U_L) \\ u_i & (u_i < U_L) \end{cases} \tag{1-2}$$

由此得到输出电压 u_o 的波形如图 1.18(b)所示。显然,当限幅电压 U_L 取不同极性和数值时,输出电压波形也将不同。

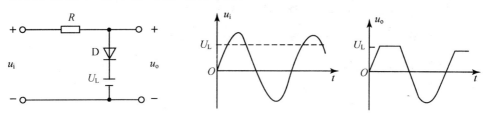

(a) 电路　　　　　　　　　　(b) 波形图

图 1.18　二极管限幅电路及其工作波形

3. 稳压电路

最简单的直流稳压电源是采用稳压管来稳定电压的。如图 1.19 所示，将稳压管与适当数值的限流电阻 R 相配合即组成了稳压管直流稳压电路。稳压管 D_Z 工作在反向击穿状态，电阻 R 起限流和调压作用。稳压电路的输入电压 U_I 通常是整流滤波电路的输出电压，稳压电路的输出电压 U_o 即为负载电阻 R_L 两端的电压，它等于稳压管的稳定电压 U_Z。由图 1.19 可知

$$U_o = U_I - IR = U_I - R(I_z + I_o)$$

图 1.19 稳压管稳压电路

当交流电网电压波动或者负载电流变化而引起 U_o 变化时，该电路的稳压过程是：只要 U_o 略有增加，I_z 便会显著增加，总电流 $I = I_z + I_o$ 随之增加，电阻 R 上的压降 IR 同时增加，从而使得 U_o 自动降低，近似保持不变；如果 U_o 降低，则稳压过程与上述相反。

稳压管直流稳压电路结构简单，但其性能受稳压管最大电流限制，而且输出电压不能根据需要进行调节，所以这种稳压电路只适用于输出电压不需要调节、负载电流小、稳压要求不太高的场合。

例 1.2 在图 1.19 所示的稳压电路中，若稳压管的稳定电压 $U_Z = 6\,\text{V}$，其最小工作电流 $I_{Zmin} = 10\,\text{mA}$，最大工作电流 $I_{Zmax} = 30\,\text{mA}$；负载电阻 $R_L = 1\,\text{k}\Omega$；输入电压 $U_I = 10\,\text{V}$。求限流电阻 R 的取值范围。

解 当稳压管中的电流为最大工作电流时，有

$$\frac{U_I - U_Z}{R_{min}} = I_{Zmax} + \frac{U_Z}{R_L}$$

代入相关数值后得

$$\frac{10\,\text{V} - 6\,\text{V}}{R_{min}} = 30\,\text{mA} + \frac{6\,\text{V}}{1\,\text{k}\Omega}$$

$$R_{min} = \frac{4\,\text{V}}{36\,\text{mA}} \approx 111\,\Omega$$

当稳压管中的电流为最小工作电流时，有

$$\frac{U_I - U_Z}{R_{max}} = I_{Zmin} + \frac{U_Z}{R_L}$$

代入相关数值后得

$$\frac{10\,\text{V}-6\,\text{V}}{R_{\max}} = 10\,\text{mA} + \frac{6\,\text{V}}{1\,\text{k}\Omega}$$

$$R_{\max} = \frac{4\,\text{V}}{16\,\text{mA}} = 250\,\Omega$$

所以限流电阻 R 的取值范围为 $111\sim 250\,\Omega$。

1.3 双极型晶体管

常用的半导体器件按照参与导电的载流子情况可分为电子和空穴两种载流子参与导电的"双极型"和只涉及一种载流子的"单极型"两大类。

双极型晶体管(bipolar transister)又称半导体三极管，简称晶体管。它是电子线路中的核心器件。图 1.20 所示为晶体管的几种常见外形，其中图 1.20(a)所示为低频小功率管，图 1.20(b)所示为高频小功率管，图 1.20(c)所示为低频大功率管。

(a) 3AX22 (b) 3DG6 (c) 3AD6

图 1.20 几种晶体管的外形

1.3.1 晶体管的结构

晶体管由两个 PN 结和三个电极构成，按 PN 结的组成方式分为 NPN 型和 PNP 型两种类型，如图 1.21 所示。由图可见，无论是 NPN 型还是 PNP 型的晶体管，它们都具有三个区：集电区、基区和发射区，并相应地引出三个电极：集

(a) NPN型晶体管 (b) PNP型晶体管

图 1.21 晶体管结构示意图和图形符号

电极、基极和发射极,分别用 c、b、e 来表示。同时,基区与发射区之间的 PN 结称为发射结,基区与集电区之间的 PN 结称为集电结。晶体管符号中的箭头表示管内正向电流的方向。箭头指向管外的为 NPN 管,箭头指向管内的为 PNP 管。

晶体管的结构在工艺上具有以下特点:

(1) 发射区进行重掺杂,以便于产生较多的载流子;

(2) 基区很薄且掺杂浓度低,有利于发射区载流子穿过基区到达集电区;

(3) 集电区轻掺杂,但面积大,以保证尽可能多地收集到从发射区发出的载流子。

正是由于晶体管结构的上述特点,才使它产生了电流控制和放大作用。

NPN 型和 PNP 型晶体管的工作原理相似,不同之处在于工作时外加电源极性和各电极的电流方向彼此相反。由于在实际应用中采用 NPN 型晶体管较多,所以下面以 NPN 晶体管为例进行介绍和讨论。

1.3.2 晶体管的电流控制作用

对信号进行放大是模拟电路的基本功能之一。晶体管是放大电路的核心器件。晶体管结构上的特点决定了它的电流放大作用的内部条件,为了实现电流放大,还必须具备一定的外部条件,这就是要使它的发射结处于正向偏置,集电结处于反向偏置。如图 1.22 所示为 NPN 型晶体管的电源接法:U_{BB} 是基极电源,其极性使发射结处于正向偏置;U_{CC} 是集电极电源,其极性使集电结处于反向偏置。

下面通过分析 NPN 型晶体管内部载流子的运动规律来揭示晶体管为什么具有电流放大作用。图 1.22 给出了晶体管内部载流子的运动情况以及各电极电流分配示意图。

图 1.22 晶体管内部载流子运动情况及电流分配示意图

1. 晶体管内部载流子的运动情况

晶体管内部载流子的运动情况可分为以下几个过程进行说明。

(1) 发射区向基区发射电子

由于发射结正向偏置,从而使多子(自由电子)的扩散运动加强,发射区的自由电子通过发射结不断扩散到基区,并不断从电源 U_{CC} 的负极补充进电子,形成发射极电流 I_E。

(2) 电子在基区的扩散和复合

从发射区扩散到基区的自由电子开始都聚集在发射结附近,而靠近集电结的自由电子很少,形成了浓度上的差别,因而自由电子向集电结继续扩散。由于基区掺杂浓度很低且做得很薄,所以自由电子只有很少一部分与基区中的空穴复合,所形成的电流记为 I_{BE}。因基区的空穴是电源 U_{BB} 提供的,所以 I_{BE} 是基极电流 I_B 的主要成分。

(3) 集电区收集电子

由于集电结反向偏置,它有利于该 PN 结两边半导体中少子的运动(漂移运动),而对多子的扩散运动起阻挡作用,即阻挡集电区的自由电子向基区扩散,但可以将从发射区扩散到基区并到达集电区边缘的自由电子拉入集电区,从而形成电流 I_{CE},I_{CE} 是集电极电流 I_C 的主要成分。此外,还有集电区和基区的少子漂移运动所形成的反向电流,称为集电极—基极反向饱和电流,记作 I_{CBO}。I_{CBO} 的数值很小,它是构成集电极电流 I_C 和基极电流 I_B 的一小部分。

2. 晶体管的电流分配关系及电流放大系数

由图 1.22 可得晶体管各电极的电流分别为

$$集电极电流\ I_C = I_{CE} + I_{CBO} \tag{1-3}$$

$$基极电流\ \ \ I_B = I_{BE} - I_{CBO} \tag{1-4}$$

$$发射极电流\ I_E = I_{CE} + I_{BE} \tag{1-5}$$

纵合上述 3 式,可得晶体管 3 个电极的电流关系为 $I_E = I_B + I_C$,且 $I_B \ll I_C$。表明由晶体管发射区发射的电子绝大多数通过基区到达集电区,只有少数电子在基区与空穴复合,这就是晶体管的电流分配关系。

当基极电流 I_B 有一变化量 ΔI_B 时,集电极电流 I_C 和发射极电流 I_E 也有相应的变化量 ΔI_C 和 ΔI_E,$\Delta I_E = \Delta I_B + \Delta I_C$,且 $\Delta I_B \ll \Delta I_C$。这表明当晶体管的基极电流有一个小的变化量 ΔI_B 时,会引起集电极电流有一个较大的变化量 ΔI_C。这体现了晶体管的电流放大作用。

集电极电流的变化量 ΔI_C 与基极电流的变化量 ΔI_B 之比称为共射交流电流放大系数 β:

$$\beta = \frac{\Delta I_C}{\Delta I_B} \tag{1-6}$$

集电极电流 I_C 与基极电流 I_B 之比称为共射直流电流放大系数 $\bar{\beta}$：

$$\bar{\beta} = \frac{I_C}{I_B} \tag{1-7}$$

从定义上来看，$\bar{\beta}$ 和 β 是不相同的，但在晶体管的输出特性曲线（下面将介绍）近于平行的情况下，两者数值较为接近，所以常用 $\bar{\beta} \approx \beta$ 这个近似关系进行估算。

1.3.3　晶体管的特性曲线

晶体的特性曲线和它的连接方式及结构类型有关。以 NPN 晶体管为例，有共基极、共发射极和共集电极三种连接方式，如图 1.23 所示。所谓共什么极是指以晶体管的哪个电极作为电路的输入回路和输出回路的公共端。

图 1.23　晶体管的三种连接方式

这里，仅以应用较广的共发射极接法为例，讨论晶体管的输入和输出特性曲线。这些特性曲线可以用晶体管特性图示仪直接测出，也可以通过如图 1.24 所示的实验电路测试绘制出来。

图 1.24　晶体管特性曲线测试电路

1. 输入特性曲线

输入特性曲线是指当晶体管的集电极—发射极电压 U_{CE} 为常数时，输入回路中基极电流 I_B 与发射结电压 U_{BE} 之间的关系曲线。其函数关系式为

$$I_B = f(U_{BE})|_{U_{CE}=常数} \tag{1-8}$$

图 1.25 所示为实测的输入特性曲线。由图可见,晶体管的输入特性曲线与二极管的正向特性曲线相似。和二极管一样,晶体管输入特性也有开启电压,硅管的开启电压约为 0.5 V,锗管约为 0.2 V。晶体管导通时,NPN 型硅管的发射结电压 $U_{BE}=0.6\sim0.7$ V,PNP 型锗管的 $U_{BE}=-0.2\sim-0.3$ V。

从理论上说,对应于不同的 U_{CE} 值,可做出一簇 I_B-U_{BE} 关系曲线,但实际上,当 $U_{CE}\geqslant 1$ V 以后,集电结已反向偏置,并且内电场已足够强,而基区又很薄,可以把从发射区扩散到基区的电子中的绝大部分拉入集电区。此时,只要 U_{BE} 保持不变,即使 U_{CE} 增加,I_B 也不会再有明显的减小。也就是说,$U_{CE}>1$ V 以后的输入特性曲线基本上是重合的。所以,通常在器件手册中只给出 $U_{CE}\geqslant 1$ V 的一条输入特性曲线。

2. 输出特性曲线

输出特性曲线是指当晶体管的基极电流 I_B 为常数时,输出回路中集电极电流 I_C 与集电极—发射极电压 U_{CE} 之间的关系曲线。其函数关系式为

$$I_C = f(U_{CE})|_{I_B=常数} \tag{1-9}$$

固定一个 I_B 值对应一条输出特性曲线,改变 I_B 值可得到一簇输出特性曲线,如图 1.26 所示。

图 1.25 晶体管输入特性曲线

图 1.26 晶体管输出特性曲线

在输出特性曲线上可划分三个区域:截止区、放大区和饱和区。下面分别予以说明。

(1) 截止区

一般把 $I_B=0$ 的曲线以下的区域称为截止区。严格地讲,此时晶体管并未完全截止(尤其是在高温和锗管的情况),这时仍有一个穿透电流 I_{CEO},即 $I_E=I_C=I_{CEO}$,一般硅管 $I_{CEO}<1$ μA,锗管略大一些。在截止区,晶体管的发射结和集电结均处于反向偏置。

(2) 放大区

输出特性曲线的近于水平的部分是放大区。在放大区,$I_C = \bar{\beta} I_B$。因为在放大区 I_C 和 I_B 成正比关系,所以放大区也称线性区。当 I_B 固定时,I_C 也基本不变,具有恒流的特性;当 I_B 变化时,I_C 也将按比例(即放大系数)变化。晶体管工作于放大区时,发射结处于正向偏置,集电结处于反向偏置。对于 NPN 型晶体管,应使 $U_{BE} > 0.5\text{ V}$,$U_{BC} < 0\text{ V}$。

(3) 饱和区

输出特性曲线靠近纵坐标的上升和弯曲部分所对应的区域称为饱和区。在饱和区,$U_{CE} < U_{BE}$,集电结和发射结均处于正向偏置,此时,I_C 不再随 I_B 的增大而成比例地增大,因而晶体管失去了线性放大作用,故称为饱和。这种情况下的 U_{CE} 值称为晶体管的饱和压降,用 U_{CES} 表示。小功率硅管的 U_{CES} 通常小于 0.5 V。

1.3.4 晶体管的主要参数

1. 共射电流放大系数 β 和 $\bar{\beta}$

在共射极放大电路中,若交流输入信号为 0,则晶体管各极之间的电压和电流都是直流量,此时的集电极电流 I_C 与基极电流 I_B 之比称为共射直流电流放大系数 $\bar{\beta}$,$\bar{\beta} = I_C / I_B$。

在共射极放大电路中,若交流输入信号不为 0(有交流信号输入),则在交流信号的作用下会引起基极电流 I_B 的变化,相应也会引起 I_C 的变化,两电流变化量之比称为共射交流电流放大系数 β,$\beta = \Delta I_C / \Delta I_B$。

虽然 β 与 $\bar{\beta}$ 的含义不同,但工作在输出特性曲线放大区平坦部分的晶体管,两者的差异极小,所以在作电路近似估算时,二者可以混用。

2. 极间反向电流 I_{CBO} 和 I_{CEO}

(1) I_{CBO} 为集电结反向饱和电流,是指发射极开路,集电结加反向电压时流过集电结的反向电流。

(2) I_{CEO} 为集电极-发射极反向电流,是指基极开路时,从集电极穿越集电区、基区和发射区到达发射极的电流,又称穿透电流。

这两个参数受温度影响都很大,直接影响电路的稳定性,因此选管时,要求 I_{CBO} 和 I_{CEO} 尽可能小。

3. 集电极最大允许电流 I_{CM}

在 I_C 的一个很大范围内,β 值基本不变,但当 I_C 超过一定数值后,β 值将明显下降。β 值下降到正常数值的 2/3 时的集电极电流称为集电极最大允许电流 I_{CM}。

4. 集-射极反向击穿电压 $U_{(BR)CEO}$

它是指基极开路,集电极与发射极之间的最大允许电压。当晶体管的集-射极电压 U_{CE} 大于 $U_{(BR)CEO}$ 时,I_{CEO} 突然大幅度上升,说明晶体管已被击穿。集-射反向击穿电压的数值可在器件手册中查出。

5. 集电极最大允许耗散功率 P_{CM}

晶体管工作时,由于集电结承受较高的反向电压并通过较大的电流,所以会因消耗功率而发热,使结温升高。P_{CM}是指在允许结温下,集电极允许消耗的最大功率。P_{CM} 与 I_C、U_{CE} 的关系是:

$$P_{CM} = I_C \cdot U_{CE} \tag{1-10}$$

可以在晶体管输出特性曲线上作出 P_{CM} 曲线,也称允许功耗线。

根据 I_{CM}、P_{CM} 和 $U_{(BR)CEO}$ 可以确定晶体管工作时的安全工作区,如图 1.27 所示。

图 1.27 晶体管的功耗曲线及安全工作区

1.4 场效应晶体管

1.4.1 场效应晶体管的主要特点与分类

场效应晶体管(Field-Effect Transistor,FET)是另一种常用的半导体器件,其外形与双极型晶体管相似,但两者的控制特性却有很大的不同。双极型晶体管是电流控制器件,通过控制基极电流来达到控制集电极电流或发射极电流的目的,即信号源必须提供一定的电流才能工作。因此,它的输入电阻较低,仅有 $10^2 \sim 10^4$ Ω。

场效应晶体管是电压控制器件,它是利用输入回路的电场效应来控制输出回路电流的一种半导体器件,它的输出电流决定于输入电压的高低,基本上不需要信号源提供电流,因此它的输入电阻很高,可高达 $10^9 \sim 10^{14}$ Ω。由于它仅依靠半导体中的一种载流子(多子)参与导电,所以又称单极型晶体管。

与双极型晶体管相比,场效应晶体管具有噪声低、热稳定性好、抗辐射能力强、耗电少、制造工艺简单等优点,所以被广泛应用于模拟电路和数字电路之中。

场效应晶体管按其结构可分为结型场效应晶体管(JFET)和绝缘栅型场效应晶体管(Insulated Gate FET,IGFET)两大类。本书主要介绍绝缘栅型场效应晶体管。由于绝缘栅型场效应晶体管的栅极和源极、栅极和漏极之间均采用 SiO_2 绝缘层隔离,所以称之为绝缘栅型场效应管。或者按其金属-氧化物-半导体的材料构成,称其为金属-氧化物-半导体场效应晶体管(Metal-Oxide-Semiconductor FET,MOSFET),简称 MOS 管。它是集成电路中最重要的单极型器件。

1.4.2 绝缘栅型场效应晶体管的结构

根据导电沟道(channel)的不同,绝缘栅型场效应晶体管有 N 沟道和 P 沟道两类,每一类又分为增强型和耗尽型两种。如图 1.28(a)所示为 N 沟道绝缘栅型场效应晶体管的结构示意图。它是用一块轻掺杂的 P 型硅片作衬底,在上面扩散两个重掺杂的 N^+ 区,并分别用金属铝各引出一个电极,称为源极 S 和漏极 D。在硅片表面氧化一层很薄的二氧化硅(SiO_2)绝缘层,在漏极和源极之间的绝缘层上也引出一个电极,称为栅极 G。由于栅极和其他两个电极以及硅片之间是绝缘的,所以栅极电流几乎为零,栅极和源极之间的电阻 R_{GS} 很高,可达 10^{14} Ω。

图 1.28 N 沟道 MOS 管的结构和电路符号

如果在制造 N 沟道 MOS 管时,在 SiO_2 绝缘层中掺入大量正离子,就会在两个 N^+ 型区之间的 P 型硅衬底表面形成足够强的电场,P 型硅衬底中的空穴被排斥到远端,衬底中的电子被吸引到表面,形成一个 N 型薄层,从而将 N^+ 型区即漏极和源极沟通。这个 N 型薄层称为 N 型导电沟道,如图 1.28(a)所示。这样,即使栅极和源极之间不加电压($U_{GS}=0$),漏极和源极之间就已经存在原始导电沟道,这种 MOS 管称为耗尽型 MOS 管。N 沟道耗尽型 MOS 管的电路符号如图 1.28(b)所示。

如果在制造 N 沟道 MOS 管时,在 SiO_2 绝缘层中没有掺入正离子,或掺入的正离子数量较少而不足以形成原始导电沟道,只有在栅极和源极之间加一个正电压($U_{GS}>0$)时才能形成导电沟道,这种 MOS 管称为增强型 MOS 管。N 沟道增强型 MOS 管的电路符号如图 1.28(c)所示。

如果在制作场效应晶体管时采用 N 型硅片作衬底,扩散形成两个 P^+ 区作为漏极和源极,则导电沟道为 P 型,如图 1.29(a)所示。P 沟道耗尽型 MOS 管和 P 沟道增强型 MOS 管的电路符号分别如图 1.29(b)和图 1.29(c)所示。

图 1.29　P 沟道 MOS 管的结构和电路符号

P 沟道 MOS 管和 N 沟道 MOS 管的工作原理是类似的,区别是两者的电源极性及电流方向相反。这和 NPN 型和 PNP 型双极型晶体管的电源极性及电流方向相反的道理是相同的。

1.4.3　绝缘栅型场效应晶体管的特性曲线

如前所述,绝缘栅型场效应晶体管有 N 沟道和 P 沟道两种类型。这里,以 N 沟道场效应晶体管为例说明场效应晶体管的工作原理和特性曲线。

场效应晶体管的特性包括转移特性和输出特性两个方面。在漏-源电压 U_{DS} 为常数的条件下,漏极电流 I_D 与栅-源电压 U_{GS} 之间的关系曲线称为场效应晶体管的转移特性。在 U_{GS} 为常数的条件下,漏极电流 I_D 与漏-源电压 U_{DS} 之间的关系曲线称为场效应晶体管的输出特性。

1. N 沟道耗尽型场效应晶体管的工作原理和特性曲线

N 沟道耗尽型场效应晶体管的转移特性曲线如图 1.30(a)所示。前已指出,由于耗尽型场效应晶体管存在原始导电沟道,所以在 $U_{GS}=0$ 时漏极和源极之间可以导电。此时在外加漏-源电压 U_{DS} 的作用下,流过场效应管的漏极电流称为饱和漏极电流,用 I_{DSS} 表示;当 $U_{GS}>0$ 时,沟道内感应出的负电荷增多,使导电沟道加宽,沟道电阻减小,I_D 增大;当 $U_{GS}<0$ 时,会在沟道内产生正电荷与原始负电荷复合,使沟道变窄,沟道电阻增大,I_D 减小;当 U_{GS} 减小到某一负值时,N 型沟道消失,$I_D=0$,耗尽型场效应晶体管处于夹断状态(即截止),此时的栅-源电压 U_{GS} 称为夹断电压,用 $U_{GS(off)}$ 表示。

N 沟道耗尽型场效应晶体管的输出特性曲线如图 1.30(b) 所示。按场效应晶体管的工作情况可将输出特性曲线分为三个区域,即可变电阻区、放大区和击穿区。在可变电阻区,漏-源电压 U_{DS} 相对较小,漏极电流 I_D 随 U_{DS} 的增加而增加,输出电阻 $r_o=\Delta U_{DS}/\Delta I_D$ 很小,且可通过改变栅-源电压 U_{GS} 的大小来改变 r_o 的阻值,所以称此区域为可变电阻区。在放大区,当栅-源电压 U_{GS} 为常数时,漏极电流 I_D 几乎不随漏-源电压 U_{DS} 的改变而改变,特性曲线趋于与横轴平行,输出电阻 r_o 很大。当栅-源电压 U_{GS} 增大时,漏极电流 I_D 随 U_{GS} 线性增大,故称这一区域为放大区(也称恒流区)。当场效应管用于放大时就工作在这个区域。如果漏-源电压 U_{DS} 过大,当其超过最大漏-源击穿电压 $U_{DS(BR)}$ 时,将会使漏区与衬底间的 PN 结反向击穿,使场效应管进入击穿区,此时场效应管将被损坏。

(a) 转移特性曲线　　(b) 输出特性曲线

图 1.30　N 沟道耗尽型场效应晶体管的特性曲线

2. N 沟道增强型场效应晶体管的工作原理和特性曲线

N 沟道增强型场效应晶体管的转移特性曲线如图 1.31(a) 所示。由于增强型场效应晶体管不存在原始导电沟道,所以在 $U_{GS}=0$ 时场效应管不导通,$I_D=0$;如果在栅极和源极之间加上一正向电压 U_{GS},在 U_{GS} 的作用下,将产生垂直于衬底表面的电场,在电场作用下,P 型衬底与 SiO_2 绝缘层的界面处将感应出负电荷层,随着 U_{GS} 的增加,将使两个 N^+ 区之间形成导电沟道,漏极和源极之间便有 I_D 电流出现。在一定的漏-源电压 U_{DS} 下,使场效应管由不导通转为导通的临界栅-源电压称为开启电压,用 $U_{GS(th)}$ 表示。由图 1.31(a) 可见,当 $U_{GS}<U_{GS(th)}$ 时,$I_D=0$;当 $U_{GS}>U_{GS(th)}$ 时,I_D 随 U_{GS} 的增加而增大,反映着 U_{GS} 对 I_D 的控制特性。

N沟道增强型场效应晶体管的输出特性曲线如图1.31(b)所示。由图可见，它也分为三个区域：可变电阻区、放大区和击穿区，与耗尽型场效应晶体管的输出特性曲线相似。

图 1.31 N沟道增强型场效应晶体管的特性曲线

通过上面的介绍可以看到，耗尽型和增强型场效应晶体管的主要区别就在于是否有原始导电沟道。所以，如果要判别一个没有型号标记的场效应晶体管是耗尽型还是增强型，只要检查它在零栅压下，在漏极和源极间加电压时是否能导通，就能作出判别。

1.4.4 绝缘栅型场效应晶体管的主要参数

场效应晶体管的主要参数除前面提到的饱和漏极电流 I_{DSS}、输出电阻 r_o、夹断电压 $U_{GS(off)}$、开启电压 $U_{GS(th)}$ 和最大漏-源击穿电压 $U_{DS(BR)}$ 外，还有下面几项重要参数：

(1) 跨导 g_m。跨导是在 U_{DS} 为某一固定值时，漏极电流的微小变化 ΔI_D 与引起这个变化的栅-源电压 U_{GS} 的变化量 ΔU_{GS} 之比，即

$$g_m = \frac{\Delta I_D}{\Delta U_{GS}} \bigg|_{U_{DS}=常数} \tag{1-11}$$

跨导 g_m 表示场效应晶体管栅-源电压 U_{GS} 对漏极电流 I_D 控制作用的大小，是反映场效应晶体管放大作用的重要参数，单位是 μA/V 或 mA/V。它的大小是转移特性曲线在工作点处的斜率，工作点的位置不同，其数值也不同。

(2) 漏极最大耗散功率 P_{DM}。它是场效应晶体管正常工作时，其漏极耗散功率($P_D=U_{DS}I_D$)的最大允许值，受场效应晶体管最高工作温度的限制。

(3) 最大漏极电流 I_{DM}。I_{DM} 是场效应晶体管工作时允许流过漏极的最大电流。

(4) 通态电阻。在确定的栅-源电压 U_{GS} 下，场效应晶体管进入饱和导通时，漏极和源极之间的电阻称为通态电阻。它的大小决定了管子的开通损耗。

由于绝缘栅场效应晶体管的输入电阻很高，致使栅极上积累的电荷不易泄

放,由此容易产生较高的静电电压将绝缘层击穿而损坏管子。因此,存放时,应将各电极引线短接起来;焊接时,应使电烙铁外壳良好接地。

本章小结

1. 半导体中存在着两种载流子,即带负电的自由电子和带正电的空穴。载流子的产生方式有两种:本征激发和掺杂。本征激发产生电子-空穴对,且载流子浓度随温度而变化。掺杂分两种情况:掺入施主杂质形成 N 型半导体,电子是多数载流子;掺入受主杂质形成 P 型半导体,空穴是多数载流子。掺杂产生的载流子浓度基本不受温度的影响。

2. 半导体中的载流子的运动方式有两种:扩散运动和漂移运动。PN结是由这两种运动达到平衡状态而形成的。

3. 半导体二极管实质上就是一个 PN 结,其基本特性是单向导电性。

4. 常用的半导体器件可分为两种载流子参与导电的双极型和只涉及一种载流子的单极型两大类。普通三极管是双极型器件,场效应晶体管是单极型器件。

5. 双极型晶体管有两个 PN 结,有 NPN 和 PNP 两种管型。它是电流控制器件,其主要功能是可以用较小的基极电流来控制较大的集电极电流,控制能力用电流放大系数 β 来表示。

6. 场效应晶体管是电压控制器件,它的基本功能是用栅-源极间的电压来控制漏极电流,具有输入电阻高、噪声低、热稳定性好、功耗小等优点。

习 题 1

1.1 名词解释:本征半导体、杂质半导体、N 型半导体、P 型半导体。

1.2 简述 PN 结的形成过程。

1.3 在如图 1.32 所示的各个电路中,已知输入直流电压 $U_i=3\text{ V}$,电阻 $R=2\text{ k}\Omega$,二极管的正向压降为 0.7 V,求输出电压 U_o。

图 1.32 习题 1.3 电路图

1.4 在如图 1.33 所示的各个电路中,已知输入电压 $u_i = 10\sin\omega t$ V,设二极管为理想元件,试分别画出各电路的输入电压 u_i 和输出电压 u_o 的波形。

图 1.33 习题 1.4 电路图

1.5 在如图 1.34 所示的各个电路中,试求下列几种输入电位情况下输出端 F 的电位 U_F 及各元件(R、D_A、D_B)中的电流,设图中的二极管为理想元件。

(1) $U_A = U_B = 0$ V
(2) $U_A = 3$ V, $U_B = 0$ V
(3) $U_A = U_B = 3$ V

图 1.34 习题 1.5 电路图

1.6 为了使晶体管能有效地起放大作用,工艺上要求晶体管的发射区掺杂浓度要_____;基区宽度要_____;集电区面积要_____。其理由是什么?

1.7 有两只晶体管,一只管子的 $\beta = 100$, $I_{CBO} = 2\,\mu A$;另一只管子的 $\beta = 50$, $I_{CBO} = 0.5\,\mu A$,其他参数大致相同。你认为在作放大应用时,选用哪一只管子比较合适?

1.8 某一只晶体管的 $P_{CM} = 100$ mW, $U_{CEO} = 20$ V, $I_{CM} = 20$ mA。

(1) 若 $U_{CE} = 2$ V, $I_C = 40$ mA,该管子能否正常工作?
(2) 若 $U_{CE} = 5$ V, $I_C = 15$ mA,该管子能否正常工作?

1.9 场效应晶体管的工作原理与双极型晶体管有什么不同?为什么场效应晶体管的输入电阻高?

1.10 在如图 1.35 所示的电路中,已知 $U_I = 15$ V, $R_L = 1$ kΩ,稳压管 D_Z 的稳定电压 $U_Z = 8$ V,稳定工作电流为 6 mA,试求限流电阻 R 的阻值。

图 1.35 习题 1.10 电路图

1.11 某场效应晶体管输出特性曲线如图 1.36 所示,试判断:
(1) 该管属哪种类型?画出其电路符号。
(2) 该管的夹断电压 $U_{GS(off)}$ 大约是多少?
(3) 该管的饱和漏极电流 I_{DSS} 大约是多少?
(4) 求出该管的跨导 g_m。

图 1.36　习题 1.11 电路图

第 2 章 放大电路基础

放大电路又称放大器,它的基本功能是把微弱的电信号不失真地放大成较强的电信号。它的基本原理就是用较小的输入信号控制较大的电压或电流,从而产生增大的输出信号。其实质就是用较小的能量去控制较大的能量。

实际的放大电路通常由多级组成,如图 2.1 所示。首先由传感器将非电形式的物理量(如温度、压力、流量等)转换成电信号,由于转换后产生的电信号往往比较微弱,所以需先经过前几级放大电路得到足够幅度的电压信号,再经过末级功率放大器得到较强的信号能量去推动执行元件(负载),常见的执行元件有扬声器、显示器、继电器及电磁阀等。

图 2.1 多级放大器

从放大器的功能上看,它可以分为电压放大器和功率放大器两种类型。以放大信号的电压幅度为主要目的的放大器称为电压放大器,以放大功率(既放大电压也放大电流)为主要目的放大器称为功率放大器。电压放大器位于功率放大器的前面,它把较弱的电压信号放大后再去驱动功率放大器,再由功率放大器输出足够大的功率去驱动执行元件。所以电压放大器往往在小信号下工作,而功率放大器是在大信号下工作。

从放大器的组成上看,可分为共发射极放大电路、共集电极放大电路和共基极放大电路。这三种放大电路根据各自的特点而用在不同场合。

本章以低频基本放大器为例,重点介绍放大电路的组成、工作原理、性能参数及其基本分析方法,然后介绍放大电路之间的连接及频率特性等相关内容。这些内容是学习后续章节的重要基础。

2.1 基本放大电路的组成和工作原理

所谓基本放大电路,是指由一个具有放大功能的三极管(双极型晶体管或场效应管)及电阻、电容等电子元件组成的简单放大电路,也称单管放大器。本节以共发射极基本放大电路为例,介绍放大器的基本组成和工作原理。

2.1.1 共发射极基本放大电路的组成

图 2.2 所示是一个共发射极基本放大电路。由图可见,它是由一个晶体管、一个电源、三个电阻、两个电容及相关连接线所组成的单管放大器,输入信号 u_i 经电容 C_1 加到晶体管 T 的基极,放大后的信号从集电极经电容 C_2 输出。R_L 为负载电阻。

图 2.2 共发射极基本放大电路

图 2.2 所示放大器中各元件的作用如下。

(1) NPN 型晶体管 T 是放大电路的核心器件,它起电流放大作用。

(2) 电源 U_{CC} 使晶体管的发射结正向偏置,集电结反向偏置,晶体管处于放大状态。

(3) 集电极电阻 R_C 将集电极电流的变化转换为电压的变化,以实现电压放大,并对集电极电流起限制作用。

(4) 基极偏置电阻 R_B 提供适当的基极偏置电流,使发射结正向偏置,并使放大器具有合适的静态工作点。

(5) 耦合电容 C_1 和 C_2 起隔直流、通交流的作用。C_1 用来隔断信号源与放大电路之间的直流通路,C_2 用来隔断放大电路与负载之间的直流通路;而对于交流信号,由于 C_1、C_2 的值取得较大,交流信号在其上的压降很小,可近似看为短路,可以通畅地传递交流信号。

2.1.2 共发射极基本放大电路的工作原理

在图 2.2 所示放大电路中,当电路参数选得合适时,则晶体管工作在放大状态。此时,如果在放大电路的输入端加上一个微小的变化电压 u_i,它经过电容 C_1 传送到晶体管的基极,基极与发射极之间的电压 u_{BE} 将跟随 u_i 的变化而变化,产生变化量 Δu_{BE}。由于晶体管的发射结处于正向偏置状态,所以当发射结电压发生变化时,将使基极电流 i_B 产生相应的变化量 Δi_B。由于晶体管的电流放大作用,基极电流的变化将引起集电极电流 i_C 发生更大的变化,即 $\Delta i_C = \beta \Delta i_B$。从电路的输出回路上看,这个集电极电流的变化将引起集电极与发射极之间的电压 u_{CE} 发生相应的变化。由于 $u_{CE} = U_{CC} - i_C R_C$,而 U_{CC} 是恒定不变的直流电源,所以 U_{CE} 的变化刚好与 i_C 的变化相反,当 i_C 增大时,u_{CE} 将相应减小。也就是说,u_{CE} 将跟随 u_i 做反相变化。u_{CE} 的变化量 Δu_{CE} 经电容 C_2 传送到输出端成为输出电压 u_o,但 u_o 的幅度将比 u_i 大得多,从而达到信号放大作用。

从上面的介绍可以看到,被放大的输入信号加到基极和发射极组成的输入回路中,而放大后的信号是在集电极和发射极组成的输出回路输出,发射极既在输入回路又在输出回路中,即发射极是两个回路的公共端,因此这种电路称为共发射极电路。

2.2 放大电路的静态分析

为了更好地理解放大器的工作原理,并对电路进行正确的设计和应用,需对其进行静态分析和动态分析。所谓静态,是指放大电路没有交流信号输入($u_i = 0$)时的工作状态;所谓动态,是指放大电路有交流信号输入($u_i \neq 0$)时的工作状态。静态分析的目的是确定放大电路的静态值 I_B、I_C、U_{BE} 和 U_{CE},通常称这4个数值为放大器的静态工作点,简称 Q 点,并记为 I_{BQ}、I_{CQ}、U_{BEQ} 和 U_{CEQ}。动态分析的目的是确定放大电路的电压放大倍数、输入电阻、输出电阻等。

放大电路的静态工作点可以通过电路的直流通路来计算求解,也可以利用晶体管的输入输出特性曲线用图解法来确定。所以放大电路的静态分析有计算法和图解法两种,下面分别予以介绍。

2.2.1 计算法

用放大电路的直流通路计算静态工作点的方法称为计算法。对于图 2.2 所示的基本放大电路,当其处于静态工作状态时,耦合电 C_1 和 C_2 只起隔直作用,可视为开路,所以其直流通路如图 2.3 所示。根据图 2.3,可求得基极电流 I_B 的静态值为

$$I_{BQ} = \frac{U_{CC} - U_{BEQ}}{R_B} \tag{2-1}$$

在计算法中,常认为 U_{BEQ} 为已知量,对于硅晶体管,通常取 U_{BEQ} 为 $0.6 \sim 0.8\,\text{V}$ 中的某一值,如 $0.7\,\text{V}$;对于锗晶体管,通常取 U_{BEQ} 为 $0.1 \sim 0.3\,\text{V}$ 中的某一值,如 $0.2\,\text{V}$。计算时,也可将 U_{BEQ} 忽略不计。

由 I_{BQ} 可求出集电极电流的静态值为

$$I_{CQ} = \bar{\beta} I_{BQ} \tag{2-2}$$

静态时集电极与发射极之间的电压为

$$U_{CEQ} = U_{CC} - I_{CQ} R_C \tag{2-3}$$

图 2.3 共发射极放大电路的直流通路

2.2.2 图解法

根据晶体管的输入输出特性曲线，用作图的方法求放大电路静态工作点的方法称为图解法。

由于晶体管的静态基极电流 I_{BQ} 和发射结压降 U_{BEQ} 既需要满足回路电压方程 $I_{BQ}R_B = U_{CC} - U_{BEQ}$，又应与晶体管的输入特性曲线相对应，所以在输入特性曲线平面上，Q 点是回路电压方程 $I_{BQ}R_B = U_{CC} - U_{BEQ}$ 所在直线与晶体管输入特性曲线的交点，Q 点所对应的纵坐标值即 I_{BQ}，横坐标值即 U_{BEQ}，如图 2.4(a) 所示。也就是说，只要在晶体管输入特性曲线平面上根据横轴上的截距 U_{CC} 和纵轴上的截距 U_{CC}/R_B 连接直线，找到该直线与输入特性曲线的交点 Q，即可求得 I_{BQ} 和 U_{BEQ}。

(a) 由输入特性曲线求 I_{BQ} 和 U_{BEQ} (b) 由输出特性曲线求 I_{CQ} 和 U_{CEQ}

图 2.4 用图解法求放大电路的静态工作点

同样，晶体管的静态集电极电流 I_{CQ} 和集电极-发射极压降 U_{CEQ} 既要满足回路电压方程 $U_{CEQ} = U_{CC} - I_{CQ} R_C$，又应与晶体管的输出特性曲线相对应，所以在输出特性曲线平面上，Q 点是回路电压方程 $U_{CEQ}=U_{CC}-I_{CQ}R_C$ 所在直线与晶体管对应于静态基极电流 I_{BQ} 的输出特性曲线的交点，Q 点所对应的纵坐标值即 I_{CQ}，横坐标值即 U_{CEQ}，如图 2.4(b) 所示。也就是说，只要在晶体管输出特性曲线平面上根据横轴上的截距 U_{CC} 和纵轴上的截距 U_{CC}/R_C 连接直线，找到该直线与对应于 I_{BQ} 的输出特性曲线的交点 Q，即可求得 I_{CQ} 和 U_{CEQ}。

例 2.1 在如图 2.2 所示的放大电路中，已知电源电压 $U_{CC}=10\text{ V}$，基极电阻 $R_B=250\text{ k}\Omega$，集电极电阻 $R_C=2.5\text{ k}\Omega$，晶体管的直流电流放大倍数 $\bar{\beta}=50$，晶体管的输入特性曲线如图 2.4(a) 所示，输出特性曲线如图 2.4(b) 所示。请分别用计算法和图解法求该放大电路的静态工作点。

解 （1）用计算法求静态工作点：

$$I_{BQ}=\frac{U_{CC}-U_{BEQ}}{R_B}\approx\frac{U_{CC}}{R_B}=\frac{10\text{ V}}{250\text{ k}\Omega}=0.04\text{ mA}=40\text{ }\mu\text{A}$$

$$I_{CQ}=\bar{\beta}I_{BQ}=50\times0.04\text{ mA}=2\text{ mA}$$

$$U_{CEQ}=U_{CC}-I_{CQ}R_C=10\text{ V}-2\text{ mA}\times2.5\text{ k}\Omega=10\text{ V}-5\text{ V}=5\text{ V}$$

（2）用图解法求静态工作点：

在图 2.4(a) 中，根据 $\frac{U_{CC}}{R_B}=\frac{10\text{ V}}{250\text{ k}\Omega}=40\text{ }\mu\text{A}$、$U_{CC}=10\text{ V}$ 连接直线，与输入特性曲线相交于 Q 点，由 Q 点可查得 $I_{BQ}\approx40\text{ }\mu\text{A}$。

在图 2.4(b) 中，根据 $\frac{U_{CC}}{R_C}=\frac{10\text{ V}}{250\text{ k}\Omega}=4\text{ mA}$、$U_{CC}=10\text{ V}$ 作直流负载线，与 $I_{BQ}=40\text{ }\mu\text{A}$ 的输出特性曲线相交于 Q 点，由 Q 点查横、纵坐标，得

$$I_{CQ}=2\text{ mA}$$
$$U_{CEQ}=5\text{ V}$$

2.3 放大电路的动态分析

前面已指出，放大电路输入端加上交流信号 u_i 后的工作状态，称为动态。动态时放大电路在直流电源 U_{CC} 和交流输入信号 u_i 共同作用下工作，电路中的电流 i_B、i_C 和电压 u_{BE}、u_{CE} 均为两个分量的叠加（直流分量+交流分量），即

$$i_B=I_B+i_b \tag{2-4}$$

$$i_C=I_C+i_c \tag{2-5}$$

$$u_{BE}=U_{BE}+u_{be} \tag{2-6}$$

$$u_{CE}=U_{CE}+u_{ce} \tag{2-7}$$

其中，I_B、I_C 和 U_{BE}、U_{CE} 是直流电源 U_{CC} 单独作用下产生的电流和电压，即放大电路的静态值，称为直流分量；而 i_b、i_c 和 u_{be}、u_{ce} 是在交流输入信号 u_i 单独作用

下产生的电流和电压,称为交流分量。放大电路的动态分析就是在确定静态值以后分析信号的放大和传输情况,并确定放大电路的电压放大倍数、输入电阻和输出电阻等。

在进行放大电路的动态分析时,需采用 u_i 单独作用下的交流通路。交流通路是表示交流分量传递路径的。在绘制放大电路的交流通路时,由于直流电源内阻很小,可忽略不计,所以对于交流信号而言,直流电源可视为短路;耦合电容的电容值往往很大,容抗近似为零,也可视为短路。这样,对图 2.2 所示的放大电路,其交流通路如图 2.5 所示。

图 2.5 共发射极放大电路的交流通路

放大电路的动态分析方法有图解法和微变等效电路法两种。

2.3.1 图解法的动态分析

图解法是进行放大电路动态分析的有效方法。它利用晶体管的输入输出特性曲线,通过作图的方法来形象直观地观察信号在电路中的传递过程、各路电流电压的变化情况及放大电路的工作范围等。

1. 由输入特性曲线求 i_B 和 u_{BE}

设放大电路的交流输入信号 $u_i = U_{im}\sin\omega t$。首先,根据静态分析方法,求出放大器的静态工点(I_{BQ}、U_{BEQ}、I_{CQ} 和 U_{CEQ}),如图 2.6 所示。

(1) 在输入特性曲线上根据交流输入信号 u_i 求 u_{BE} 和 i_B

当图 2.2 的放大电路输入端加上振幅值为 U_{im} 的正弦信号 u_i 后,由于 C_1 的耦合作用,使晶体管基-射极的电压 u_{BE} 在静态值 U_{BEQ} 的基础上发生变化,这时的 u_{BE} 为

$$u_{BE} = U_{BEQ} + u_i = U_{BEQ} + U_{im}\sin\omega t \tag{2-8}$$

也就是说,u_{BE} 是由直流分量 U_{BEQ} 和正弦形式的交流分量 u_i 叠加而成,其信号波形如图 2.6(a)的曲线①所示。

另外,由于晶体管基-射极的电压 u_{BE} 具有控制基极电流 i_B 的作用,基极电流 i_B 将随 u_{BE} 的变化而发生变化,工作点 Q 在输入特性曲线上的 Q_1 和 Q_2 之间移动,由此可以作出 i_B 的波形,它也是直流分量 I_B 和交流分量 i_b 叠加而成,即

$$i_B = I_{BQ} + i_b = I_{BQ} + I_{bm}\sin\omega t \qquad (2\text{-}9)$$

i_B 将随 u_i 按正弦规律变化,其信号波形如图 2.6(a)的曲线②所示。

(2) 作交流负载线

当在放大电路的输出端接上负载电阻 R_L 后,由于电容 C_2 的隔直作用,其直流负载线的斜率不变,仍为 $-1/R_C$,与负载电阻 R_L 无关;但在 u_i 作用下的交流通路中,负载电阻 R_L 与 R_C 并联(见图 2.5),输出端的交流负载电阻为 $R_L' = R_L // R_C$。由交流负载电阻 R_L' 决定的负载线称为交流负载线。由于 $R_L' < R_C$,所以其交流负载线比直流负载线陡,交流负载线的斜率为 $-1/R_L'$。接上负载电阻 R_L 后的交流负载线如图 2.6(b)所示。

(a) 输入回路求 i_B 和 u_{BE}　　(b) 输出回路求 i_C 和 u_{CE}

图 2.6　用图解法分析放大电路的动态工作情况

可以看出,放大电路的负载电阻 R_L 越小,交流负载线越陡;相反,R_L 越大,交流负载线越接近于直流负载线。当 $R_L = \infty$ 即空载时,$R_L' = R_C$,交流负载线和直流负载线完全重合,也可以说直流负载线就是负载电阻无穷大即空载时的交流负载线。

2. 由输出特性曲线和交流负载线求 i_C 和 u_{CE}

在 i_B 的作用下,工作点 Q 随 i_B 的变化在交流负载线上的 Q_1 和 Q_2 之间移动。由 i_B 的波形可以作出 i_C 的波形,如图 2.6(b)中的曲线③所示。i_C 也是由直流分量 I_{CQ} 和交流分量 i_c 叠加而成的,即

$$i_C = I_{CQ} + i_c = I_{CQ} + I_{cm}\sin\omega t \qquad (2\text{-}10)$$

另外,由关系式 $u_{CE} = U_{CC} - i_C R_C$ 可知,当 i_B 增大时,i_C 增大,u_{CE} 反而减小;当 i_B 减小时,i_C 减小,u_{CE} 反而增大。由此可作出 u_{CE} 的波形,如图 2.6(b)中的曲线④所示。u_{CE} 也是由直流分量 U_{CEQ} 和交流分量 u_{ce} 叠加而成的,即

$$u_{CE} = U_{CEQ} + u_{ce} = U_{CEQ} - U_{cem}\sin\omega t \tag{2-11}$$

需要指出的是，当放大器处于动态工作状态时，由于输出端耦合电容 C_2 的隔直作用，使 u_{CE} 的直流分量 U_{CE} 不能传送到输出端，只有交流分量 u_{ce} 才能通过 C_2 形成输出电压 u_o，即

$$u_o = u_{ce} = -U_{cem}\sin\omega t = U_{cem}\sin(\omega t - 180°) = U_{om}\sin(\omega t - 180°) \tag{2-12}$$

表明输出电压信号 u_o 与输入电压信号 $u_i = U_{im}\sin\omega t$ 的相位相反，即共射极放大电路具有电压信号的反相作用。

3. 静态工作点对输出波形的影响

对于一个放大电路来说，要求输出波形能够正确反映输入信号的变化，也就是要求输出波形不失真。但是，由于晶体管是个非线性器件，如果放大电路的静态工作点选得不合适或者输入信号太大，则会使放大电路的工作范围超出晶体管特性曲线上的线性区域，从而使输出波形产生畸变。这种失真通常称为非线性失真。

如果放大器的静态工作点的位置选得过低，如图 2.7(a)中的 Q_1 点，将导致在输入信号的负半周，晶体管进入截止区工作，i_b、i_c、u_{ce}（即 u_o）都会出现严重失真，这种失真称为截止失真；如果放大器的静态工作点的位置选得过高，如图2.7(b)中的 Q_2 点，将导致在输入信号的正半周，晶体管进入饱和区工作，这时的 i_b 虽然失真很小，但 i_c、u_{ce} 的波形都会出现严重失真，这种失真称为饱和失真。

(a) 截止失真　　　　　　　　　(b) 饱和失真

图 2.7　静态工作点与波形失真

为了使放大电路不出现失真现象，必须要设置合适的静态工作点，静态工作点应通过调整电路参数使其大致设置在交流负载线的中点，以使动态工作范围尽可能大。此外，如果输入信号 u_i 的幅值太大，虽然静态工作点的位置合适，放大电路也会因工作范围超过特性曲线的放大区而同时产生截止失真和饱和失

真,这时只能通过减小输入信号电压 u_i 的幅度来消除失真。

2.3.2 微变等效电路法的动态分析

放大电路的微变等效电路法的动态分析(也称小信号等效电路分析),就是在小信号条件下把放大电路中的非线性元件(晶体管或场效应管)线性化,然后使用分析线性电路的方法来分析和计算放大电路的性能和参数。

1. 晶体管的微变等效电路

晶体管的微变等效电路就是在小信号条件下把非线性的晶体管用等效的线性电路元件来代替。小信号工作条件是将晶体管线性化的先决条件。而所谓等效,是指从求得的线性电路的输入端和输出端看进去,其伏安特性与晶体管的输入特性和输出特性基本一致。

晶体管可以用双口网络形式来表示,当晶体管组成共发射极接法的放大电路时,它的输入端口和输出端口如图 2.8(a)所示。下面具体介绍在小信号范围内晶体管的输入端口和输出端口的伏安特性及相应微变等效电路。

图 2.8 小信号范围的晶体管输入、输出特性

(1) 输入端口的微变等效电路

晶体管输入端口的电压与电流之间关系由图 2.8(b)的输入特性曲线来确定。由图可见,它是非线性的。当输入小信号时,发射结压降的变化量 Δu_{BE} 很小,工作点将在静态工作点 Q 附近 AB 间小范围变化,因此可用 AB 间的直线段近似代替 AB 间的曲线。在该线性段内,发射结压降的变化量 Δu_{BE} 与基极电流变化量 Δi_B 成正比关系(当 u_{CE} 一定时),因此,输入端可以用一个等效的线性电阻 r_{be} 来反映小信号变化量 Δu_{BE} 与 Δi_B 之间的关系,即

$$r_{be} = \frac{\Delta u_{BE}}{\Delta i_B}\bigg|_{u_{CE}=常数} = \frac{u_{be}}{i_b}\bigg|_{u_{CE}=常数} \tag{2-13}$$

式中表明,小信号变化量 Δu_{BE} 和 Δi_B 可用输入信号的交流分量 u_{be} 和 i_b 来代替。

r_{be} 即为晶体管的输入电阻,它的大小等于输入特性曲线上 Q 点切线斜率的倒数。显然,r_{be} 的大小与 Q 点位置有关,Q 点越高,r_{be} 值越小,因此 r_{be} 是动态电阻。但在实际分析放大电路时,对于低频小功率管而言,它的输入电阻可按下式进行估算:

$$r_{be} = 300 + (1+\beta) \frac{26(\text{mV})}{I_{EQ}(\text{mA})} \tag{2-14}$$

式中 I_{EQ} 为发射极静态电流值,由放大电路的静态工作点的值确定。因此,r_{be} 是与静态工作点有关的。此外,它还与晶体管的 β 值有关。r_{be} 的数值通常为几百欧姆到几千欧姆。

(2) 输出端口的微变等效电路

从图 2.8(c) 的输出特性曲线上可以看到,在静态工作点 Q 附近的输出特性曲线是一族近似平行于横坐标且相互间隔相等的直线。这表明晶体管集电极电流变化量 Δi_C 与管压降变化量 Δu_{CE} 几乎无关,只取决于 Δi_B 的大小。因此,当 u_{CE} 一定时,Δi_C 与 Δi_B 之比即为晶体管的交流电流放大系数 β,即

$$\beta = \left.\frac{\Delta i_C}{\Delta i_B}\right|_{u_{CE}=\text{常数}} = \left.\frac{i_c}{i_b}\right|_{u_{CE}=\text{常数}} \tag{2-15}$$

则
$$i_c = \beta i_b. \tag{2-16}$$

式中,i_c 和 i_b 均为交流分量。

也就是说,晶体管在线性工作范围内具有恒流源的性质,所以晶体管的输出端口可以近似用一个受 i_b 控制的恒流源表示。受控恒流源电流的大小为 $i_c = \beta i_b$。

(3) 晶体管的微变等效电路

综合上面(1)和(2)所述,晶体管在 Q 点附近的小信号微变等效电路如图 2.9(b) 所示,工程上也称之为 h 参数等效电路。输入回路用动态电阻 r_{be} 等效,忽略 u_{ce} 对 i_c 的微弱影响,输出回路用受控恒流源 $i_c = \beta i_b$ 等效。

(a) 晶体管双口网络　　(b) 晶体管微变等效电路

图 2.9　晶体管的微变等效电路

应注意的是：微变等效电路只适用于分析和计算放大电路的动态参数，不能用来分析放大电路的静态工作情况。另外，等效电流源 βi_b 的方向要和基极电流 i_b 的方向一致，不能随意假定。

2. 放大电路的微变等效电路

根据放大电路的交流通路和晶体管的微变等效电路可得到放大电路的微变等效电路。对于图 2.2 所示的放大电路，只要将其交流通路（如图 2.5 所示）中的晶体管 T 用其微变等效电路代替，就可以得到整个放大电路的微变等效电路，如图 2.10 所示。

图 2.10 共发射极放大电路的微变等效电路

放大电路若加入正弦信号 u_i，那么电路中所有的电流、电压均可用相量表示。

下面具体介绍利用放大电路的微变等效电路计算其电压放大倍数 $\dot{A}_u$、输入电阻 r_i 和输出电阻 r_o。

(1) 电压放大倍数 $\dot{A}_u$

电压放大倍数又称电压增益，用 $\dot{A}_u$ 表示，它等于输出电压 $\dot{U}_o$ 与输入电压 $\dot{U}_i$ 的比值，即

$$\dot{A}_u = \frac{\dot{U}_o}{\dot{U}_i} \tag{2-17}$$

由图 2.10 可见：

$$\dot{U}_i = \dot{I}_b r_{be} \tag{2-18}$$

$$\dot{U}_o = -\dot{I}_c R'_L = -\beta \dot{I}_b R'_L \tag{2-19}$$

式中，

$$R'_L = R_C // R_L = \frac{R_C R_L}{R_C + R_L}$$

所以，共发射极放大电路的电压放大倍数为

$$\dot{A}_u = \frac{\dot{U}_o}{\dot{U}_i} = \frac{-\beta \dot{I}_b R'_L}{\dot{I}_b r_{be}} = -\frac{\beta R'_L}{r_{be}} \tag{2-20}$$

式中的负号表示输出电压 $\dot{U}_\text{o}$ 与输入电压 $\dot{U}_\text{i}$ 反相。

若放大电路未接负载电阻 R_L（输出端开路），则电压放大倍数为

$$\dot{A}_\text{u} = -\frac{\beta R_\text{C}}{r_\text{be}} \tag{2-21}$$

可见，接入负载后，将使电压放大倍数下降。负载电阻 R_L 越小，电压放大倍数就越低。

(2) 输入电阻 r_i

对信号源来说，放大电路相当于它的负载，这个负载可以用一个等效电阻来代替。这个从放大电路输入端看进去的交流等效电阻称为放大电路的输入电阻，通常用 r_i 来表示。从图 2.10 所示的微变等效电路可以计算出 r_i：

$$r_\text{i} = \frac{\dot{U}_\text{i}}{\dot{I}_\text{i}} = \frac{\dot{I}_\text{i}(R_\text{B} // r_\text{be})}{\dot{I}_\text{i}} = R_\text{B} // r_\text{be} \tag{2-22}$$

输入电阻 r_i 是一个动态电阻，r_i 越小，放大电路从信号源取用的电流越大，即信号源的负担越重。因此，通常希望放大电路的输入电阻高一些。

(3) 输出电阻 r_o

对放大电路的负载来说，放大电路相当于它的信号源。放大电路的输出电阻就是从负载两端向放大电路的输出端看进去的等效电阻，通常用 r_o 表示。

输出电阻 r_o 的计算方法是：首先把信号源 $\dot{U}_\text{S}$ 短路（$\dot{U}_\text{S}=0$）但保留其内阻 R_S，负载电阻 R_L 开路（$R_\text{L}=\infty$），然后在输出端外加一交流电压 $\dot{U}$，它在输出端产生电流 $\dot{I}$，如图 2.11 所示，则输出电阻 r_o 为

$$r_\text{o} = \frac{\dot{U}}{\dot{I}}\bigg|_{\dot{U}_\text{S}=0, R_\text{L}=\infty} \tag{2-23}$$

由图 2.11 可以看到，由于 $\dot{U}_\text{S}=0$，所以 $\dot{I}_\text{b}=0$，$\dot{I}_\text{c}=\beta\dot{I}_\text{b}=0$，相当于恒流源支路开路，可见，放大电路的输出电阻为 $r_\text{o}=R_\text{C}$。

图 2.11 求输出电阻的等效电路

输出电阻 r_o 也是一个动态电阻，r_o 越小，放大电路带上负载后输出电压的下降越小，即放大电路带负载的能力越强。所以，为了提高放大电路的负载能力，通常希望放大电路的输出电阻低一些。

例 2.2 在如图 2.2 所示的放大电路中,已知电源电压 $U_{CC}=10\text{ V}$,基极电阻 $R_B=250\text{ k}\Omega$,集电极电阻 $R_C=2.5\text{ k}\Omega$,负载电阻 $R_L=2.5\text{ k}\Omega$,信号源内阻 $R_S=2.5\text{ k}\Omega$,晶体管交流电流放大倍数 $\beta=50$,试求放大电路的下列性能参数:

(1) R_L 接入和断开两种情况下的电压放大倍数 $\dot{A}_u$;

(2) 输入电阻 r_i 和输出电阻 r_o。

解 $I_{BQ} \approx \dfrac{U_{CC}}{R_B} = \dfrac{10\text{ V}}{250\text{ k}\Omega} = 40\ \mu\text{A}$

所以 $I_{EQ} \approx I_{CQ} = \beta I_{BQ} = 50 \times 40\ \mu\text{A} = 2\text{ mA}$

则 $r_{be} = 300 + (1+\beta)\dfrac{26}{I_{EQ}} = 300 + (1+50)\dfrac{26\text{ mV}}{2\text{ mA}} = 0.963\text{ k}\Omega$

(1) R_L 接入时的电压放大倍数 $\dot{A}_u$ 为

$$\dot{A}_u = -\dfrac{\beta R_L'}{r_{be}} = -\dfrac{50 \times \dfrac{2.5 \times 2.5}{2.5+2.5}}{0.963} \approx -65$$

R_L 断开时的电压放大倍数 $\dot{A}_u$ 为

$$\dot{A}_u = -\dfrac{\beta R_C}{r_{be}} = -\dfrac{50 \times 2.5}{0.963} \approx -130$$

(2) 输入电阻 r_i 为

$$r_i = R_B \mathbin{//} r_{be} = \dfrac{250 \times 0.963}{250 + 0.963} \approx 0.96(\text{k}\Omega)$$

输出电阻 r_o 为

$$r_o = R_C = 2.5\text{ k}\Omega$$

2.4 静态工作点的稳定

由前面的介绍可以看到,放大电路的多项性能参数与其静态工作点的位置有密切关系。如果静态工作点不稳定,则放大电路的某些性能指标将发生变化,因此,保持放大电路静态工作点的稳定,是一个十分重要的问题。在实际工作环境中,可能有多种因素会引起放大电路静态工作点的不稳定,如电路元件的老化、电源的波动及温度的变化等,特别是温度变化的影响更为明显。

2.4.1 温度对静态工作点的影响

在如图 2.2 所示的单电源供电的共发射极基本放大电路中,当电源电压 U_{CC} 和基极偏置电阻 R_B 确定后,基极偏置电流 $I_{BQ} = \dfrac{U_{CC}-U_{BE}}{R_B}$ 也就基本固定了。这种电路结构简单,但在温度变化的影响下,电路的静态工作点 Q 将会发生改变。具体来说,当温度升高时,晶体管的极间反向饱和电流 I_{CBO}、I_{CEO} 及电流放大系数 β 均会增大,输出特性曲线将向上平移,静态工作点 Q 也将沿负载线上移,最终反映在集电极电流 I_C 增大上。如图 2.12 所示,输出特性曲线向上平移至虚线处,静态工作点由 Q 点移至 Q' 点。相反,当温度下降时,静态工作点将下移。可见,这种放大电路的静态工作点是不稳定的。为解决这一问题,可以从放大电路的结构上采取措施,以实现在允许温度变化的前提下,尽量保持静态工作点的稳定。

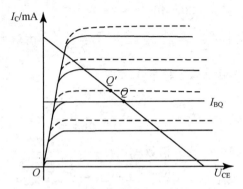

图 2.12 温度对静态工作点的影响

2.4.2 静态工作点稳定的放大电路

一个能稳定静态工作点的共发射极放大电路如图 2.13(a)所示。它的偏置电路是由分压电阻 R_{B1}、R_{B2} 和射极电阻 R_E 组成的,称为分压式偏置放大电路。图中 C_E 是旁路电容,其容量很大,对直流信号视为开路,对交流信号视为短路,图 2.13(b)是该电路的直流通路。这种电路可以根据温度的变化自动调节基极电流 I_B,以消弱温度对集电极电流 I_C 的影响,使静态工作点基本稳定。

(a) 分压式偏置放大电路　　　　　　　　(b) 直流通路

图 2.13 分压式偏置放大电路及其直流通路

1. 静态工作点稳定的原理

(1) 通过电阻 R_{B1} 和 R_{B2} 组成分压器,使基极电位 U_B 基本固定。由图 2.13(b)所示的直流通路可得电流方程 $I_1 = I_2 + I_B$,适当选择电阻 R_{B1} 和 R_{B2} 的值,使之满足 $I_2 \gg I_B$,则有 $I_1 = I_2 + I_B \approx I_2$,即基极电流 I_B 与 I_1 或 I_2 相比可以忽略不计。这样,电阻 R_{B1} 和 R_{B2} 相当于串联,根据分压公式,可得晶体管基极电位的静态值为

$$U_B = \frac{R_{B2}}{R_{B1} + R_{B2}} U_{CC}$$

该式表明当 $I_2 \gg I_B$ 时,晶体管基极电位 U_B 只取决于电阻值 R_{B1}、R_{B2} 和电源电压 U_{CC},与晶体管的参数无关。当环境温度改变而引起晶体管发生变化时,U_B 基本不变。

(2) 利用发射极电阻 R_E 上的电压 U_E 来抑制 I_C 和 I_E 的变化。由于 $U_{BE} = U_B - U_E = U_B - I_E R_E$,若使 $U_B \gg U_{BE}$,则

$$I_C \approx I_E = \frac{U_B - U_{BE}}{R_E} \approx \frac{U_B}{R_E}$$

因为 U_B 不受温度变化的影响,所以也可认为 I_C 和 I_E 不受温度影响,基本稳定。

图 2.13(a)所示的分压式偏置放大电路稳定静态工作点的过程可表述如下:

温度↑ → I_C↑ → I_E↑ → $U_E(=I_E R_E)$↑ → $U_{BE}(=U_B - I_E R_E)$↓ → I_B↓
I_C↓ ←

也就是说,当温度升高而使 I_C 和 I_E 增大时,电阻 R_E 上的电压 $U_E = I_E R_E$ 也增大。但由于 U_B 为 R_{B1} 和 R_{B2} 的分压电路所固定,所以发射结正向压降 U_{BE} 将减小,从而引起 I_B 减小导致 I_C 自动下降,静态工作点基本恢复到原来的位置。可见,这种稳定静态工作点的实质是将输出电流 I_C 的变化通过发射极电阻 R_E 上电压降($U_E = I_E R_E$)的变化反馈到输入回路,使 U_{BE} 发生变化来抑制 I_C 的变化。

可见,上述调节过程与 R_E 的大小有关,R_E 的阻值越大,R_E 上的压降越大,对 I_C 变化的抑制作用越强。但 R_E 的存在也会对变化的交流信号产生影响,使电压放大倍数下降。为此,可在 R_E 上并联一容量很大的电容 C_E,电容对直流(静态值)无影响,但对交流信号而言,R_E 被短路,晶体管的发射极相当于接地,从而消除 R_E 对交流信号的影响。C_E 称为发射极交流旁路电容。

2. 静态工作点的计算

根据图 2.13(b)所示的直流通路,采用计算法求静态工作点,可得

$$U_B = \frac{R_{B2}}{R_{B1} + R_{B2}} U_{CC} \tag{2-24}$$

$$I_C \approx I_E = \frac{U_B - U_{BE}}{R_E} \tag{2-25}$$

$$I_B = \frac{I_C}{\beta} \tag{2-26}$$

$$U_{CE} = U_{CC} - I_C(R_C + R_E) \tag{2-27}$$

3. 动态参数的计算

图 2.13(a)所示放大电路的交流通路及微变等效电路如图 2.14(a)和(b)所示。由于旁路电容 C_E 的容量很大，所以在计算电路的动态参数时可将其视为短路。电路的动态参数求解如下：

$$\dot{A}_u = \frac{\dot{U}_o}{\dot{U}_i} = \frac{-\beta \dot{I}_b (R_C \text{ // } R_L)}{\dot{I}_b r_{be}} = \frac{-\beta (R_C \text{ // } R_L)}{r_{be}} \tag{2-28}$$

$$r_i = \frac{\dot{U}_i}{\dot{I}_i} = R_{B1} \text{ // } R_{B2} \text{ // } r_{be} \tag{2-29}$$

$$r_o = R_C \tag{2-30}$$

(a) 交流通路　　　　　　　　　　(b) 微变等效电路

图 2.14　分压式偏置放大电路的交流通路及微变等效电路

例 2.3　在如图 2.13 所示的分压式偏置放大电路中，已知 $U_{CC}=10\text{ V}$，$R_{B1}=30\text{ k}\Omega$，$R_{B2}=20\text{ k}\Omega$，$R_C=2\text{ k}\Omega$，$R_E=2\text{ k}\Omega$，$R_L=3\text{ k}\Omega$，$\beta=50$，$U_{BE}=0.5\text{ V}$。试求放大电路的下列性能参数：

(1) 静态值 I_B、I_C 和 U_{CE}；

(2) 动态参数 $\dot{A}_u$、r_i 和 r_o。

解　(1) 先计算基极电位的静态值

$$U_B = \frac{R_{B2}}{R_{B1} + R_{B2}} U_{CC} = \frac{20}{30+20} \times 10 = 4(\text{V})$$

集电极电流的静态值为

$$I_C \approx I_E = \frac{U_B - U_{BE}}{R_E} = \frac{4 - 0.5}{2} = 1.75(\text{mA})$$

基极电流的静态值为

$$I_B = \frac{I_C}{\beta} = \frac{1.75}{50} = 35(\mu A)$$

集-射极电压的静态值为

$$U_{CE} = U_{CC} - I_C(R_C + R_E) = 10 - 1.75 \times (2 + 2) = 3(V)$$

(2) 晶体管的输入电阻为

$$r_{be} = 300 + (1+\beta)\frac{26}{I_{EQ}} = 300 + (1+50)\frac{26}{1.75} = 1.06(k\Omega)$$

放大电路的电压放大倍数为

$$\dot{A}_u = -\frac{\beta(R_C \mathbin{/\mkern-6mu/} R_L)}{r_{be}} = -\frac{50 \times \frac{2\times 3}{2+3}}{1.06} \approx -56.6$$

放大电路的输入电阻为

$$r_i = R_{B1} \mathbin{/\mkern-6mu/} R_{B2} \mathbin{/\mkern-6mu/} r_{be} = 30\,k\Omega \mathbin{/\mkern-6mu/} 20\,k\Omega \mathbin{/\mkern-6mu/} 1.06\,k\Omega = 0.97\,k\Omega$$

放大电路的输出电阻为

$$r_o = R_C = 2(k\Omega)$$

2.5 共集电极放大电路

共集电极放大电路又称射极输出器或射极跟随器。图 2.15(a) 给出了其电路结构图。由图可见,共集电极放大电路与前面介绍的共发射极放大电路有所不同,其负载是接在晶体管的发射极上的,输出电压信号 u_o 从发射极取出,而晶体管的集电极直接接电源电压 U_{CC}。对交流信号而言,集电极相当于接地,成为输入回路和输出回路的公共端,所以这是一种共集电极放大电路。如前所述,在发射极回路中接入电阻 R_E 可以有效地抑制因温度上升而引起的集电极电流 I_C 的上升。所以,这种电路的静态工作点是稳定的。

(a) 电路结构图

(b) 直流通路

图 2.15 共集电极放大电路

2.5.1 静态分析

共集电极放大电路直流通路如图 2.15(b)所示,由图可见:
$$U_{CC} = I_B R_B + U_{BE} + I_E R_E = I_B R_B + U_{BE} + (1+\beta) I_B R_E$$
由此可以得出基极电流静态值为
$$I_B = \frac{U_{CC} - U_{BE}}{R_B + (1+\beta) R_E} \tag{2-31}$$
集电极电流静态值为
$$I_C = \beta I_B \tag{2-32}$$
集-射极电压静态值为
$$U_{CE} = U_{CC} - I_E R_E \approx U_{CC} - I_C R_E \tag{2-33}$$

2.5.2 动态分析

图 2.15(a)所示共集电极放大电路的交流通路和微变等效电路如图 2.16 所示。由图 2.16 进行动态分析,可得共集电极放大电路的如下三个主要特点。

(a) 交流通路　　　　　　　　(b) 微变等效电路

图 2.16　共集电极放大电路的交流通路和微变等效电路

① 电压放大倍数接近于 1,但恒小于 1,输出电压与输入电压同相,具有跟随作用。由图 2.16(b)所示的微变等效电路可得
$$\dot{U}_o = \dot{I}_e (R_E /\!/ R_L) = (1+\beta) \dot{I}_b (R_E /\!/ R_L) \tag{2-34}$$
$$\dot{U}_i = \dot{I}_b r_{be} + \dot{U}_o = \dot{I}_b r_{be} + (1+\beta) \dot{I}_b (R_E /\!/ R_L) \tag{2-35}$$
电压放大倍数为
$$\dot{A}_u = \frac{\dot{U}_o}{\dot{U}_i} = \frac{(1+\beta)(R_E /\!/ R_L)}{r_{be} + (1+\beta)(R_E /\!/ R_L)} \tag{2-36}$$

通常 $(1+\beta)(R_E /\!/ R_L) \gg r_{be}$,所以

$$\dot{A}_u = \frac{\dot{U}_o}{\dot{U}_i} \approx 1 \tag{2-37}$$

上式表明,共集电极放大电路没有电压放大作用。但因 $\dot{I}_e = (1+\beta)\dot{I}_b$,所以仍具有一定的电流放大作用和功率放大作用。由于输出电压 $\dot{U}_o$ 与输入电压 $\dot{U}_i$ 同相,而且两者大小基本相等,因而输出信号跟随输入信号的变化而变化,所以又称为射极跟随器。

② 输入电阻高。由 2.16(b)可得

$$\dot{I}_i = \dot{I}_1 + \dot{I}_b = \frac{\dot{U}_i}{R_B} + \frac{\dot{U}_i}{r_{be} + (1+\beta)(R_E /\!/ R_L)}$$

所以输入电阻为

$$r_i = \frac{\dot{U}_i}{\dot{I}_i} = R_B /\!/ [r_{be} + (1+\beta)(R_E /\!/ R_L)] \tag{2-38}$$

通常 R_B 的值很大(几十千欧至几百千欧),而 $r_{be} + (1+\beta)(R_E /\!/ R_L)$ 也很大,因此共集电极放大电路(射极输出器)的输入电阻很高,远远大于共发射极放大电路的输入电阻($R_B /\!/ r_{be}$)。

③ 输出电阻低。将图 2.16(b)中的信号源 $\dot{U}_S$ 短路但保留内阻 R_S,输出端去掉负载电阻 R_L 而接上一外加交流电压源 $\dot{U}_o$,产生电流 $\dot{I}_o$,如图 2.17 所示,由图可得

$$\dot{I}_o = \frac{\dot{U}_o}{R_E} + \dot{I}_e = \frac{\dot{U}_o}{R_E} + (1+\beta)\dot{I}_b = \frac{\dot{U}_o}{R_E} + (1+\beta)\frac{\dot{U}_o}{r_{be} + R_S /\!/ R_B}$$

图 2.17 求射极输出器输出电阻的等效电路

所以输出电阻为

$$r_o = \frac{\dot{U}_o}{\dot{I}_o} = R_E /\!/ \frac{r_{be} + R_S /\!/ R_B}{1+\beta} \tag{2-39}$$

通常，
$$\frac{r_{be}+R_S // R_B}{1+\beta} \ll R_E$$

所以，
$$r_o \approx \frac{r_{be}+R_S // R_B}{1+\beta} \approx \frac{r_{be}+R_S // R_B}{\beta} \tag{2-40}$$

由于 β 值一般都较大，所以共集电极放大电路(射极输出器)的输出电阻很低，远远小于共发射极放大电路的输出电阻(R_C)。

从上面的介绍可以看到，共集电极放大电路的主要特点是电压放大倍数接近于1，输入电阻高，输出电阻低。

这种电路的应用十分广泛。因它的输入电阻高，可用作多级放大电路的输入级，这样可以减轻信号源的负担，当信号源有一定内阻时，使分压 $\dot{U}_i$ 较大；因其输出电阻低，也可用作多级放大电路的输出级，用以提高放大电路的负载能力；还可利用它的输入电阻高、输出电阻低的特点，将其用作多级放大电路的中间级，起阻抗变换作用，实现信号的最大功率传输。

例 2.4 在图 2.15(a)所示的射极输出器中，已知 $U_{CC}=12\text{ V}$，$\beta=50$，$U_{BE}=0.5\text{ V}$，$R_B=100\text{ k}\Omega$，$R_S=100\text{ }\Omega$，$R_E=3\text{ k}\Omega$，$R_L=3\text{ k}\Omega$，试求：

(1) 静态值 I_B、I_C 和 U_{CE}；

(2) 动态参数 $\dot{A}_u$、r_i 和 r_o。

解 (1) 静态值 I_B、I_C 和 U_{CE} 分别为

$$I_B = \frac{U_{CC}-U_{BE}}{R_B+(1+\beta)R_E} = \frac{12-0.5}{100+(1+50)\times 3} = 0.0455(\text{mA}) = 45.5\text{ }\mu\text{A}$$

$$I_C = \beta I_B = 50 \times 0.0455 = 2.28(\text{mA})$$

$$U_{CE} \approx U_{CC} - I_C R_E = 12 - 2.28 \times 3 = 5.16(\text{V})$$

(2) 晶体管的输入电阻

$$r_{be} = 300 + (1+\beta)\frac{26}{I_{EQ}} = 300 + (1+50)\frac{26}{2.28} = 882(\Omega) = 0.882\text{ k}\Omega$$

动态参数 $\dot{A}_u$、r_i 和 r_o 分别为

$$\dot{A}_u = \frac{\dot{U}_o}{\dot{U}_i} = \frac{(1+\beta)R_L'}{r_{be}+(1+\beta)R_L'} = \frac{(1+50)\times 1.5}{0.882+(1+50)\times 1.5} = 0.99$$

式中，$R_L' = R_E // R_L = 3 // 3 = 1.5(\text{k}\Omega)$

$$r_i = R_B // [r_{be}+(1+\beta)R_L'] = 100 // [0.882+(1+50)\times 1.5] = 43.63(\text{k}\Omega)$$

$$r_o = \frac{r_{be}+R_S'}{1+\beta} = \frac{882+100}{51} = 19.25(\Omega)$$

式中 $R_S' = R_B // R_S = 100\text{ k}\Omega // 100\text{ }\Omega \approx 100\text{ }\Omega$

2.6 场效应晶体管放大电路

场效应晶体管具有很高的输入电阻，适用于对高内阻信号源的放大，通常用

在多级放大电路的输入级。

与双极型晶体管相比,场效应管的源极、漏极和栅极分别相当于双极型晶体管的发射极、集电极和基极。与双极型晶体管放大电路具有 3 种不同组态(共射极、共集电极和共基极)类似,场效应管放大电路也有 3 种基本组态,即共源极、共漏极和共栅极放大电路。场效应管放大电路的分析方法与双极型晶体管放大电路一样,也包括静态分析和动态分析两种情况,只是放大元件特性和电路结构有所不同。下面以增强型 N 沟道 MOS 管为例来介绍场效应管放大电路。

2.6.1 电路的组成

增强型 N 沟道 MOS 管共源极放大电路的电路组成如图 2.18 所示。从图上可以看到,该电路的结构与前面介绍的工作点稳定的分压式偏置放大电路很相似。图中的 R_{G1} 和 R_{G2} 为偏置电阻,它们的作用与双极型晶体管放大电路中的 R_{B1} 和 R_{B2} 相同,通过 R_{G1} 和 R_{G2} 对电源电压 U_{DD} 分压来设置静态偏压,从而为电路提供合适的静态工作点;R_G 的作用是提高电路的输入电阻;R_D 为漏极负载电阻,通过它可获得随 u_i 变化的电压;R_S 为源极电阻,作用是稳定工作点;C_S 为旁路电容,用来消除 R_S 对交流信号的影响;C_1 和 C_2 为耦合电容,起隔直流和传递交流信号的作用。

图 2.18 场效应晶体管共源极放大器的电路组成

2.6.2 静态分析

对场效应晶体管放大电路进行静态分析,也就是计算放大电路的静态工作点 $Q(U_{GS}、I_D 和 U_{DS})$。

由于场效应晶体管是电压控制器件,栅极电流 $I_G=0$,电阻 R_G 上无压降,所以栅极电位为

$$U_G = \frac{R_{G2}}{R_{G1}+R_{G2}}U_{DD}$$

源极电位为

$$U_S = I_D R_S$$

栅-源电压为

$$U_{GS} = U_G - U_S$$

所以,放大电路的静态工作点为

$$\begin{cases} U_{GS} = U_G - U_S = \dfrac{R_{G2}}{R_{G1}+R_{G2}} U_{DD} - I_D R_S & (2\text{-}41) \\ I_D = I_{DSS}\left(1 - \dfrac{U_{GS}}{U_{GS(off)}}\right)^2 & (2\text{-}42) \\ U_{DS} = U_{DD} - I_D(R_D + R_S) & (2\text{-}43) \end{cases}$$

(式中,I_{DSS}——场效应管饱和漏极电流,$U_{GS(off)}$——夹断电压)。联解上面3个方程式,即可求得放大电路的静态工作点 $Q(U_{GS}、I_D$ 和 $U_{DS})$。

需要说明的是,上述通过求解联立方程式的方法来计算放大电路的静态工作点,是比较麻烦的。在实际计算中,还可采用一种简化的方法来求得 I_D,即若设 $U_{GS}=0$,则有 $U_G=U_S$,因此可得

$$I_D = \frac{U_S}{R_S} = \frac{U_G}{R_S} \qquad (2\text{-}44)$$

这样,只要根据电路的偏置回路求出 U_G,即可方便地求出 I_D,进而求出 U_{DS}。

2.6.3 动态分析

对场效应晶体管放大电路进行动态分析,也主要是计算放大电路的电压放大倍数、输入电阻和输出电阻。

进行动态分析的基本方法同样是微变等效电路法。

1. 场效应晶体管的微变等效电路

在输入回路中,由于场效应晶体管的栅极 G 和源极 S 之间的动态电阻 r_{gs} 可以认为无穷大,所以在交流小信号工作范围可以认为栅极 G 和源极 S 之间开路,其开路电压为 $\dot{U}_{gs}$。

在输出回路中,由于场效应晶体管是一个电压控制电流元件,它是由栅-源电压 $\dot{U}_{gs}$ 来控制漏极电流 $\dot{I}_d$ 的,所以输出回路可以用一个受控电流源表示,即

$$\dot{I}_d = g_m \dot{U}_{gs}$$

其中 g_m 为低频跨导,$g_m = \dfrac{\Delta I_D}{\Delta U_{GS}}\bigg|_{U_{DS}=\text{常数}}$。当信号为正弦量时,$g_m = \dfrac{\dot{I}_d}{\dot{U}_{gs}}$,所以,场效应晶体管的输出回路是一个电压控制的受控电流源 $g_m \dot{U}_{gs}$,场效应晶体管的简化微变等效电路如图 2.19(a)所示。

(a) 场效应晶体管的微变等效电路　　(b) 分压式偏置共源极放大电路的微变等效电路

图 2.19　场效应晶体管及分压式偏置放大电路的微变等效电路

2. 场效应晶体管放大电路的微变等效电路及其动态参数计算

图 2.18 所示放大电路的微变等效电路如图 2.19(b)所示。如前所述,栅极 G 和源极 S 之间的动态电阻可认为无穷大,相当于开路。漏极电流 $\dot{I}_d$ 只受 $\dot{U}_{gs}$ 控制,与 $\dot{U}_{ds}$ 无关,因而漏极 D 和源极 S 之间相当于一个受 $\dot{U}_{gs}$ 控制的电流源 $g_m \dot{U}_{gs}$。

放大电路的动态参数计算如下:

① 电压放大倍数 $\dot{A}_u$

根据图 2.19(b)所示的微变等效电路可知:

$$\dot{U}_i = \dot{U}_{gs}$$
$$\dot{U}_o = -\dot{I}_d (R_D /\!/ R_L)$$

所以

$$\dot{A}_u = \frac{\dot{U}_o}{\dot{U}_i} = \frac{-\dot{I}_d (R_D /\!/ R_L)}{\dot{U}_{gs}} = -g_m (R_D /\!/ R_L) \qquad (2\text{-}45)$$

上式表明,共源极场效应管放大电路的电压放大倍数与场效应管的跨导 g_m 成正比,等式右边的负号表示在共源极电路中输出电压与输入电压之间的相位相反。

② 输入电阻

根据图 2.19(b)所示的微变等效电路可知输入电阻为

$$r_i = R_G + R_{G1} /\!/ R_{G2} \qquad (2\text{-}46)$$

③ 输出电阻

$$r_o = R_D \qquad (2\text{-}47)$$

例 2.5　在图 2.18 所示的场效应管放大电路中,设 $U_{DD}=24\,\text{V}, R_G=1\,\text{M}\Omega$, $R_{G1}=300\,\text{k}\Omega, R_{G2}=100\,\text{k}\Omega, R_S=5\,\text{k}\Omega, R_D=5\,\text{k}\Omega, R_L=5\,\text{k}\Omega, g_m=5\,\text{mA/V}$。试求:

(1) 静态值 I_D 和 U_{DS}；

(2) 动态参数 $\dot{A}_u$、r_i 和 r_o。

解 (1) 静态值 I_D 和 U_{DS} 的计算：

$$U_G = \frac{R_{G2}}{R_{G1}+R_{G2}}U_{DD} = \frac{100}{300+100} \times 24 = 6(\text{V})$$

$$I_D = \frac{U_S}{R_S} = \frac{U_G}{R_S} = \frac{6}{5} = 1.2(\text{mA})$$

$$U_{DS} = U_{DD} - I_D(R_D+R_S) = 24 - 1.2(5+5) = 12(\text{V})$$

(2) 动态参数的计算：

电压放大倍数为

$$\dot{A}_u = -g_m(R_D /\!/ R_L) = -5 \times \frac{5 \times 5}{5+5} = -12.5$$

输入电阻为

$$r_i = R_G + R_{G1} /\!/ R_{G2} = 1000 + \frac{300 \times 100}{300+100} = 1075(\text{k}\Omega)$$

输出电阻为

$$r_o = R_D = 5(\text{k}\Omega)$$

2.7 多级放大电路

2.7.1 多级放大电路的耦合方式

在实际应用中，往往对放大电路的性能提出多方面的要求，如电压放大倍数、输入电阻和输出电阻等。单级放大电路的电压放大倍数一般只能达到几十倍，常常不能满足实际应用的要求，而且也很难兼顾其他性能指标的要求。为此，可以选择多个基本放大电路，将它们合理地连接起来，从而构成多级放大电路。

组成多级放大电路的每一个基本放大电路称为一级，级与级之间的连接方式称为级间耦合。常见的级间耦合方式有三种，即阻容耦合、变压器耦合和直接耦合。

1. 阻容耦合

在多级放大电路中，用电阻、电容进行耦合的方式称为阻容耦合。如图2.20所示为两级阻容耦合放大电路，第一级为共射极放大电路，第二级为共集极放大电路。从图上可以看到，第一级放大电路的输出端通过电容接到了第二级电路的输入端。

图 2.20 两级阻容耦合放大电路

阻容耦合方式充分利用了电容"隔直流,通交流"的特点,主要优点是放大电路的各级之间的直流通路互不相通,各级的静态工作点相互独立,在计算或调试静态工作点时可按单级处理,便于电路的静态分析、设计和调试。而且,只要输入信号频率足够高,耦合电容的容量足够大,前级的输出信号就可以几乎没有衰减地传递到后级的输入端。因此,这种耦合方式在分立元件的放大电路中得到广泛应用。

阻容耦合方式的缺点是低频特性差,不适于放大缓慢变化的信号。主要原因是电容对缓慢变化的信号呈现出很高的容抗,信号的一部分或大部分都衰减在耦合电容上,从而无法向后级传递。另外,在集成电路中,很难制造大容量的电容,因此这种耦合方式在集成放大电路中无法采用,一般仅用于分立元件组成的放大电路中。

2. 变压器耦合

将前级放大电路的输出端通过变压器接到后级的输入端或负载电阻上,称为变压器耦合。一个采用变压器耦合方式的共射放大电路如图 2.21 所示。图中变压器次级所接电阻 R_L 即为该放大电路的负载电阻。

图 2.21 变压器耦合共射放大电路

由于变压器耦合电路的前后级靠磁路实现耦合,所以也具有隔离直流的优点,它的各级放大电路的静态工作点相互独立,便于分析、设计和调试。另外,变压器耦合方式还可以在传递交流信号的同时实现阻抗变换。但由于变压器体积与重量较大,无法实现集成,而且也不能传输缓慢变化的信号,所以这种耦合方式目前在放大电路中应用较少。

3. 直接耦合

级间不加耦合元件,把前级放大电路的输出端直接接到后级的输入端,如图 2.22 所示,这种连接方式称为<u>直接耦合</u>。

图 2.22 直接耦合放大电路

直接耦合方式的优点是既能放大交流信号,也能放大直流信号。更为重要的是,采用这种耦合方式十分便于实现电路的集成化,所以在实际的集成放大电路中一般都采用直接耦合方式。

直接耦合方式存在两个方面的突出问题需要解决,一个是前、后级的静态工作点相互影响的问题;另一个是零点漂移问题。

(1) 前、后级静态工作点的相互影响问题

由于直接耦合使放大电路的前、后级之间存在直接通路,所以会造成前、后级静态工作点相互影响。由图 2.22 可见,前级 T_1 的集电极电位恒等于后级 T_2 的基极电位,前级 T_1 的集电极电阻 R_{C1} 同时又是后级的偏流电阻。这样将造成前后级的静态工作点互相影响和牵制。所以,必须采取一定的措施来保证直接耦合放大电路既能有效传递信号,又能使每一级有合适的静态工作点。常用的一种办法是设法提高后级的发射极电位。例如在图 2.22 中是利用 T_2 的发射极电阻 R_{E2} 上的压降来提高发射极电位的。这样一方面能提高 T_1 的集电极电位,增大其输出电压的幅度,另一方面又能通过 R_{E2} 的作用来稳定 T_2 的静态工作点。

(2) 零点漂移问题

如果将直接耦合放大电路的输入端短接($u_i=0$)或接固定的直流电压,其输出应有一固定电压,即静态输出电压。但实际上即使将输入端短接,在输出端也会测到缓慢变化的电压信号,这种现象称为零点漂移,简称零漂。

在放大电路中,任何电路参数的变化,如电源电压的波动,晶体管参数随温度的变化,元件的老化等,都将产生输出电压的漂移。在直接耦合的多级放大电路中,由于前后级直接相连,前一级的漂移电压会和有用的信号一起送到下一级,而且逐级放大,以至于在输出端无法区别有用信号和漂移电压,使放大器不能正常工作。所以,抑制零点漂移应着重于第一级。

采用差分放大电路是抑制零点漂移的有效措施,这将在后面的 2.8 节中具体介绍。

2.7.2 多级放大电路的性能分析

在多级放大电路中,前级的输出电压就是后级的输入电压,一个 n 级放大电路的连接框图如图 2.23 所示。由图可见,各级放大电路的输入输出关系为

$$\dot{U}_{o1}=\dot{U}_{i2}, \dot{U}_{o2}=\dot{U}_{i3}, \cdots, \dot{U}_{o(n-1)}=\dot{U}_{in}$$

所以,n 级放大电路的电压放大倍数为

$$\dot{A}_u = \frac{\dot{U}_{o1}}{\dot{U}_{i1}} \cdot \frac{\dot{U}_{o2}}{\dot{U}_{i2}} \cdot \cdots \cdot \frac{\dot{U}_{on}}{\dot{U}_{in}} = \dot{A}_{u1} \cdot \dot{A}_{u2} \cdot \cdots \cdot \dot{A}_{un} \tag{2-48}$$

即多级放大电路的总电压放大倍数等于各单级电压放大倍数的乘积。

图 2.23　n 级放大电路的连接框图

在分析和设计多级放大电路时,应把后一级的输入电阻作为前一级的实际负载电阻来考虑。同样,对于后一级放大电路而言,应把前一级放大电路的输出电阻作为后一级的信号源内阻来处理。

实际上,从电路的总体特性来说,多级放大电路的总输入电阻就是第一级放大电路的输入电阻,即 $r_i = r_{i1}$;多级放大电路的总输出电阻就是最后一级放大电路的输出电阻,即 $r_o = r_{on}$。

2.8　差分放大电路

差分放大电路也称差动放大电路,它是一种直接耦合放大电路,其特点是能有效抑制零点漂移,常用作多级放大电路的输入级,在模拟集成电路中得到广泛应用。

2.8.1 差分放大电路的基本结构和工作原理

1. 电路结构

图 2.24 给出了一个差分放大电路的基本结构。由图可见,它由两个单管放大电路组成,由于电路的元件参数和特性完全相同,即 $R_{B1}=R_{B2}$, $R_{C1}=R_{C2}$, T_1 和 T_2 参数相同且具有相同的温度特性,所以电路左右两边对称;电阻 R_E 为两个晶体管的公共发射极电阻,u_{i1} 和 u_{i2} 是两个输入端的输入信号,输出电压 u_o 取自两个晶体管集电极电位之差值,即 $u_o=u_{C1}-u_{C2}$。这种电路结构被称之为双端输入双端输出差分放大电路。

图 2.24 差分放大电路基本结构

2. 抑制零点漂移原理

将电路输入端短路,电路为静态。由于电路的对称性,两管的静态工作点相等,即 $I_{C1}=I_{C2}$, $U_{C1}=U_{C2}$,故输出电压 $u_o=U_{C1}-U_{C2}=0$。

当环境温度变化而引起两管集电极电流都发生变化时,两管的集电极电位也随之改变,使每管的输出都产生了温度漂移现象。由于电路的对称性,两管的漂移是同相的,即同时增大或同时减小,且变化量相等,因而在输出端将互相抵消而被完全抑制,使输出 u_o 维持原值不变(仍为零),从而使零点漂移得到完全控制。电路的对称性越好,则抑制零点漂移的作用越强。

3. 三类输入信号

差分放大电路的输入信号有三种类型,分别是共模输入信号、差模输入信号和任意输入信号,下面分别予以说明。

(1) 共模输入信号

若两个输入信号大小相等,极性相同,即 $u_{i1}=u_{i2}$,则称为共模输入信号。这种信号输入方式称为共模输入。

差分放大电路在共模输入信号作用下,由于电路完全对称,两管集电极电位变化相同(同向变化,且变化量相等),因而输出电压为零,即差分放大电路对共模输入信号的放大倍数为零,对共模输入信号无放大作用。

实际上,前面介绍的差分放大电路抑制零点漂移的作用,是抑制共模输入信号的一种特殊情况。因为两管产生的同向漂移,可以看做是在两管输入端加上一对共模输入信号的结果。差分放大电路抑制共模信号的能力,也就是抵制零点漂移的能力,是差分放大电路的性能指标之一。电路的对称性越好,则抑制共模信号的能力越强,对零漂的抑制能力也越强。

此外,图 2.24 所示电路还利用了发射极电阻 R_E 对共模信号的负反馈作用,抑制了每个晶体管集电极电流的变化,从而抑制集电极电位的变化,增强了电路抑制共模信号的能力。下面具体分析一下发射极电阻 R_E 的作用,假如由于温度升高而使 I_{C1} 和 I_{C2} 同时增加,则会发生如下变化过程:

可见,温度升高所造成的每个晶体管的漂移得到了一定程度的抑制,这里主要依靠了 R_E 对共模信号的负反馈作用。

为了描述差分放大电路对共模信号的抑制能力,引入了一个新的参数——共模放大倍数 A_C,其定义为

$$A_C = \frac{u_{oc}}{u_{ic}}$$

其中,u_{ic} 为共模输入电压,u_{oc} 是在 u_{ic} 作用下的输出电压。它们可以是缓慢变化的信号,也可以是正弦交流信号。在电路参数理想对称的情况下,差分放大电路的共模放大倍数 $A_C = 0$。

(2) 差模输入信号

若两个输入信号大小相等,极性相反,即 $u_{i1} = -u_{i2}$,则称为差模输入信号。这种信号输入方式称为差模输入。

当 $u_{i1} < 0, u_{i2} > 0$,则 u_{i1} 使 T_1 管的集电极电流减小 ΔI_{C1},u_{i2} 使 T_2 管的集电极电流增大 ΔI_{C2},即两管产生了异向变化。ΔI_{C1} 使 T_1 管的集电极电位增高了 ΔU_{C1},而 ΔI_{C2} 使 T_2 管的集电极电位降低了 ΔU_{C2}。由于 $U_{C1} = U_{C2}$,$|\Delta U_{C1}| = |\Delta U_{C2}|$,所以差分放大电路的双端输出电压 $u_o = (U_{C1} + \Delta U_{C1}) - (U_{C2} - \Delta U_{C2}) = 2\Delta U_{C1}$。也就是说,差分放大电路在差模输入信号作用下,双端输出电压为每管输出电压的两倍。若设定 $u_{i1} > 0, u_{i2} < 0$,则双端输出电压为 $u_o = (U_{C1} - $

$\Delta U_{C1})-(U_{C2}+\Delta U_{C2})=-2\Delta U_{C1}$,极性与 $u_{i1}<0$,$u_{i2}>0$ 时的情形相反。总之,差分放大电路放大了差模输入信号。

另外,T_1 管和 T_2 管发射极电流的变化,同基极电流的变化一样,也是大小相等而变化方向相反,即 $\Delta I_{E1}=-\Delta I_{E2}$,因此流过电阻 R_E 的电流变化 $\Delta I_{RE}=\Delta I_{E1}+\Delta I_{E2}=0$,即 R_E 对差模信号无反馈作用。也就是说,R_E 对于差模信号相当于短路,因此大大提高了对差模信号的放大能力。

输入差模信号时的放大倍数称为差模放大倍数,记作 A_d,A_d 定义为

$$A_d = \frac{\Delta u_{od}}{\Delta u_{id}} \tag{2-49}$$

其中,u_{od} 为 u_{id} 作用下的输出电压。

在差模信号作用下,可通过对图 2.24 所示差分放大电路的等效电路分析得出其输入电阻为 $r_i=2(R_B+r_{be})$(式中 $R_B=R_{B1}=R_{B2}$),它是单管共射放大电路的两倍;输出电阻 $r_o=2R_C$,也是单管共射放大电路的两倍。

为了综合考虑差分放大电路对差模信号的放大能力和对共模信号的抑制能力,又引入了一个技术指标——共模抑制比(common mode rejection rotio),记作 K_{CMRR},定义为

$$K_{CMRR} = \left| \frac{A_d}{A_C} \right| \tag{2-50}$$

或用对数形式表示:

$$K_{CMRR} = 20\lg \left| \frac{A_d}{A_C} \right| \quad (dB) \tag{2-51}$$

其值越大,说明电路的性能越好。在电路参数理想对称的情况下,$K_{CMRR}=\infty$。

需要说明的是,在差分放大电路中,增大发射极电阻 R_E 的值,能够有效地抑制每一边的温度漂移,提高共模抑制比。但 R_E 值太大时,工作点会偏低;要求工作点合适时,所加的负电源 U_{EE} 将会很高。为了既能采用较低的电源电压,又能有较大的 R_E,可采用恒流源电路来取代 R_E,如图 2.25(a)所示。晶体管恒流源电路的静态电阻很小,不需要太高的 U_{EE} 就可以得到合适的工作点。但恒流源的动态电阻极大,当共模输入或温度变化引起发射极电流改变时,将呈现极大的动态电阻,对零点漂移和共模信号将产生极强的抑制作用。为了简便起见,常将晶体管恒流源电路用电流源符号表示,如图 2.25(b)所示。

(3) 任意输入信号

两个大小和极性都任意的输入信号,称为任意输入信号,也称比较输入信号。

(a) 恒流源 差分放大电路　　　　　　(b) 简化电路

图 2.25　带恒流源的差分放大电路

任意输入信号可以分解为共模信号和差模信号的组合,即

$$u_{i1}=u_{iC}+u_{id},\ u_{i2}=u_{iC}-u_{id} \tag{2-52}$$

在(2-52)式中,u_{iC}为共模信号,u_{id}为差模信号。由以上两式可解得

$$u_{iC}=\frac{u_{i1}+u_{i2}}{2},\ u_{id}=\frac{u_{i1}-u_{i2}}{2} \tag{2-53}$$

例如,任意输入信号为 $u_{i1}=8\,\text{mV}$,$u_{i2}=-6\,\text{mV}$,则可求出共模信号 $u_{iC}=1\,\text{mV}$,差模信号 $u_{id}=7\,\text{mV}$。

因此,无论差分放大电路的输入信号是何种类型,都可以认为是一对共模信号和一对差模信号的组合(差模输入时,认为共模输入为零;共模输入时,认为差模输入为零)。差分放大电路仅对差模信号进行放大。

也就是说,对于差分放大电路来说,差模信号是有用信号,要求对差模信号有较大的放大倍数;而共模信号是干扰信号,因此对共模信号的放大倍数越小越好。对共模信号的放大倍数越小,就意味着零点漂移越小,抗共模干扰的能力越强。

2.8.2　差分放大电路的输入输出方式

前面介绍了双端输入双端输出的差分放大电路。除此以外,还经常采用单端输入和单端输出方式。共有 4 种输入输出方式的差分放大电路,如图 2.26 所示。其中图(a)为双端输入双端输出方式,图(b)为双端输入单端输出方式,图(c)为单端输入双端输出方式,图(d)为单端输入单端输出方式。现分别介绍如下。

● 对于图 2.26(a)所示的双端输入双端输出的差分放大电路,其单管放大电路的电压放大倍数为

(a) 双端输入双端输出

(b) 双端输入单端输出

(c) 单端输入双端输出

(d) 单端输入单端输出

图 2.26 差分放大电路的 4 种输入输出方式

$$A_{d1} = \frac{u_{o1}}{u_{i1}} = \frac{-\beta R_L'}{R_B + r_{be}} \tag{2-54}$$

$$A_{d2} = \frac{u_{o2}}{u_{i2}} = \frac{-\beta R_L'}{R_B + r_{be}} = A_{d1} \tag{2-55}$$

式中,$R_L' = R_C \mathbin{/\mkern-6mu/} \dfrac{R_L}{2}$,即每个晶体管所带负载电阻为 R_L 的一半。

双端输出电压为

$$u_o = u_{o1} - u_{o2} = A_{d1} u_{i1} - A_{d2} u_{i2} = A_{d1}(u_{i1} - u_{i2}) \tag{2-56}$$

所以,双端输入双端输出差分放大电路的差模电压放大倍数为

$$A_d = \frac{u_o}{u_i} = \frac{u_o}{u_{i1} - u_{i2}} = A_{d1} = A_{d2} = -\frac{\beta R_L'}{R_B + r_{be}} \tag{2-57}$$

它与单管放大电路的电压放大倍数相等。可见接成差分电路结构的主要目

的是为了能有效抑制零点漂移。

双端输入双端输出差分放大电路的输入电阻为 $r_i=2(R_B+r_{be})$，输出电阻为 $r_o=2R_C$。

● 对于图 2.26(b)所示的双端输入单端输出方式的差分放大电路，由于从 T_1 的集电极输出，$u_o=u_{o1}$，所以其差模电压放大倍数为

$$A_d=\frac{u_o}{u_i}=\frac{u_{o1}}{2u_{i1}}=\frac{1}{2}A_{d1}=-\frac{1}{2}\frac{\beta R_L'}{R_B+r_{be}} \quad (2\text{-}58)$$

式中，$R_L'=R_C /\!/ R_L$。同理，若从 T_2 的集电极输出，由于 $u_o=u_{o2}$，所以差模电压放大倍数为

$$A_d=\frac{u_o}{u_i}=\frac{u_{o2}}{-2u_{i2}}=-\frac{1}{2}A_{d1}=\frac{1}{2}\frac{\beta R_L'}{R_B+r_{be}} \quad (2\text{-}59)$$

可见其输出信号 u_o 与输入信号 u_{i1} 极性相反，而与 u_{i2} 极性相同。所以 u_{i1} 输入端称为反相输入端，u_{i2} 输入端称为同相输入端。

双端输入单端输出差分放大电路的输入电阻为 $r_i=2(R_B+r_{be})$，输出电阻 $r_o=R_C$。

● 图 2.26(c)所示为单端输入双端输出的差分放大电路，由图可见，其输入信号只加到了放大电路的一个输入端，另一个输入端接地。该电路的电压放大倍数与单管放大电路相同，输入电阻为 $r_i=2(R_B+r_{be})$，输出电阻为 $r_o=2R_C$。

● 图 2.26(d)所示为单端输入单端输出的差分放大电路，它的输入信号也只加到了放大电路的一个输入端，另一个输入端接地。该电路的电压放大倍数为单管放大电路的一半，输入电阻也为 $r_i=2(R_B+r_{be})$，但输出电阻为 $r_o=R_C$。

从上面介绍的差分放大电路的 4 种输入输出方式及其性能参数可以看到如下一些规律：

① 凡是双端输出，放大倍数基本上和单管一样；而单端输出时，放大倍数为单管的一半。

② 输出电阻在双端输出时为 $2R_C$，单端输出时为 R_C。

③ 输入电阻无论在双端输入时还是单端输入时，均为 $2(R_B+r_{be})$。

2.9 功率放大电路

功率放大电路简称功放，其任务是能够向负载输出足够大的信号功率，以驱动扬声器、继电器以及伺服电动机等功率负载。功率放大器应设在多级放大电路中的最后一级。

2.9.1 功率放大电路的特点及类型

1. 功率放大电路的特点

电子设备中的多级放大电路,其前置级是电压放大级,最后一级是功率放大级(功率输出级)。功率放大级把前置级送来的电压信号进行功率放大,以获得足够大的功率输出,去推动负载工作。例如使扬声器发声、继电器动作、电动机旋转等。为了使功率放大电路获得最大的功率输出,功率放大器应具有如下特点:

(1) 尽可能大的输出功率。为了实现尽量大的输出功率,要求功放管的电压和电流都要有足够大的输出幅度,所以,晶体管往往工作在极限的状态下。

(2) 尽量提高功率转换的效率。一般情况下,放大电路的效率为

$$\eta = \frac{P_o}{P_E} \times 100\% \qquad (2-60)$$

式中,P_o 是放大电路输出的功率,它等于输出电压 U_o 与输出电流 I_o 的乘积,即

$$P_o = U_o I_o \qquad (2-61)$$

P_E 是直流电源提供给放大电路的平均功率,通常它等于电源电压 U_{CC} 与电源向放大电路输出的平均电流 I_{av} 的乘积,即

$$P_E = U_{CC} I_{av} \qquad (2-62)$$

(3) 允许适当的非线性失真。由于功率放大电路工作在大信号状态下,所以不可避免地会产生非线性失真,且同一个晶体管,输出功率越大,非线性失真越严重,因此功率放大电路输出尽量大的功率和减少非线性失真是相互矛盾的。在不同的应用场合,处理这对矛盾的侧重点有所不同。

例如,在音响系统中,在满足一定输出功率的条件下,希望非线性失真要尽量小;而在工业控制系统中,要求输出功率足够大,而对非线性失真往往不做要求。

2. 功率放大电路的类型

根据工作状态的不同,功率放大电路可分为三种不同类型,分别是甲类、乙类和甲乙类功率放大电路,如图 2.27 所示。

甲类功率放大电路的静态工作点 Q 大致设置在交流负载线的中点,集电极静态电流 I_C 约为整个信号电流幅值的 1/2,如图 2.27(a)所示。工作在甲类状态下的晶体管,在输入信号的整个周期内都处于导通的状态,因而非线性失真小。但当无交流信号输入($u_i = 0$)时,电源提供的功率 $P_E = I_C U_{CC}$ 全部消耗在晶体管和电阻上,因此功率损耗较大,放大电路的功耗效率较低,最高只能达 50%。

图 2.27 功率放大电路的 3 种工作状态

乙类功率放大电路的静态工作点 Q 设置在负载线与横轴的交点处,集电极静态电流 $I_C=0$,如图 2.27(b)所示。由于静态集电极电流 $I_C=0$,功率损耗降到最低,从而使放大电路的功耗效率大大提高。但由于晶体管仅在整个信号周期的正半周导通,所以只能使输入信号的正半周得以放大,输出波形将产生严重的非线性失真。

甲乙类功率放大电路的静态工作点 Q 设置在甲类和乙类之间且靠近截止区处,使晶体管在输入信号的半个多周期内处于放大状态,剩下的周期内处于截止状态,如图 2.27(c)所示。由于晶体管只有较小的静态集电极电流 I_C,所以放大电路的功耗效率高于甲类工作状态,而非线性失真也不像乙类工作状态那样严重。

为了解决功放电路的效率与失真的矛盾,可以采用两个晶体管轮流工作于正、负半周的办法来解决。这就是下面要介绍的互补对称功率放大电路。

2.9.2 互补对称功率放大电路

为了使功率放大电路既有尽可能高的效率,又有尽可能小的失真,常采用工作于甲乙类或乙类状态的互补对称功率放大电路。

1. OCL 功率放大电路

由双电源供电的 OCL 功率放大电路的组成如图 2.28(a)所示。由于电路的输出端不经电容耦合,直接接至负载,所以称之为无输出电容功率放大电路,简称 OCL(Output Capacitorless)电路。图中 T_1 为 NPN 管,T_2 为 PNP 管,两管的特性基本相同。两管的发射极相连接到负载上,基极相连作为输入端。下面简要介绍该电路的工作原理。

(1) 静态分析

当电路处于静态($u_i=0$)时,两管的基极电位 $U_B=0$,又由于 T_1、T_2 对称,所以两管的发射极电位 $U_E=0$,因此两管的基-射偏压 $U_{BE}=0$,T_1、T_2 均处于截止状态,负载 R_L 中没有电流,放大电路工作在乙类状态。

(2) 动态分析

当电路处于动态($u_i \neq 0$)时,在 u_i 的正半周 T_1 导通而 T_2 截止,T_1 以射极跟随器的形式将正半周信号传送给负载。在 u_i 的负半周 T_2 导通而 T_1 截止,T_2 以射极跟随器的形式将负半周信号传送给负载。也就是说,在整个输入信号周期内,T_1、T_2 两管交替工作,相互补充,从而使负载得到完整的信号波形,所以称为互补对称放大电路。电路的工作波形如图 2.28(b)所示。

另外,从图 2.28(b)所示的工作波形可以看到,输出波形在跨越零电压的一个小区域内出现了失真,这种失真称为交越失真。产生交越失真的原因,主要是由于在这个小时间范围内 T_1、T_2 的基-射偏压均接近于零或等于零,即此时的 u_i 电压小于晶体管的发射结开启电压,所以两个晶体管都处于截止状态,从而使这一区域内的输出电压 u_o 总为零,波形出现失真。

(a) 电路图　　　　　　　　(b) 交越失真的产生

图 2.28　乙类 OCL 功率放大电路

为了消除交越失真,可通过设置合适的静态工作点,给 T_1 和 T_2 基极提供合适的偏置电压,使 T_1、T_2 导通的时间稍微超过半个信号周期,即让它们工作在甲乙类状态,如图 2.29 所示。图中的二极管 D_1 和 D_2 即用来提供所需偏置电压。静态时,就已产生静态工作电流 I_{B1}、I_{B2},但此时的发射极工作电流 $I_{E1} = -I_{E2}$,其值相等,方向相反。负载电阻 R_L 上没有静态电流流过,U_E 仍为零。当有正弦输入信号电压作用时,可在负载电阻 R_L 上输出一个完整的不失真的正弦波形。

(3) 输出功率及效率

当输入电压 u_i 变化时,电路的最大输出电压 $U_{om} = U_{CC} - U_{CES}$。所以,最大输出功率为

图 2.29 甲乙类 OCL 电路

$$P_{om} = \frac{(U_{om}/\sqrt{2})^2}{R_L} = \frac{(U_{CC}-U_{CES})^2}{2R_L} \quad (2\text{-}63)$$

在忽略基极回路电流的情况下,电源 U_{CC} 提供的电流为

$$i_C = \frac{U_{CC}-U_{CES}}{R_L}\sin\omega t \quad (2\text{-}64)$$

电源所提供的平均功率等于其平均电流与电源电压之积,其表达式为

$$P_E = \frac{1}{\pi}\int_0^\pi \frac{U_{CC}-U_{CES}}{R_L}\sin\omega t \cdot U_{CC}d(\omega t) = \frac{2}{\pi}\frac{(U_{CC}-U_{CES})U_{CC}}{R_L} \quad (2\text{-}65)$$

所以,电路的效率为

$$\eta = \frac{P_{om}}{P_E} = \frac{\pi}{4}\frac{U_{CC}-U_{CES}}{U_{CC}} \quad (2\text{-}66)$$

当饱和管压降 U_{CES} 可忽略不计的情况下,则有

最大输出功率 $\qquad P_{om} = \dfrac{U_{CC}^2}{2R_L} \quad (2\text{-}67)$

电源提供的平均功率 $\qquad P_E = \dfrac{2}{\pi}\dfrac{U_{CC}^2}{R_L} \quad (2\text{-}68)$

电路的效率 $\qquad \eta = \dfrac{P_o}{P_E} = \dfrac{\pi}{4} \approx 78.5\% \quad (2\text{-}69)$

在实际计算中,由于大功率晶体管的饱和管压降 U_{CES} 常为 2~3 V,所以通常都不应该忽略它。

2. OTL 功率放大电路

上面介绍的 OCL 功率放大电路需要正、负两种电源,使电路结构复杂,并增大了电路造价。在实际电路中,可用一个大容量的电容器代替 OCL 电路中的负电源,构成无输出变压器的功率放大电路,简称 OTL(Output Transformerless) 电路。图 2.30 所示为工作在甲乙类状态的 OTL 功率放大电路。由图可见,它

只有一个电源 U_{CC}，T_2 的集电极直接接地，电路的输出端采用了一个大容量的电容。

图 2.30　甲乙类 OTL 电路

由于电路的对称性，静态时 T_1、T_2 发射极连接点的电位 U_E 等于电源电压 U_{CC} 的一半。因电容 C 的隔直作用，负载 R_L 中没有电流，输出电压为零。动态时，在输入信号 u_i 的正半周 T_1 导通而 T_2 截止。T_1 以射极跟随器的形式将正半周信号输出给负载，同时对电容 C 充电；在 u_i 的负半周 T_2 导通而 T_1 截止，电容 C 通过 T_2 和 R_L 放电，T_2 以射极跟随器的形式将负半周信号输出给负载，这时电容 C 起到了负电源的作用。为了使输出波形对称，应使电容 C 上的电压基本维持在 $U_{CC}/2$ 不变，所以电容 C 的容量要大，一般取 $2000\,\mu F$ 或更大一些。

另外，由于大功率晶体管的功耗较大，所以在实际电路中应给功率管安装散热器，以改善其散热条件。

本 章 小 结

1. 放大电路的基本功能是把微弱的电信号不失真地放大成较强的电信号。它的基本原理就是用较小的输入信号控制较大的电压或电流，其实质就是用较小的能量去控制较大的能量。

2. 放大电路的分析包括静态分析和动态分析两种。静态分析的目的是为了确定放大电路的静态工作点，通常可采用计算法和图解法。动态分析就是在确定电路的静态值以后，分析信号的放大和传输情况，并确定放大电路的电压放大倍数、输入电阻和输出电阻。动态分析通常采用微变等效电路法和图解法。

3. 微变等效电路法就是在小信号工作条件下，把放大电路中的非线性元件（晶体管或场效应管）用线性电路等效代换，从而把非线性元件线性化，然后用分析线性电路的方法来分析和计算。图解法利用晶体管的输入输出特性曲线，通过作图的方法形象直观地观察电路的工作状态,分析信号在放大电路中的传递情况,研究放大电路的非线性失真,确定放大电路的动态工作范围和最佳工作点。

4. 射极输出器是一种共集电极放大电路。它具有较高的输入电阻和较低的输出电阻,电压放大倍数略小于1,故无电压放大能力,但具有电流放大能力。由于此种电路的输入电阻高,常用在多级放大电路的输入级;又因为其输出电阻低,带负载能力强,所以也常用在多级放大电路的输出级;也可用在中间级,起阻抗变换作用。

5. 场效应管放大电路的基本结构和分析方法与双极型晶体管放大电路类似。这种电路的主要特点是具有很高的输入电阻,适用于对高内阻信号源的放大,常用在多级放大电路的输入级。

6. 多级放大电路由单级放大电路连接而成,级与级之间有三种耦合方式,其中变压器耦合方式由于存在诸多缺点,所以现已较少使用。一般多采用阻容耦合和直接耦合方式。阻容耦合放大电路用于放大交流信号。直接耦合放大电路存在的严重问题是零点漂移,而第一级的零漂对输出的影响最大。引起零漂的主要原因是温度变化,在直接耦合放大电路中解决零漂问题的有效措施是采用差分放大电路。

7. 差分放大电路是利用两个相同的单管放大电路相互补偿,依靠电路的对称性来抑制零点漂移。零点漂移可以等效为共模输入信号,而差分放大电路具有很强的共模抑制能力。差分放大电路有4种不同的输入输出方式,典型的差分放大电路为双端输入双端输出方式;为了和一端接地的信号源组合,可采用单端输入方式;为了和一端接地的负载连接,可采用单端输出方式。双端输入单端输出方式通常用作集成运算放大器的输入级。

8. 功率放大电路是在大信号下工作,晶体管通常工作在极限运用状态,研究的重点是如何在允许失真的情况下,尽可能提高电路的输出功率和效率。根据工作状态的不同,功率放大电路可分为甲类、乙类和甲乙类三种不同类型。为了减小晶体管的功率损耗和提高电源的利用率,通常将电路设置为乙类或甲乙类状态。

习 题 2

2.1 从功能和组成上,可将放大电路分为哪几种类型?

2.2 什么叫放大电路的静态和静态工作点?怎样调整静态工作点的位置?

2.3 什么叫非线性失真?饱和失真和截止失真各有什么特点?

2.4 简述射极输出器的特点及用途。

2.5 多级放大电路中的级间耦合通常有哪几种方式?

2.6 什么是共模信号和差模信号？差分放大电路对这两种输入信号是如何区别对待的？

2.7 说明功率放大电路的特点及主要类型。

2.8 甲乙类互补对称功率放大电路为什么可以减小交越失真？

2.9 在如图 2.31(a) 所示的放大电路中，已知 $U_{CC}=12\text{ V}$，$R_B=240\text{ k}\Omega$，$R_C=3\text{ k}\Omega$，晶体管的直流电流放大倍数 $\bar{\beta}=40$，输出特性曲线如图 2.31(b) 所示。

(1) 试计算该电路的静态值 I_B、I_C 和 U_{CE}；

(2) 用图解法确定电路的静态值；

(3) 求静态时电容 C_1 和 C_2 上的电压 U_{C1} 和 U_{C2}，标出极性。

图 2.31 题 2.9 图

2.10 在如图 2.32 所示共射放大电路中，已知 $U_{CC}=12\text{ V}$，$R_C=5.1\text{ k}\Omega$，$R_B=400\text{ k}\Omega$，$R_L=2\text{ k}\Omega$，$R_S=100\text{ }\Omega$，晶体管的 $\beta=40$。要求：(1) 计算静态工作点；(2) 作微变等效电路；(3) 计算电压放大倍数 $\dot{A}_u$，输入电阻 r_i 和输出电阻 r_o。

图 2.32 题 2.10 图

2.11 在如图 2.33 所示的射极输出器中，已知 $U_{CC}=12\text{ V}$，$R_B=200\text{ k}\Omega$，$R_E=2\text{ k}\Omega$，$R_L=3\text{ k}\Omega$，$\beta=40$，$R_S=100\text{ }\Omega$，$U_{BE}=0.7\text{ V}$。

(1) 求静态值 I_B、I_C 和 U_{CE}；

(2) 作微变等效电路；

(3) 求电压放大倍数 $\dot{A}_u$、输入电阻 r_i 和输出电阻 r_o。

图 2.33　题 2.11 图

2.12　在如图 2.34 所示的分压式偏置放大电路中，$U_{CC}=12\text{ V}$，$R_{B1}=20\text{ k}\Omega$，$R_{B2}=10\text{ k}\Omega$，$R_C=3\text{ k}\Omega$，$R_E=2\text{ k}\Omega$，$R_L=2\text{ k}\Omega$，$\beta=50$，$U_{BE}=0.7\text{ V}$。

(1) 求静态值 I_B、I_C 和 U_{CE}；

(2) 作微变等效电路；

(3) 求电压放大倍数 $\dot{A}_u$、输入电阻 r_i 和输出电阻 r_o。

图 2.34　题 2.12 图

2.13　若差分放大电路的输入信号 $u_{i1}=9\text{ mV}$，$u_{i2}=-3\text{ mV}$，试求差分放大电路的共模输入信号 u_{iC} 和差模输入信号 u_{id}。

2.14　在如图 2.35 所示的场效应管放大电路中，已知 $U_{DD}=24\text{ V}$，$R_G=2\text{ M}\Omega$，$R_{G1}=500\text{ k}\Omega$，$R_{G2}=100\text{ k}\Omega$，$R_S=10\text{ k}\Omega$，$R_D=R_L=15\text{ k}\Omega$，场效应管的 $g_m=2\text{ mA/V}$。

(1) 求静态值 I_D 和 U_{DS}；

(2) 画出微变等效电路；

(3) 求电压放大倍数 $\dot{A}_u$、输入电阻 r_i 和输出电阻 r_o。

2.15 在如图 2.36 所示的 OCL 电路中,已经 $U_{CC}=12\text{ V}$,$R_L=8\text{ Ω}$,若晶体管的饱和管压降 $U_{CES}=2\text{ V}$,试求该电路可能的最大输出功率及电路的效率。

图 2.35　题 2.14 图　　　　图 2.36　题 2.15 图

2.16 在图 2.37 所示两级阻容耦合放大电路中,已知 $U_{CC}=12\text{ V}$,$R_{B1}=R'_{B1}=20\text{ k}\Omega$,$R_{B2}=R'_{B2}=10\text{ k}\Omega$,$R_{C1}=R_{C2}=2\text{ k}\Omega$,$R_{E1}=R_{E2}=2\text{ k}\Omega$,$R_L=2\text{ k}\Omega$,$\beta_1=\beta_2=50$,$U_{BE1}=U_{BE2}=0.7\text{ V}$。

(1) 求前级和后级放大电路的静态值;

(2) 求前级、后级电压放大倍数 $\dot{A}_{u1}$、$\dot{A}_{u2}$ 和总电压放大倍数 $\dot{A}_u$。

图 2.37　题 2.16 图

第3章 集成运算放大器及其应用

集成运算放大器是一种高电压放大倍数、高输入电阻和低输出电阻的多级直接耦合放大电路。由于早期它主要用于模拟量的某些数学运算,故名运算放大器。集成运算放大器也简称集成运放。随着近代集成电路技术的发展,集成运放的性能不断改善,种类也越来越多,且使用方便、价格低廉,现在集成运放的应用已远远超出了模拟运算的范围,在信号处理、信号测量、波形转换及自动控制等领域都得到了广泛应用。

本章首先介绍集成运算放大器的组成及特性,然后讨论放大电路中的反馈及对放大电路性能的影响,最后介绍集成运算放大电路的应用。

3.1 集成运算放大器

3.1.1 集成运放的特点

集成运放的一些特点是与其制造工艺密切相关的,主要有以下几点:

① 所有元器件处于同一晶片上,由同一工艺做成,易做到电气特性对称,温度特性一致,适于制造对称性高的电路。因此,容易制成温度漂移很小的运算放大器。

② 集成电路中的电阻,容易制作的阻值为 $10\,\Omega \sim 30\,k\Omega$。高阻值的电阻制作成本高,占用面积大,所以,在集成运放中常用晶体管恒流源代替电阻。必须用的高阻值电阻,常采用外接方式。

③ 在集成电路工艺中不适于制作 200 pF 以上的电容,更难于制作电感,所以集成运放各级之间的连接多采用直接耦合方式,基本上不采用电容元件。必须使用电容器的场合,也常采用外接方式。

④ 集成电路中制作晶体管容易,二极管通常是用晶体管的基极与集电极短接后的发射结来代替。

3.1.2 集成运放的组成及主要参数

1. 集成运放的组成

集成运放的种类、型号很多,电路形式也有所不同,但归纳起来,通常由4部分组成,即输入级、中间级、输出级及偏置电路,如图 3.1 所示。

图 3.1　集成运放组成框图

(1) 输入级。输入级是构成高质量集成运放的关键部分,通常由具有恒流源的双端输入、单端输出的差分放大电路构成,其目的是为了抑制放大电路的零点漂移,提高输入电阻。

(2) 中间级。中间级的主要作用是进行电压放大,通常采用共射(或共源)放大电路,其电压放大倍数可达千倍以上。

(3) 输出级。输出级一般采用互补对称功率放大电路,要求其输出电阻小,带负载能力强。此外,输出级还带有保护电路,以防意外短路或过载时造成电路损坏。

(4) 偏置电路。偏置电路的作用是为集成运放中各级电路提供稳定、合适的偏置电流,确立各级的静态工作点,一般由各种恒流源电路构成。

从外部作为一个整体来看,集成运放是一个双端输入、单端输出、具有高输入电阻、低输出电阻、高差模放大倍数和高共模抑制比的差分放大电路,其电路符号如图 3.2 所示。其中 u_+ 端的输入电压与输出电压 u_o 同相,称为同相输入端;u_- 端的输入电压与输出电压 u_o 反相,称为反相输入端。A_{od} 是集成运放无外接反馈回路时的差模电压放大倍数,称为开环差模电压放大倍数或开环差模电压增益。

图 3.2　集成运放的电路符号

2. 集成运放的主要参数

在分析和评价集成运放时,常用下列参数来描述:

(1) 开环差模电压放大倍数 A_{od}

A_{od} 是指集成运放在没有外接反馈回路时的差模电压放大倍数,即 $A_{od}=u_o/(u_+ - u_-)$。它体现了集成运放的电压放大能力,常用分贝(dB)表示,A_{od}(dB)$=20\lg|A_{od}|$。A_{od} 值越大越稳定,相应的运算电路的运算精度越高。所以,它是决定运算精度的主要因素。通常开环差模电压放大倍数在 $10^3 \sim 10^8$(60～160 dB)范围内。理想条件下,可以认为 $A_{od} \approx \infty$。

(2) 输入失调电压 U_{IO}

在理想的集成运放中,当输入电压 $u_i=0$ 时,输出电压 u_o 应为零。但在实际电路中,$u_i=0$ 时,输出 u_o 并不为零。如果要使 $u_o=0$,必须在输入端加入一个很小的电压来补偿。这个电压就是输入失调电压,用 U_{IO} 表示。U_{IO} 通常以毫伏或微伏为单位,一般都在几毫伏以下。

(3) 输入失调电流 I_{IO}

静态时,流入集成运放两个输入端的电流之差称为输入失调电流,用 I_{IO} 表示。它反映了集成运放两个静态输入电流的不对称性。I_{IO} 的存在会产生输出失调,因而 I_{IO} 的值越小越好。理想条件下,可以认为 $I_{IO} \approx 0$。

(4) 共模抑制比 K_{CMR}

共模抑制比 K_{CMR} 等于差模放大倍数与共模放大倍数之比的绝对值,即 $K_{CMR} = \left| \dfrac{A_{od}}{A_{oc}} \right|$,也常用分贝(dB)表示,其数值为 $20\lg K_{CMR}$。K_{CMR} 值越大,集成运放抑制共模信号的能力越强。它一般应大于 80 dB,理想条件下,可以认为 $K_{CMR} \approx \infty$。

(5) 差模输入电阻 r_{id}

差模输入电阻 r_{id} 是指集成运放在输入差模信号时的输入电阻。r_{id} 值越大,集成运放向信号源取的电流越小。r_{id} 一般应大于 2 MΩ,理想条件下,可以认为 $r_{id} \approx \infty$。

(6) 最大共模输入电压 U_{icmax}

集成运放对共模信号有抑制能力,但当共模输入电压超过一定极限时,集成运放将不能正常工作甚至损坏。共模输入电压的这一极限数值就是集成运放的最大共模输入 U_{icmax}。

除上述主要参数外,其他参数还有最大差模输入电压 U_{idmax}、输入偏置电流 I_{IB}、静态功耗 P_{CO} 和最大输出峰-峰值电压 U_{P-P} 等,这里不再一一介绍,需要时可查阅有关的电子产品手册。

3.1.3 集成运放的理想模型

在分析和计算集成运放的实际电路时,为了使问题的分析简化,常将集成运放看作一个理想的运放,即把运放的各项参数都理想化。由于实际集成运放的性能参数与理想运放十分接近,所以在分析计算时用理想运放代替实际运放所引起的误差并不大,在工程计算中是允许的,并且可以使问题的分析和计算大为简化。集成运放的理想参数主要有

① 开环差模电压放大倍数 $A_{od} = \infty$;

② 差模输入电阻 $r_{id} = \infty$;

③ 输出电阻 $r_o=0$；

④ 共模抑制比 $K_{CMR}=\infty$。

集成运放的电压传输特性如图 3.3 所示，它描述了输出电压与输入电压之间的关系。该传输特性分为线性区和非线性区(饱和区)。当集成运放工作在线性区时，输出电压 u_o 与输入电压 $u_i(=u_+-u_-)$ 是一种线性关系，即

$$u_o = A_{od} \cdot u_i = A_{od}(u_+ - u_-)$$

图 3.3　集成运放的电压传输特性

对于理想集成运放，由于 $A_{od}=\infty$，而 u_o 为有限值，所以当两个输入端之间加无穷小的电压时，则输出电压就会超出线性范围，即 u_o 不是正向最大电压 $+U_{OM}$，就是负向最大电压 $-U_{OM}$，而与输入电压 u_i 的大小无关。可近似认为：当 $u_i>0$ 时，$u_o=+U_{OM}$；当 $u_i<0$ 时，$u_o=-U_{OM}$。

为了让集成运放能在线性区稳定工作，应在它的输出端与反相输入端之间加接反馈网络来构成闭环工作状态，即通过引入深度电压负反馈来限制其电压放大倍数，如图 3.4 所示。

图 3.4　集成运放引入负反馈

对于工作在线性区的理想运放，利用其理想参数可以引出以下两个重要概念：

① 因 $r_{id}=\infty$，故有 $i_+=i_-=0$，即理想运放的两个输入端的输入电流为零。

由于两个输入端并非开路而电流为零,这就是两个输入端之间的"虚断"概念。

② 因 $A_{od} = \infty$,而 u_o 为有限值,故有 $u_+ - u_- = 0$,即 $u_+ = u_-$,即理想运放的两个输入端的电位相等,但又不是短路,故称为"虚短"。

以上"虚断"和"虚短"的两个概念,看上去似乎是矛盾的,其实不然,"虚断"是对理想运放的输入电阻无限大而言,而"虚短"是对理想运放的开环电压增益无限大来说的。

此外,对于理想运放,如果信号从反相输入端输入,而同相输入端接地,即 $u_+ = 0$,基于"虚短"的概念,必有 $u_- = 0$,即反相输入端的电位为"地"电位,通常称之为"虚地"。

以上概念是分析理想运放线性应用时的基本依据。

例 3.1 集成运放 CF741 的开环差模电压放大倍数 $A_{od} = 10^5$,即 $A_{od} = 100\,\text{dB}$,差模输入电阻 $r_i = 2\,\text{M}\Omega$,当工作在线性区时,若输出电压 $u_o = 10\,\text{V}$,求输入端应加的差模信号电压的大小和输入电流。

解 (1) 输入电压 $u_i = u_+ - u_- = \dfrac{u_o}{A_{od}} = \dfrac{10}{10^5}\,\text{V} = 0.1\,\text{mV}$。

(2) 输入电流 $i_i = \dfrac{u_i}{r_{id}} = \dfrac{0.1 \times 10^{-3}}{2 \times 10^6}\,\text{A} = 0.05 \times 10^{-9}\,\text{A} = 0.05\,\text{nA}$。

可见,实际集成运放的 u_+ 与 u_- 十分接近(本例仅为 $0.1\,\text{mV}$),输入电流 i_i 极小(本例仅为 $0.05\,\text{nA}$),这与上述"虚短"和"虚断"的概念是一致的。

3.2 放大电路中的负反馈

3.2.1 反馈的基本概念

1. 负反馈放大器框图

把放大电路的输出信号(电压或电流)的一部分或大部分,通过某种电路(称为反馈电路)送回输入端,从而影响输入信号的过程称为反馈。反馈到输入端的信号称为反馈信号。

根据反馈信号是增强还是减弱输入信号,反馈又分为正反馈和负反馈两大类。具体而言,如果反馈信号对输入信号起增强作用,则称为正反馈;如果反馈信号对输入信号起消弱作用,则称为负反馈。正反馈的结果,导致输入信号增强,输出信号相应增大,亦即使放大器的放大倍数增大。正反馈常用在振荡电路中。但正反馈常使电路工作不稳定,使放大器的性能变差。而负反馈的结果则使放大器的放大倍数减小,可以改善放大器的性能,因此在放大电路中几乎都采用负反馈。下面重点讨论负反馈放大电路。

如图 3.5 所示是负反馈放大电路的组成框图。由图可见，它由基本放大电路、反馈网络和比较环节 3 部分组成。基本放大电路可以是单级或多级放大电路，实现信号从输入端到输出端的正向传输，A 是开环放大倍数；反馈网络联系放大电路的输出和输入，一般由电阻元件组成，实现信号从输出端到输入端的反向传输，F 是反馈网络的反馈系数。x_i、x_o、x_f 和 x_d 分别表示放大电路的外部输入信号、输出信号、反馈信号和基本放大电路的净输入信号。它们既可以是电压信号，也可以是电流信号。信号的传递方向如图中箭头所示。符号 $\otimes$ 表示比较环节，比较环节实现外部输入信号与反馈信号的叠加，以得到净输入信号 x_d。

图 3.5 负反馈放大电路框图

2. 反馈基本关系式

在图 3.5 中，基本放大电路的净输入为

$$x_d = x_i - x_f$$

反馈系数 F 为反馈信号 x_f 与输出信号 x_o 的比值，即

$$F = \frac{x_f}{x_o}$$

无反馈的开环放大倍数或开环增益 A 是输出信号 x_o 与净输入信号 x_d 的比值，即

$$A = \frac{x_o}{x_d}$$

有反馈的放大倍数 A_f 称为闭环放大倍数或闭环增益，它是输出信号 x_o 与输入信号 x_i 之比，即

$$A_f = \frac{x_o}{x_i}$$

这样，可以得出反馈放大电路中的闭环放大倍数 A_f 与开环放大倍数 A、反馈系数 F 之间的基本关系式为

$$A_f = \frac{x_o}{x_i} = \frac{x_o}{x_d + x_f} = \frac{x_o}{x_d + Fx_o} = \frac{\frac{x_o}{x_d}}{1 + F\frac{x_o}{x_d}} = \frac{A}{1 + FA} \quad (3-1)$$

$|1+FA|$ 称为反馈深度。从上式可以看到,若 $|1+FA|>1$,则有 $|A_f|<|A|$,说明引入反馈后,由于净输入信号的减小,使放大倍数降低了,引入的是负反馈,且反馈深度的值越大,负反馈的作用越强;若 $|1+FA|<1$,则有 $|A_f|>|A|$,说明引入反馈后,由于净输入信号的增强,使放大倍数增大了,引入的是正反馈。

3. 反馈极性判别法[1]

反馈的正、负极性(正反馈、负反馈)通常可采用瞬时极性法来判别。采用这种方法判别反馈的正、负极性时,可先任意设定输入信号的极性为正或为负,并以⊕或⊖来标记,然后沿反馈环路逐步确定反馈信号的瞬时极性,最后根据对输入信号的作用是增强还是消弱,即可确定反馈极性。

例如,对于图 3.6(a)所示的集成运放,设输入信号 u_i 为正(标以⊕),则输出信号 u_o 的瞬时极性为负(标以⊖),经电阻 R_f 返送到同相输入端,反馈信号 u_f 的瞬时极性为负(标以⊖)。这样,净输入信号 $u_d = u_i - u_f$ 与没有反馈时相比增大了,即反馈信号增强了输入信号的作用,所以可确定为正反馈。

用同样方法可判断图 3.6(b)所示集成运放引入的是负反馈。

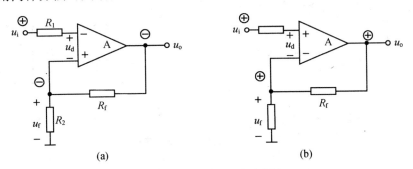

图 3.6 反馈极性判别举例

3.2.2 负反馈的基本类型及其判别[1]

前已提及,在放大电路中引入负反馈可以改善放大电路的性能,但不同类型的负反馈对放大电路性能的影响各不相同。

按反馈电路与放大电路输出端连接方式的不同,即根据反馈信号是取自输出电压还是取自输出电流,可将反馈分为电压反馈和电流反馈。电压反馈的反馈信号 x_f 取自输出电压 u_o,x_f 与 u_o 成正比;电流反馈的反馈信号 x_f 取自输出电流 i_o,x_f 与 i_o 成正比。

按反馈电路与放大电路输入端连接方式的不同,可将反馈分为串联反馈和并联反馈。串联反馈的反馈信号和输入信号以电压串联方式叠加,即 $u_d = u_i -$

u_f,以得到放大电路的净输入电压 u_d。并联反馈的反馈信号和输入信号以电流并联方式叠加,即 $i_d = i_i - i_f$,以得到放大电路的净输入电流 i_d。

根据以上分析,有 4 种类型的负反馈,即电压串联负反馈、电压并联负反馈、电流串联负反馈、电流并联负反馈。由集成运放构成的 4 种不同类型的负反馈放大电路如图 3.7 所示。

图 3.7 4 种负反馈放大电路

电压反馈和电流反馈的判别,可假想将放大电路的输出端交流短路,即令 $u_o = 0$,若反馈信号不复存在,则为电压反馈,否则为电流反馈。

例如,在图 3.7(a)所示的集成运放中,当输出端交流短路时,反馈电阻 R_f 一端直接接地,反馈电压 $u_f = 0$,即反馈信号消失,所以为电压反馈;而在图 3.7(c)所示的电路中,当将其输出端交流短路时,虽然 $u_o = 0$,但输出电流 i_o 仍随输入信号而改变,在电阻 R 上仍会产生反馈电压 u_f,所以可判定该电路引入的是电流反馈。用同样方法可判定图 3.7(b)所示电路引入的是电压反馈,而图 3.7(d)所示电路引入的是电流反馈。

串联反馈和并联反馈可以根据电路结构进行判别,即当反馈信号和输入信号接在放大电路的同一个输入端(另一个输入端往往是接地点)时,通常可判定为并联反馈;而当反馈信号和输入信号接在放大电路的不同输入端时,一般可判定为串联反馈。

例如，在图 3.7(a)和图 3.7(c)所示的集成运放中，输入信号 u_i 加在同相输入端，而反馈信号 u_f 却加在反相输入端，不在同一输入端，故为串联反馈；而对于图 3.7(b)和图 3.7(d)所示的集成运放，输入信号 u_i 加在了反相输入端，而输出信号经电阻 R_f 也反馈到反相输入端，在同一个输入端，所以为并联反馈。

3.2.3 负反馈对放大电路性能的影响

虽然负反馈使放大器的放大倍数下降，但能从多方面改善放大电路的性能。

1. 提高放大倍数的稳定性

晶体管和电路其他元件参数的变化以及环境温度的影响等因素，都会引起放大电路放大倍数的变化，但如果这种变化的相对值较小，则说明其稳定性较高。

设放大电路无反馈(开环)时的放大倍数为 A，由于外界因素变化引起放大倍数的变化为 dA，其相对变化为 dA/A。引入负反馈后(闭环)的放大倍数为 A_f，则放大倍数的相对变化为 dA_f/A_f。前面已推出反馈放大电路中的基本关系式为

$$A_f = \frac{A}{1+AF} \tag{3-2}$$

式(3-2)对 A 求导，得

$$\frac{dA_f}{dA} = \frac{(1+AF)-AF}{(1+AF)^2} = \frac{1}{(1+AF)^2} = \frac{A_f}{A} \cdot \frac{1}{1+AF}$$

或

$$\frac{dA_f}{A_f} = \frac{1}{1+AF} \cdot \frac{dA}{A} \tag{3-3}$$

上述结果表明，在引入负反馈后，虽然放大倍数从 A 减小到 A_f，降低了 $(1+AF)$ 倍，但当外界有相同的变化时，放大倍数的相对变化 dA_f/A_f 却只有无负反馈时 $1/(1+AF)$，可见负反馈放大电路的放大倍数稳定性提高了。

负反馈越深，放大倍数越稳定。在深度负反馈条件下，即 $1+AF \gg 1$ 时，有

$$A_f = \frac{A}{1+AF} \approx \frac{1}{F} \tag{3-4}$$

式(3-4)表明深度负反馈时的闭环放大倍数仅取决于反馈系数 F，而与开环放大倍数 A 无关。

例 3.2 已知一个负反馈放大器的开环放大倍数 $A=100$，反馈系数 $F=0.05$，如果 A 产生 $\pm 30\%$ 的变化(即 A 可能低到 70，高到 130)，那么闭环放大倍数 A_f 的相对变化量是多少？

解 A_f 的相对变化量为 $\dfrac{dA_f}{A_f} = \dfrac{1}{1+AF} \cdot \dfrac{dA}{A} = \dfrac{1}{1+100 \times 0.05} \times (\pm 30\%) = \pm 5\%$，即在开环放大倍数 A 变化 $\pm 30\%$ 的情况下，闭环放大倍数 A_f 只变化了

±5%,说明引入负反馈后使放大器的放大倍数稳定性得到很大程度的改善。

2. 减小非线性失真

由于放大电路中存在晶体管、场效应管等非线性元件,所以对于一个无负反馈的放大电路来说,即使设置了合适的静态工作点,也会产生非线性失真。当输入信号为正弦波时,输出信号很可能不是正弦波,比如产生了正半周大而负半周小的失真信号,如图 3.8 所示。

引入负反馈可以使非线性失真减小。因为引入负反馈后,这种失真了的输出信号经反馈网络又送回到输入端,与输入信号反相叠加,得到了正半周小而负半周大的净输入信号,这样正好弥补了放大电路的失真,使输出信号比较接近于正弦波,如图 3.8(b)所示。

(a) 无反馈时波形失真　　　　(b) 加负反馈时改善失真

图 3.8　负反馈减小非线性失真示意图

3. 扩展通频带

频带宽度是放大电路的技术指标之一。在某些场合下,往往要求放大电路要有较宽的频带,引入负反馈是展宽频带的一项有效措施。由于在深度负反馈时,$A_f = \dfrac{1}{1+AF} \approx \dfrac{1}{F}$,此时放大器的闭环放大倍数只与反馈网络的元件参数有关。如果反馈网络里不含有 L、C 等电抗元件,而仅由若干电阻构成,则可近似地认为反馈放大器的放大倍数为一常数,即可使放大器的频带增宽。

4. 负反馈对输入电阻和输出电阻的影响

负反馈对放大电路输入电阻和输出电阻的影响因反馈方式而异,下面分别予以说明。

(1) 电压负反馈降低输出电阻

电压负反馈能稳定输出电压,说明电压负反馈放大电路能在负载变动时使输出电压基本不变,具有恒压输出特性。而输出电压恒定与输出电阻低是密切相关的。显然,这时的输出电阻比无反馈时的输出电阻要小。反馈越深,输出电阻减小越明显。

(2) 电流负反馈提高输出电阻

电流负反馈能稳定输出电流,说明电流负反馈放大电路能在负载变动时使输出电流基本不变,具有恒流输出的特性。这点只有在放大电路的输出电阻比无电流负反馈时的输出电阻大很多时才能成交。反馈越深,输出电阻增高越多。

(3) 串联负反馈提高输入电阻

在串联负反馈的情况下,由于反馈网络和输入回路串联,总输入电阻为基本放大电路本身的输入电阻和反馈网络的等效电阻两部分串联相加,所以可以使放大电路的输入电阻增大。

(4) 并联负反馈降低输入电阻

在并联负反馈的情况下,由于反馈网络和输入回路并联,总输入电阻为基本放大电路本身的输入电阻和反馈网络的等效电阻两部分并联,所以可以使放大电路的输入电阻减小。

在实际电路设计中,可根据对输入电阻和输出电阻的具体要求,引入适当的负反馈。例如,若希望减小放大电路的输出电阻,可引入电压负反馈;若希望提高输入电阻,可引入串联负反馈等。

3.3 集成运放的线性应用

3.3.1 比例运算电路

1. 反相比例运算电路

反相比例运算电路如图 3.9 所示,输入信号 u_i 经电阻 R_1 送到反相输入端,而同相输入端通过电阻 R_2 接地,反馈电阻 R_f 跨接在输出端和反相输入端之间,形成深度电压并联负反馈。

图 3.9 反相比例运算电路

根据前面介绍的分析理想运放工作在线性区的两个重要概念,可知

因为 $\qquad i_+ = i_- = 0$ ("虚断"概念)

所以 $\qquad i_1 = i_f$

以及 $\qquad u_+ = u_- = 0$ ("虚地"概念)

由图 3.9 可得

$$i_1 = \frac{u_i - u_-}{R_1} = \frac{u_i}{R_1} \tag{3-5}$$

$$i_f = \frac{u_- - u_o}{R_f} = \frac{-u_o}{R_f} \tag{3-6}$$

所以闭环电压放大倍数为

$$A_f = \frac{u_o}{u_i} = -\frac{R_f}{R_1} \tag{3-7}$$

式(3-7)表明,输出电压与输入电压是一种比例运算关系,或者说是比例放大的关系。比例系数只取决于电阻 R_f 与 R_1 的比值,而与集成运放本身的参数无关。选用不同的 R_f 与 R_1 的电阻比值,即可得到数值不同的闭环电压放大倍数。由于电阻的精度和稳定性可以做得很高,所以闭环电压放大倍数的精度和稳定性也是很高的。式(3-7)中的负号表示 u_o 与 u_i 反相,所以这种电路称为反相比例运算电路。

R_2 是平衡电阻,其作用是保证运算放大器差动输入级输入端静态电路的平衡。为了保持运算放大器输入电路的对称结构,由反相输入端向左(向外)看去的等效电阻 ($R_1 // R_f$) 应等于由同相输入端向左看去的等效电阻 R_2,即应 $R_2 = R_1 // R_f$。

在如图 3.9 所示的电路中,若 $R_f = R_1$,则有

$$A_f = \frac{u_o}{u_i} = -\frac{R_f}{R_1} = -1$$

这种运算放大电路称为反相器,也称反号器。

例 3.3 在图 3.9 所示的反相比例运算电路中,设 $R_1 = 10\,\text{k}\Omega$,$R_f = 30\,\text{k}\Omega$,求 A_f;如果 $u_i = -1\,\text{V}$,则 u_o 为多大?

解
$$A_f = -\frac{R_f}{R_1} = -\frac{30}{10} = -3$$
$$u_o = A_f \cdot u_i = (-3) \times (-1) = 3(\text{V})$$

2. 同相比例运算电路

同相比例运算电路如图 3.10 所示,输入信号 u_i 经电阻 R_2 送到同相输入

图 3.10 同相比例运算电路

端,而反相输入端经电阻 R_1 接地,反馈电阻 R_f 跨接在输出端和反相输入端之间。根据前面介绍的 4 种类型的负反馈特点可知,这种连接方式属于电压串联负反馈。

根据分析理想运放工作在线性区的两个重要概念,可知:
$$i_+ = i_- = 0 \text{（"虚断"概念）}$$

所以
$$i_1 = i_f$$

又因为 $i_+ = 0$,故电阻 R_2 上无电压降,所以:
$$u_- = u_+ = u_i$$

由图 3.10 可列出:
$$i_1 = \frac{0 - u_-}{R_1} = -\frac{u_i}{R_1} \tag{3-8}$$

$$i_f = \frac{u_- - u_o}{R_f} = \frac{u_i - u_o}{R_f} \tag{3-9}$$

由此可得
$$u_o = \left(1 + \frac{R_f}{R_1}\right) u_i \tag{3-10}$$

所以闭环电压放大倍数为
$$A_f = \frac{u_o}{u_i} = 1 + \frac{R_f}{R_1} \tag{3-11}$$

在式(3-11)中,A_f 为正值,表示 u_o 与 u_i 同相,并且 A_f 总是大于或等于 1,不会小于 1,这点和反相比例运算电路不同。

R_2 为平衡电阻。与反相比例运算电路一样,为了提高输入级差动电路的对称性,应使 $R_2 = R_1 /\!/ R_f$。

另外,在图 3.10 中,如果将反相输入端的外接电阻 R_1 去掉(使 $R_1 = \infty$),并且再将 R_f 和 R_2 分别短路(使 $R_2 = R_f = 0$),那么将得到如图 3.11 所示的电路,其中:
$$u_o = u_i$$
$$A_f = \frac{u_o}{u_1} = 1$$

图 3.11　电压跟随器

图 3.11 所示电路的输出电压与输入电压大小相等,相位相同,故称电压跟

随器。它是同相比例运算电路的一个特例,常用作缓冲器。

例 3.4　在如图 3.12 所示的同相比例运算电路中,已知 $R_1=200\ \text{k}\Omega$,$R_\text{f}=200\ \text{k}\Omega$,$u_\text{i}=1\ \text{V}$,求闭环电压放大倍数 A_f 和输出电压 u_o,该电路的 R_2 阻值应选多大?

图 3.12　例 3.4 的电路

解　闭环电压放大倍数为

$$A_\text{f}=1+\frac{R_\text{f}}{R_1}=1+\frac{200}{200}=2$$

输出电压 u_o 为

$$u_\text{o}=A_\text{f}\times u_\text{i}=2\times 1\ \text{V}=2\ \text{V}$$

R_2 的阻值应选为

$$R_2=R_1\ /\!/\ R_\text{f}=200\ /\!/\ 200=100\ (\text{k}\Omega)$$

3.3.2　加法和减法运算电路

1. 加法运算电路

如果在如图 3.9 所示的反相比例运算电路的基础上,在其反相输入端增加若干输入电路,则可构成反相加法运算电路,能够实现对多个输入信号的按比例加法运算,具体电路如图 3.13 所示。在图 3.13 中,由于反相输入端为"虚地"(即 $u_-=u_+=0$),所以有

$$i_{11}=\frac{u_{\text{i}1}}{R_{11}}$$

$$i_{12}=\frac{u_{\text{i}2}}{R_{12}}$$

$$i_{13}=\frac{u_{\text{i}3}}{R_{13}}$$

根据"虚断"的概念($i_+=i_-=0$),可得节点 N 的电流方程为

$$i_\text{f}=\frac{0-u_\text{o}}{R_\text{f}}=i_{11}+i_{12}+i_{13}$$

由上列各式可得

$$u_\text{o}=-\left(\frac{R_\text{f}}{R_{11}}u_{\text{i}1}+\frac{R_\text{f}}{R_{12}}u_{\text{i}2}+\frac{R_\text{f}}{R_{13}}u_{\text{i}3}\right) \tag{3-12}$$

当 $R_{11}=R_{12}=R_{13}=R_1$ 时,则式(3-12)为

$$u_o = -\frac{R_f}{R_1}(u_{i1}+u_{i2}+u_{i3}) \tag{3-13}$$

当 $R_1=R_f$ 时,则

$$u_o = -(u_{i1}+u_{i2}+u_{i3}) \tag{3-14}$$

图 3.13 加法运算电路

可见输出电压与三个输入电压之间是一种按比例加法运算关系。同前述比例运算电路一样,u_o 与 u_i 之间的运算关系也与运算放大器本身的参数无关,只要电阻阻值足够精确,就可保证加法运算的精度和稳定性。

R_2 为平衡电阻。在图 3.13 中,$R_2=R_{11}/\!/R_{12}/\!/R_{13}/\!/R_f$。

例 3.5 已知反相加法运算电路的运算关系为

$$u_o = -(4u_{i1}+2u_{i2}+u_{i3})$$

并已知 $R_f=100\,\text{k}\Omega$,试选择各输入电路的电阻及平衡电阻 R_2 的阻值。

解 由反相加法运算电路的输入输出关系式:

$$u_o = -\left(\frac{R_f}{R_{11}}u_{i1}+\frac{R_f}{R_{12}}u_{i2}+\frac{R_f}{R_{13}}u_{i3}\right)$$

可得

$$R_{11}=\frac{R_f}{4}=\frac{100}{4}\,\text{k}\Omega=25\,\text{k}\Omega$$

$$R_{12}=\frac{R_f}{2}=\frac{100}{2}\,\text{k}\Omega=50\,\text{k}\Omega$$

$$R_{13}=\frac{R_f}{1}=100\,\text{k}\Omega$$

$$R_2=R_{11}/\!/R_{12}/\!/R_{13}/\!/R_f=12.5\,\text{k}\Omega$$

2. 减法运算电路

减法运算电路也称差分输入运算电路,在测量和控制系统中应用很广泛,它的两个输入端都有信号输入,其运算电路如图 3.14 所示。由于该电路为线性应

用电路,所以可以应用叠加原理来分析。

图 3.14 减法运算电路

当 u_{i1} 单独作用于集成运放时,该电路就是一个反相比例运算电路,所以 u_{o1} 为

$$u_{o1} = -\frac{R_f}{R_1} u_{i1} \tag{3-15}$$

当 u_{i2} 单独作用于集成运放时,则该电路可以看作由 R_2、R_3 构成的电阻分压器和同相比例运算电路两部分组成,所以 u_{o2} 为

$$u_{o2} = \left(1 + \frac{R_f}{R_1}\right) \frac{R_3}{R_2 + R_3} u_{i2} \tag{3-16}$$

当 u_{i1} 和 u_{i2} 同时作用于集成运放时,其输出电压 u_o 为 u_{o1} 和 u_{o2} 两者叠加,即

$$u_o = u_{o1} + u_{o2} = \left(1 + \frac{R_f}{R_1}\right) \frac{R_3}{R_2 + R_3} u_{i2} - \frac{R_f}{R_1} u_{i1} \tag{3-17}$$

当 $R_1 = R_2$ 和 $R_f = R_3$ 时,则式(3-17)为

$$u_o = \frac{R_f}{R_1} (u_{i2} - u_{i1}) \tag{3-18}$$

当 $R_1 = R_f$ 时,则为

$$u_o = u_{i2} - u_{i1} \tag{3-19}$$

由(3-18)和(3-19)两式可见,该电路可作为减法器使用。

3.3.3 积分和微分运算电路

1. 积分运算电路

将如图 3.9 所示的反相比例运算电路的反馈电阻 R_f 换成电容 C_f 作为反馈元件,就成为积分运算电路,如图 3.15 所示。

根据分析理想运放工作在线性区的两个重要概念,可知:

$$u_- = u_+ = 0 \text{("虚地"概念)}$$

$$i_- = i_+ = 0 \text{("虚断"概念)}$$

图 3.15 积分运算电路

所以:
$$i_f = i_1 = \frac{u_i}{R_1} \tag{3-20}$$

$$u_o = -u_C = -\frac{1}{C_f}\int i_f dt = -\frac{1}{R_1 C_f}\int u_i dt \tag{3-21}$$

上式表明输出电压 u_o 与输入电压 u_i 之间为积分运算关系。式中 $R_1 C_f$ 为积分时间常数 τ。

当输入为如图 3.16(a)所示的阶跃电压($u_i = U_i$)时,则

$$u_o = -\frac{U_i}{R_1 C_f} \cdot t \tag{3-22}$$

输出电压 u_o 是时间 t 的一次函数。随着时间的增长,u_o 最后将达到负向饱和值 $-U_{OM}$,如图 3.16(b)所示。

图 3.16 输入为阶跃信号时的输出电压波形

例 3.6 在某积分运算电路中,已知反馈电容 $C_f = 10\,\mu F$,请根据输出与输入电压关系式 $u_o = -10\int u_i dt$ 确定该积分运算电路中输入电阻 R_1 和 R_2 的阻值。

解 由 $\frac{1}{R_1 C_f} = 10$,可得

$$R_1 = \frac{1}{10 C_f} = \frac{1}{10 \times 10 \times 10^{-6}}\,\Omega = 10\,k\Omega$$

$$R_2 = R_1 = 10\,k\Omega$$

2. 微分运算电路

将积分运算电路的反相输入端电阻和反馈电容调换位置,并相应地改变电阻值和电容值,就可以成为微分运算电路,如图 3.17 所示。

在图 3.17 所示的微分运算电路中,由于反相输入端虚地($u_- = u_+ = 0$)且 $i_+ = i_- = 0$(虚断),所以可列出:

$$i_1 = C\frac{du_C}{dt} = C\frac{du_i}{dt} \text{ (因为 } u_- = 0\text{)}$$

$$u_o = -i_f R_f = -i_1 R_f \text{ (因为 } i_- = 0\text{)}$$

由此可得

$$u_o = -R_f C\frac{du_i}{dt} \tag{3-23}$$

即输出电压 u_o 与输入电压对时间的微分成正比。式中 $R_f C$ 为微分时间常数 τ。

当输入 u_i 为阶跃电压信号时,输出 u_o 为尖峰电压,如图 3.18 所示。

图 3.17 微分运算电路

图 3.18 输入为阶跃信号时的输出响应波形

3.4 集成运放的非线性应用

集成运放工作在开环或正反馈状态下或有外接非线性元件时的应用,即为集成运放的非线性应用,此时运放的传输特性呈现非线性。

由于集成运放的开环电压放大倍数 A 很高,所以若不加负反馈电路,按照 $u_o = Au_i = A(u_+ - u_-)$ 的关系,只要同相输入端的电位 u_+ 稍微高于反相输入端的电位 u_-,就会超出线性工作范围,输出电压 u_o 立即达到正饱和值 $+U_{OM}$;反之,只要 u_+ 稍微低于 u_-,u_o 立即达到负饱和值 $-U_{OM}$。

集成运放在非线性工作状态下的应用十分广泛,电压比较器即是其典型应用实例之一。电压比较器的功能是对输入信号进行鉴别和比较,根据输入信号是大于还是小于基准电压来确定其输出状态。它在测量和自控系统中有着广泛的应用。

3.4.1 零电压比较器

一个反相输入的零电压比较器如图 3.19(a)所示。由图可见,它是一个工作在开环状态下的运算放大器,输入信号 u_i 接在反相输入端,基准电压 U_R 接在同相输入端,零电压比较器的基准电压 $U_R=0$。

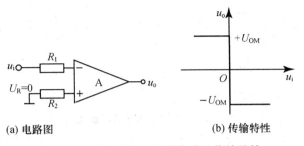

(a) 电路图　　　　　　　　(b) 传输特性

图 3.19　零电压比较器的电路及传输特性

当 u_i 稍低于基准电压零时,由于运算放大器处于开环状态,其电压放大倍数很高,输出电压将达到最大正值 $+U_{OM}$;当 u_i 稍高于零时,输出电压即转变为最大负值 $-U_{OM}$。只有当 u_i 近似等于零时,运算放大器才处于放大状态。描述输出电压与输入电压之间关系的电压传输特性如图 3.19(b)所示。根据零电压比较器输出电压的极性,可以判断输入信号是大于零还是小于零,所以常用作信号电压过零检测器。

当 u_i 为正弦波电压时,输出电压为方波,如图 3.20 所示。方波频率由输入正弦波电压的频率决定,幅度由运算放大器的供电电源决定。

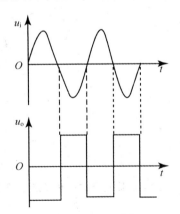

图 3.20　正弦波转换为方波电压

同相输入的零电压比较器,是将同相输入端接输入信号 u_i,反相输入端接地(基准电压 $U_R=0$),其电路图及电压传输特性如图 3.21 所示。

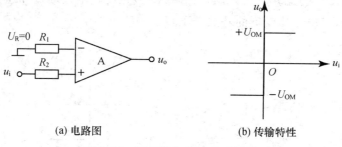

(a) 电路图 (b) 传输特性

图 3.21 同相输入零电压比较器

3.4.2 任意电压比较器

若电压比较器的基准电压不为零,而是某一数值 U_{REF},则构成如图 3.22(a)所示的任意电压比较器,也称单限电压比较器。如果将基准电压接在反相输入端,输入信号接在同相输入端,当输入信号 $u_i > U_{REF}$ 时,则 $u_o = +U_{OM}$;当输入信号 $u_i < U_{REF}$ 时,则 $u_o = -U_{OM}$。

需要说明的是,在电压比较器中,使输出电压 u_o 从高电平跃变为低电平或从低电平跃变为高电平的输入电压称为阈值电平,或门限电压,记作 U_T。例如,图 3.22(a)所示电压比较器的阈值电压为 $U_T = U_{REF}$。这种电压比较器的特点是,输入信号每次经过基准电压 U_{REF} 时输出都要跳变,其电压传输特性如图 3.22(b)所示。

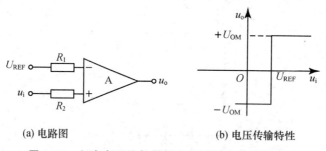

(a) 电路图 (b) 电压传输特性

图 3.22 任意电压比较器的电路图及电压传输特性

另外,在实际应用中,为了便于与运放的输出端所接负载的电平相匹配,常在电压比较器的输出端接入双向限幅电路,以限定运放输出电压的幅值,如图 3.23(a)所示。图中 D_Z 为起限幅作用的双向稳压管,U_Z 为其单向稳定电压值,R 是限幅电阻。在限幅电路的作用下,当输入信号 $u_i > U_{REF}$ 时,则 $u_o = +U_Z$;当输入信号 $u_i < U_{REF}$ 时,则 $u_o = -U_Z$。其电压传输特性如图 3.23(b)所示。

(a) 电路图 (b) 电压传输特性

图 3.23 具有输出限幅功能的电压比较器

3.4.3 滞回比较器

前面介绍的零电压比较器及任意电压比较器均属简单电压比较器,它们的特点是电路简单、灵敏度高,但这类电路的缺点是抗干扰能力差,当输入电压信号接近阈值电压时,很容易因微小的干扰信号而发生输出电压的误跳变。为了克服这一缺点,应使电路具有滞回的输出特性,提高抗干扰能力,如图 3.24(a) 所示是一个滞回比较器电路,输入电压 u_i 通过电阻 R_1 从反相输入端输入,同相输入端通过电阻 R_2 接地,反馈电阻 R_f 跨接在同相输入端与输出端之间,根据瞬时极性法可知该电路引入了正反馈。输出端所接双向稳压管 D_z 实现对输出电压的双向限幅。图 3.24(b) 是该电路的电压传输特性。滞回比较器又称为施密特(Schmitt)触发器。

(a) 电路图 (b) 电压传输特性

图 3.24 滞回比较器及其电压传输特性

设滞回比较器初始状态 $u_o = +U_z$,此时同相输入端的电压为

$$U_{T1} = \frac{R_2}{R_2 + R_f} u_o = \frac{R_2}{R_2 + R_f} U_z \tag{3-24}$$

当输入电压 u_i 由低向高变化至 $u_i > U_{T1}$ 时,滞回比较器的输出电压 u_o 由 $+U_z$ 跳变至 $-U_z$,其转换过程如图 3.24(b) 中传输特性的 abc 连线所示,此时同相输入端的电压变为

$$U_{T2} = \frac{R_2}{R_2+R_f}u_o = -\frac{R_2}{R_2+R_f}U_Z \quad (3-25)$$

当输入电压 u_i 由高向低变化至 $u_i < U_{T2}$ 时,滞回比较器的输出电压 u_o 由 $-U_Z$ 跳变至 $+U_Z$,其转换过程如图3.24(b)中传输特性的 cda 连线所示,此时同相输入端的电压又变为 U_{T1}。U_{T1} 称为上门限电压,U_{T2} 称为下门限电压,两者的差值称为回差电压,用 U_T' 表示,即

$$U_T' = U_{T1} - U_{T2} = \frac{2R_2}{R_2+R_f}U_Z \quad (3-26)$$

由此可见,由于有两个门限电压,即存在回差电压,所以滞回比较器的输入信号必须反向变化并的确有回差电压这个变化量时,比较器输出才能发生翻转。与单限比较器相比,这种电压比较器具有较强的抗干扰能力。

3.4.4 窗口比较器

单限电压比较器和滞回电压比较器只能检测出输入电压 u_i 与一个基准电压(也称参考电压)值的大小关系。如果要判断 u_i 是否在两个给定的电压之间,就要采用窗口比较器。如图3.25所示即是一种窗口比较器,其外加参考电压 $U_{RH} > U_{RL}$,R_1、R_2 和稳压管 D_Z 构成限幅电路,D_Z 的稳定电压值为 U_Z。

(a) 电路图　　　　　　　　　　　　(b) 电压传输特性

图3.25　窗口比较器的电路图及电压传输特性

窗口比较器的基本工作原理如下:

当输入电压 $u_i > U_{RH}$ 时,$u_{o1} = +U_{OM}$,$u_{o2} = -U_{OM}$,因而二极管 D_1 导通,D_2 截止,所以窗口比较器的输出电压 $u_o = U_Z$。

当输入电压 $u_i < U_{RL}$ 时,$u_{o1} = -U_{OM}$,$u_{o2} = +U_{OM}$,因而二极管 D_1 截止,D_2 导通,所以窗口比较器的输出电压 $u_o = U_Z$。

当输入电压 $U_{RL} < u_i < U_{RH}$ 时,$u_{o1} = -U_{OM}$,$u_{o2} = -U_{OM}$,因而二极管 D_1、D_2 截止,所以窗口比较器的输出电压 $u_o = 0$。

窗口比较器的电压传输特性如图3.25(b)所示。该传输特性清楚地表明,

若窗口比较器的输出电压 u_o 为 0，则被测电压 u_i 一定在两个给定电压 U_{RL} 和 U_{RH} 之间。

本 章 小 结

1. 集成运放是一种高电压放大倍数、低漂移的多级直接耦合放大器。其输入电阻高，输出电阻低。一般的集成运放基本结构均由输入级、中间级、输出级和偏置电路四大部分组成。

2. 由于实际运放的特性与理想运放十分接近，因此，在很多场合下，将实际运放当做理想运放来对待，这样可以使集成运放的分析和计算大为简化。在分析集成运放的线性应用电路时，可充分利用"虚短"和"虚断"这两个概念，直接对它的应用电路列出方程，进行分析。

3. 负反馈对放大电路的性能有着多方面的影响。引入负反馈可以稳定放大倍数、减小非线性失真、展宽通频带、增大或减小输入电阻和输出电阻等。负反馈有电压串联、电压并联、电流串联和电流并联 4 种不同的类型，实际应用中可根据不同的需要引入不同的反馈方式。

4. 由集成运放构成的最基本运算电路有反相输入运算电路、同相输入运算电路和差分输入运算电路三种，它们是集成运放线性应用的基础电路。当集成运放用于数学运算时，必须在集成运放电路中引入深度负反馈，此时，运放工作在线性区。集成运放可实现输出电压与输入电压之间的各种特定函数关系，如比例运算、加减运算、积分、微分运算以及它们的组合运算等。

5. 电压比较器是将输入电压信号与参考电压作比较。参考电压的数值不同构成了零电压比较器和非零电压比较器。电压比较器中的集成运放工作在开环或正反馈状态，是集成运放的非线性应用。

6. 滞回比较器有两个门限电压，即存在回差电压，与单限电压比较器相比，它具有较强的抗干扰能力。单限电压比较器和滞回电压比较器只能检测出被测电压与一个参考电压的大小关系；如果要判断被测电压是否在两个给定的电压之间，可采用窗口比较器。

习 题 3

3.1 简述集成运放的主要特点。

3.2 集成运放主要由哪几部分组成？集成运放的性能参数有哪些？

3.3 解释"虚断"、"虚短"及"虚地"概念。

3.4 何谓正反馈和负反馈？如何判别放大电路中存在的反馈是正反馈还

是负反馈?

3.5 负反馈通常分为哪4种类型？如何判别放大电路中存在的负反馈是电压反馈还是电流反馈？是串联反馈还是并联反馈？

3.6 简述负反馈对放大电路性能的影响。

3.7 列举集成运放的典型应用实例及其功能特点。

3.8 (1) 运放电路如图3.26(a)所示,若 $u_i=0.1\text{V}$,求 u_o,并说明 R_f 引入的是什么类型的反馈。(2) 运放电路如图3.26(b)所示,判别 R_1、R_2 支路引入的是什么类型的反馈。

图 3.26 题 3.8 图

3.9 一负反馈放大电路的开环放大倍数 $A=10^4$,反馈系数 $F=0.01$,若 A 减小了10%,求闭环放大倍数 A_f 及其相对变化率。

3.10 求如图3.27所示电路中 u_o 与 u_i 的关系。

图 3.27 题 3.10 图

3.11 设计一个运算电路,实现以下运算关系:
$$u_o = -(5u_{i1}+3u_{i2}+2u_{i3})$$
设反馈电阻 $R_f=50\text{k}\Omega$,试选择各输入电路的电阻及平衡电阻的大小,画出电路图。

3.12 设计一个运算电路,实现以下运算关系:
$$u_o = u_{i1}+2u_{i2}-5u_{i3}-10u_{i4}$$
〔提示:可采用两级反相输入加法电路实现:第一级实现运算 $u_{o1}=-(u_{i1}+$

$2u_{i2}$);第二级实现运算 $u_o=-(u_{o1}+5u_{i3}+10u_{i4})=u_{i1}+2u_{i2}-5u_{i3}-10u_{i4}$。]

3.13 比较器电路如图 3.28 所示,$U_R=3\text{ V}$,集成运放输出的饱和电压为 $\pm U_{OM}$,要求:(1)画出传输特性图示;(2)若 $u_i=6\sin\omega t$ V,画出 u_o 的波形图。

图 3.28 题 3.13 图

3.14 电路如图 3.29 所示,电位器 R_P 为 $10\text{ k}\Omega$,若输入电压 $u_i=10\text{ V}$,当电位器的滑动点移至 B 点时,输出电压 u_o 为多少?

图 3.29 题 3.14 图

3.15 在如图 3.30 所示电路中,已知 $R_1=50\text{ k}\Omega$,$R_f=100\text{ k}\Omega$,$R_2=50\text{ k}\Omega$,$R_3=100\text{ k}\Omega$,$u_i=0.5\text{ V}$,试指出该电路的名称,并求输出电压 u_o。

图 3.30 题 3.15 图

3.16 在如图 3.31 所示电路中,已知 $R_1=50\text{ k}\Omega$,$R_f=100\text{ k}\Omega$,$u_i=0.5\text{ V}$,试指出第一级电路的作用,并计算输出电压 u_o 和平衡电阻 R_2。

图 3.31　题 3.16 图

3.17　在如图 3.32 所示电路中,已知 $R=500\,\text{k}\Omega$,$R_2=R_3=R_f=20\,\text{k}\Omega$,$C=10\,\mu\text{F}$。

(1) 分别指出第一级和第二级电路的名称;

(2) 写出输出电压 u_o 与输入电压 u_i 的运算关系;

(3) 若输入电压 $u_i=1\,\text{V}$,电容器两端的初始电压 $U_C=0\,\text{V}$,求输出电压 u_o 变为 $0\,\text{V}$ 所需要的时间。

图 3.32　题 3.17 图

第4章 直流稳压电源

在生产和科研实践中,经常需要稳定的直流电源,由于电网电压提供的是交流电,因此需将交流电转换为直流电。将交流电压转换为稳定的直流电压的电子设备,称为直流稳压电源。图4.1所示为直流稳压电源的基本组成框图,主要由变压、整流、滤波和稳压4部分组成。图中各部分的功能如下:

① 电源变压器:将电网交流电源电压变换为符合整流电路所需要的电压。
② 整流电路:将交流电压变换为单向脉动电压。
③ 滤波电路:减小整流电压的脉动程度,以适应负载的需要。
④ 稳压电路:在交流电源电压波动或负载变动时,使直接输出电压稳定。

图 4.1 直流稳压电源的原理框图

本章首先介绍整流电路和滤波电路的工作原理,然后介绍直流稳压电路,包括并联型直流稳压电路和串联型直流稳压电路,最后介绍集成稳压器及其应用。

4.1 整流电路

将交流电压转换成单向脉动电压的过程称为整流,完成这一转换的电路称为整流电路。最简单的整流电路是单相半波整流电路,而应用最为广泛的是单相桥式整流电路。单相半波整流电路在1.2.5小节已讨论过了,现以单相桥式整流电路为例,进一步讨论整流电路的工作原理及特性。

4.1.1 单相桥式整流电路工作原理

采用全波整流电路,克服了半波整流电路只利用电源电压半个周期的缺点,其整流后的电压脉动较小。图4.2是常见的单相桥式整流电路及其输出波形。

图中 T_r 为电源变压器,它的作用是将市电(220 V,50 Hz)交流电压变换为整流所需要的振幅值较低的电压,有时也用来起隔离市电电源和整流电路的作用。$D_1 \sim D_4$ 是二极管,起整流作用,故称为整流二极管,4 个整流二极管构成桥式电路。R_L 为直流用电负载的电阻。在分析电路的工作原理时,将二极管当做理想二极管来处理。

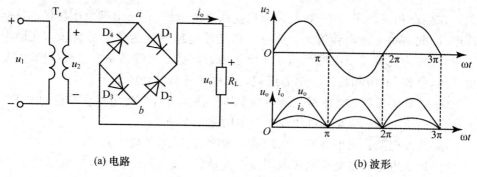

(a) 电路　　　　　　　　　　　(b) 波形

图 4.2　单相桥式整流电路

单相桥式整流电路的工作情况如下。

设电源变压器副边交流电压为

$$u_2 = \sqrt{2} U_2 \sin\omega t \quad (4-1)$$

式中 U_2 为副边交流电压的有效值。

当 u_2 为正半周时,其极性为上正下负,即 a 点电位高于 b 点电位,二极管 D_1 和 D_3 因承受正向电压而导通,D_2 和 D_4 因承受反向电压而截止。此时电流的通路为 $a \to D_1 \to R_L \to D_3 \to b$,负载电阻 R_L 上得到一个正半波电压。

当 u_2 为负半周时,其极性为上负下正,即 a 点电位低于 b 点电位,二极管 D_2 和 D_4 因承正向电压而导通,D_1 和 D_3 因承受反向电压而截止。此时电流的通路为 $b \to D_2 \to R_L \to D_4 \to a$,负载电阻 R_L 上得到一个负半波电压。

这样,在 u_2 变化的一个周期内,负载电阻 R_L 上始终流过自上而下的电流,其电压和电流的波形为一全波脉动电压和电流,如图 4.2(b)所示。

4.1.2　单相桥式整流电路参数计算

单相桥式整流电路参数计算如下。

(1) 负载电压平均值

单相桥式整流电压平均值为:

$$U_o = \frac{1}{\pi} \int_0^\pi \sqrt{2} U_2 \sin\omega t \, d(\omega t) = \frac{2\sqrt{2}}{\pi} U_2 = 0.9 U_2 \quad (4-2)$$

(2) 负载电流平均值

流过负载电阻 R_L 的电流平均值为

$$I_o = \frac{U_o}{R_L} = 0.9 \frac{U_2}{R_L} \tag{4-3}$$

(3) 二极管电流平均值

由于桥式整流电路中每个二极管只在半个周期内导通,所以每个二极管的电流平均值为负载电流的一半,即

$$I_D = \frac{1}{2} I_o = 0.45 \frac{U_2}{R_L} \tag{4-4}$$

(4) 二极管反向电压最大值

每个二极管在截止时承受的最高反向电压为 u_2 的最大值,即

$$U_{DRM} = \sqrt{2} U_2 \tag{4-5}$$

上述(3)、(4)两项参数说明,桥式整流电路所选用的二极管参数必须满足

$$I_{FM} \geq I_D$$

$$U_{DRM} \geq \sqrt{2} U_2$$

(5) 整流变压器副边电压有效值和电流有效值

整流变压器副边电压有效值为

$$U_2 = \frac{U_o}{0.9} = 1.11 U_o \tag{4-6}$$

整流变压器副边电流有效值为

$$I_2 = \frac{U_2}{R_L} = 1.11 \frac{U_2}{R_L} = 1.11 I_o \tag{4-7}$$

根据以上参数,可以选择合适的整流二极管和整流变压器。

例 4.1 已知负载电阻 $R_L = 30\,\Omega$,负载电压 $U_o = 24\,V$。现采用单相桥式整流电路,交流电源电压为 220 V。

(1) 如何选用整流二极管?

(2) 求整流变压器的变比及容量。

解

(1) 负载电流 $I_o = \dfrac{U_o}{R_L} = \dfrac{24\,V}{30\,\Omega} = 0.8\,A$

每个二极管通过的平均电流 $I_D = \dfrac{1}{2} I_o = 0.4\,A$

变压器副边电压的有效值为

$$U_2 = \frac{U_o}{0.9} = \frac{24\,V}{0.9} = 26.67\,V$$

考虑到变压器副边绕组及管子上的压降,变压器的副边电压大约要高出

8%，即为 26.67 V×1.08=28.8 V，所以二极管反向电压最大值为

$$U_{DRM}=\sqrt{2}U_2=\sqrt{2}\times 28.8\,V=40.7\,V$$

所以可选用 4 只型号为 2CZ11A 的整流二极管，其最大整流电流为 1 A，最高反向工作电压为 100 V。

(2) 变压器的变比

$$K=\frac{220\,V}{40.7\,V}=5.4$$

变压器副边电流有效值为

$$I=1.11I_o=0.8\,A\times 1.11=0.9\,A$$

变压器的容量为

$$S=U\,I=28.8\,V\times 0.9\,A=25.9\,VA$$

现在已有封装成一整体的整流桥模块产品，具有多种规格，给使用者带来很大方便。单相整流桥模块外形如图 4.3 所示。

图 4.3　单相整流桥外形

使用时，只要将交流电压接到标有"～"的管脚上，从标有"+"和"-"的管脚引出的就是整流后的脉动电压。这种脉动电压通常只能用于对波形要求不高的设备中(如电镀、蓄电池充电等设备)，对于直流电源要求高的大多数电子设备，还需采用下面介绍的滤波和稳压措施。

4.2　滤波电路

在大多数电子设备中，都要求脉动程度小的平滑直流电压，所以在整流电路中需加接滤波电路，以改善输出电压的脉动程度。下面介绍三种常见的滤波电路，即电容滤波电路、电感滤波电路和复合滤波电路。

4.2.1　电容滤波电路

将整流电路的输出端与负载并联一个电容 C，就组成一个简单的电容滤波

电路,如图 4.4 所示。电容滤波电路是根据电容器两端电压在电路状态改变时不能跃变的原理实现滤波的。下面简单分析电容滤波的基本工作原理。

图 4.4 电容滤波电路

如果在单相半波整流电路中不接电容滤波电路,其输出电压波形如图 4.5(a)所示,可见输出电压存在明显的电压脉动;加接电容滤波电路之后,输出电压波形如图 4.5(b)所示,可见电压脉动明显减小,逐渐趋于平滑。

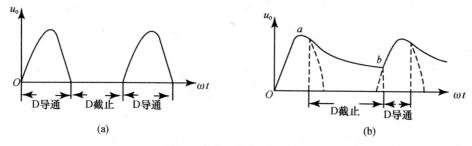

图 4.5 电容滤波器的作用

在图 4.4 中可以看到,在二极管 D 导通时,电源 u_2 在向负载 R_L 供电的同时又对电容 C 充电。如果忽略二极管正向压降,则电容电压 u_C 紧随输入电压 u_2 按正弦规律上升至 u_2 的最大值,如图 4.5(b)中的 Oa 段波形所示。而后 u_2 和 u_C 都开始下降,u_2 按正弦规律下降,当 $u_2 < u_C$ 时,二极管 D 因承受反向电压而截止,电容 C 对负载电阻按指数规律放电,负载中仍有电流,而 u_C 按放电曲线 ab 段下降。在 u_2 的下一个正半周内,当 $u_2 > u_C$ 时,二极管再行导通,电容器再被充电,重复上述过程。电容器两端电压 u_C 即为输出电压 u_o,其波形如图 4.5(b)所示。

在空载($R_L = \infty$)和忽略二极管正向压降的情况下,输出电压平均值 $U_o = \sqrt{2} U_2 = 1.4 U_2$,$U_2$ 是图 4.4 中变压器副边电压的有效值。但是随着负载电阻 R_L 的减小(I_o 增大),放电时间常数 $R_L C$ 减小,放电加快,U_o 下降也就快。

整流电路的输出电压 U_o 随输出电流 I_o 变化的关系称为整流电路的外特性或输出特性。电阻负载和电容滤波的外特性曲线如图 4.6 所示。由图 4.6 可见,电容滤波电路的输出电压在负载变化时波动较大,即外特性较差,或者说电容滤波电路带负载能力较差，只适用于负载轻且变化不大的场合。通常，加滤波电容后，整流电压取：

$$半波：U_o = U_2$$
$$全波：U_o = 1.2U_2$$

图 4.6　电阻负载和电容滤波的外特性曲线

采用电容滤波时，输出电压的脉动程度与电容器的放电时间常数 R_LC 有关。R_LC 大一些，脉动就小一些。在采用电容滤波的整流电路中选用二极管和电容器时应注意：

① 加入滤波电容后，二极管导通时间缩短很多，且在短时间内承受较大的冲击电流（$i_C + i_o$），容易损坏二极管，所以在选管时应留有较宽的裕量。

② 在单相半波整流电容滤波电路中，二极管所承受的最大反向电压为 $U_{DRM} \approx 2\sqrt{2}U_2$，即电源电压最大值（$\sqrt{2}U_2$）的两倍。这是由于电源电压 $u_2 = -U_{2m}$ 时，电容器上还有一个略小于 U_{2m} 的电压存在所造成的。

③ 在单相桥式整流电容滤波电路中，二极管所承受的最大反向电压与没有电容滤波时一样，即为 $U_{DRM} = \sqrt{2}U_2$。

④ 电容器的容量 C 可按下式估算：

$$R_LC \geqslant (3 \sim 5)\frac{T}{2} \tag{4-8}$$

式中，T 为交流电压的周期。工频交流 $T = 0.02$ 秒。滤波电容 C 一般应选择体积小、容量大的电解电容，使用时要注意电解电容有正、负极性，正极必须接高电位端。

电容滤波电路一般用于要求输出电压较高，负载电流较小且变化也较小的场合。

例 4.2　在单相桥式整流电容滤波电路中，已知负载电阻 $R_L = 100\,\Omega$，交流电源频率 $f = 50\,Hz$，要求输出电压 $U_o = 120\,V$，试选择整流二极管及滤波电容器。

解

(a) 选择整流二极管。流过二极管的电流为

$$I_D = \frac{1}{2}I_0 = \frac{1}{2}\frac{U_o}{R_L} = \frac{1}{2} \times \frac{120}{100} = 0.6(A)$$

变压器副边电压的有效值为

$$U_2 = \frac{U_o}{1.2} = \frac{120}{1.2} = 100(V)$$

二极管所承受的最高反向电压为

$$U_{DRM} = \sqrt{2}U_2 = \sqrt{2} \times 100 = 141(V)$$

因此可选用整流二极管 2CZ11B,其最大整流电流为 1 A,最高反向电压为 200 V。

(b) 选择滤波电容器。

$$R_L C = 5 \times \frac{T}{2} = 5 \times \frac{1/50}{2} = 0.05(S)$$

$$C = \frac{0.05}{R_L} = \frac{0.05}{100} = 500 \times 10^{-6}(F) = 500 \mu F$$

4.2.2 电感滤波电路

电感滤波电路如图 4.7 所示,它是在整流电路与负载电阻 R_L 之间串联一个电感器 L。交流电压 u_2 经桥式整流后变成脉动直流电压,其中既含有直流分量,又含有各次谐波的交流分量。电感 L 的感抗 $X_L = \omega L$。对于直流分量,$X_L = 0$,电感相当于短路,所以直流分量基本上都降在负载电阻 R_L 上;对于交流分量,谐波频率越高,感抗越大,所以交流分量大部分降在电感 L 上。这样,在电路的输出端即可得到较平滑的直流电压波形。

图 4.7 单相桥式整流电感滤波电路

采用电感滤波,电感越大,滤波效果越好,但由于电感线圈本身电阻的存在,使得在减小电压脉动的同时,也使输出电压平均值 U_o 有所下降,因此电感滤波的输出电压没有电容滤波高。所以电感滤波一般只适用于负载电压较低、电流较大以及负载变化较大的场合。另外,它的工艺制作复杂,体积大,且容易产生

电磁干扰。

4.2.3 复合滤波电路

为了得到更好的滤波效果,还可以将电容滤波和电感滤波混合使用,即组成复合滤波电路。图4.8(a)所示的π型滤波电路(也称CLC滤波电路)就是其中的一种。由于电感线圈体积大、制作复杂,所以当负载较轻时,经常采用电阻代替笨重的电感,电路如图4.8(b)所示,称为CRC滤波电路。因为C_2的容抗较小,所以脉动电压的交流分量较多地降落在电阻R上,而较少地降落在负载上,从而使输出电压脉动减小。但由于电阻对交、直流信号均有压降和功率损耗,所以这种电路只适用于负载电流较小的场合。

(a) CLC滤波电路 (b) CRC滤波电路

图4.8 复合滤波电路

4.3 直流稳压电路

经变压、整流和滤波后得到的直流电压往往受交流电源波动和负载变化的影响,稳压性能较差,一般不能直接用于电子电路中,还需要在整流滤波后增加稳压电路,以获得性能良好的直流电压。常用的稳压电路有稳压管稳压电路、串联型稳压电路以及开关型稳压电路三种。本书重点介绍前两种稳压电路。

4.3.1 稳压管稳压电路

稳压管稳压电路是一种比较简单的稳压电路。如图4.9所示,这种稳压电路是由稳压管与适当数值的限流电阻R配合而成的。图中U_I为整流滤波电路的输出电压,也就是稳压电路的输入电压。U_o为稳压电路的输出电压,也就是负载电阻R_L两端的电压,它等于稳压管D_Z的稳定电压U_Z,因稳压管与负载并联,所以又称为并联型稳压电路。由图4.9可得

$$U_o = U_I - RI_R = U_I - R(I_Z + I_o) \tag{4-9}$$

当电源电压波动或者负载电流发生变化而引起U_o变化时,该电路的稳压过程为:只要U_o略有增加,I_Z便会显著增加,I_R随之增加,RI_R同时增加,从而

图 4.9 稳压管稳压电路

使 U_o 自动降低,近似保持不变。如果 U_o 降低,则稳压过程与上述相反。

可见,这种稳压电路中的稳压管 D_Z 起着自动调节的作用,电阻 R 一方面保证稳压管的工作电流不超过最大工作电流 I_{Zmax},另一方面还起到电压补偿作用。

选择稳压管时,相关参数一般取:

$$U_Z = U_o \tag{4-10}$$

$$I_{Zmax} = (1.5 \sim 3) I_{omax} \tag{4-11}$$

$$U_I = (2 \sim 3) U_o \tag{4-12}$$

式中,I_{omax} 为负载电流 I_o 的最大值。

选取限流电阻 R 时,应满足两种极端情况:

① 当整流滤波后的电压为最高值 U_{Imax},负载电流为最小值 I_{omin},此时流过稳压管的电流最大,但应小于稳压管的最大工作电流 I_{Zmax},即

$$\frac{U_{Imax} - U_o}{R} - I_{omin} < I_{Zmax}$$

得

$$R > \frac{U_{Imax} - U_o}{I_{Zmax} + I_{omin}} \tag{4-13}$$

② 当整流滤波后的电压为最小值 U_{Imin},负载电流为最大值 I_{omax},此时流过稳压管的电流最小,但应大于稳压管的最小工作电流 I_{Zmin},即

$$\frac{U_{Imin} - U_o}{R} - I_{omax} > I_{Zmin}$$

得

$$R < \frac{U_{Imin} - U_o}{I_{Zmin} + I_{omax}} \tag{4-14}$$

综合以上①和②,可得限流电阻阻值应满足的关系式为

$$\frac{U_{Imax} - U_o}{I_{Zmax} + I_{omin}} < R < \frac{U_{Imin} - U_o}{I_{Zmin} + I_{omax}} \tag{4-15}$$

限流电阻 R 的额定功率可定为

$$P_R = (2 \sim 3) \frac{(U_{Imax} - U_o)^2}{R} \tag{4-16}$$

稳压管稳压电路使用元件少,结构简单,但输出电流受稳压管最大电流的限制,又不能任意调节输出电压,所以只适用于输出电压不需要调节、负载电流较小的应用场合。

例 4.3 如图 4.9 所示稳压管稳压电路,已知负载电阻由开路变到 2 kΩ,整流滤波后的电压 $U_I=30$ V,输出电压 $U_o=10$ V,假定电网电压变化 $\pm 5\%$,试选取稳压二极管和限流电阻 R。

解 根据输出电压 $U_o=10$ V 的要求,负载电流的最大值为

$$I_{omax} = \frac{U_o}{R_L} = \frac{10}{2} = 5 (mA)$$

根据关系式 $I_{Zmax} = (1.5 \sim 3) I_{omax}$,选取系数为 2,得

$$I_{Zmax} = 2 I_{omax} = 2 \times 5 = 10 (mA)$$

$$U_Z = U_o = 10 \text{ V}$$

查器件手册,选择稳压管 2CW18,其稳定电压 $U_Z=(10\sim12)$ V,最小工作电流 $I_{Zmin}=5$ mA,最大工作电流 $I_{Zmax}=20$ mA。

由于电网电压变化 $\pm 5\%$,所以 U_I 也变化 $\pm 5\%$,则

$$U_{Imax} = 30 \times 105\% = 31.5 \text{ V}$$

$$U_{Imin} = 30 \times 95\% = 28.5 \text{ V}$$

由限流电阻阻值应满足的关系式[(4-15)式],可得

$$\frac{31.5-10}{20+0} \text{ kΩ} < R < \frac{28.5-10}{5+5} \text{ kΩ}$$

$$1.08 \text{ kΩ} < R < 1.85 \text{ kΩ}$$

选取标称值 $R=1.2$ kΩ。

限流电阻的额定功率可选为

$$P_R = 2 \times \frac{(31.5-10)^2}{1.2 \times 10^3} = 0.77 (W)$$

所以,选取限流电阻 R 为 1.2 kΩ,1 W。

4.3.2 串联型稳压电路

稳压管(并联型)稳压电路虽很简单,但稳压效果不够理想,带负载能力较差,且输出电压不能调节。若要获得稳定性高且连续可调的输出直流电压,可以采用由晶体管或集成运放所组成的串联型稳压电路。

1. 电路的组成

串联型稳压电路的基本组成如图 4.10 所示。

图 4.10 串联型稳压电路

该电路由如下 4 部分组成：

(1) 取样环节。由 R_1、R_2、R_P 组成的分压电路构成。它将输出电压 U_o 分出一部分作为取样电压 U_f，送到比较放大环节。

(2) 基准电压。由稳压管 D_Z 和 R_3 构成的稳压电路组成。它为电路提供一个稳定的基准电压 U_Z，作为比较、调整的标准。

(3) 比较放大电路。由晶体管 T_1 和电阻 R_4 构成的直流放大电路组成。其作用是将取样电压 U_f 与基准 U_Z 之差放大后去控制调整管 T_2。R_4 既是 T_1 的负载电阻，又是调整管 T_2 的基极偏流电阻。

(4) 调整环节。由工作在放大区的功率管 T_2 组成，比较放大电路的输出信号控制 T_2 的基极电流 I_{B2}，从而改变集电极电流 I_{C2} 和集-射电压 U_{CE2}，达到调整输出电压 U_o 的目的。

2. 稳压原理

当输入电压 U_I 或输出电流 I_o 变化引起输出电压 U_o 增加时，取样电压 U_f 相应增大，使 T_1 管的基极电流 I_{B1} 和集电极电流 I_{C1} 随之增加，集电极电压 U_{CE1} 下降。因此 T_2 的基极电流 I_{B2} 减小，I_{C2} 减小，U_{CE2} 增大，输出电压 U_o 下降，最终使之保持稳定。上述稳压过程可表示如下：

$$U_o\uparrow \to U_f\uparrow \to I_{B1}\uparrow \to I_{C1}\uparrow \to U_{CE1}\downarrow \to I_{B2}\downarrow \to I_{C2}\downarrow \to U_{CE2}\uparrow$$
$$U_o\downarrow \leftarrow$$

当 U_I 或 I_o 变化使 U_o 降低时，调整过程相反。U_{CE2} 将减小，最终使 U_o 基本保持不变。

从上述调整过程来看，图 4.10 所示的串联型稳压电路是依靠电压负反馈来稳定输出电压的。

3. 输出电压的调节范围

通过调整电位器 R_P，可对串联型稳压电路的输出电压在一定范围内进行调节。

假定流过 R_2 的电流比 I_{B1} 大得多，即可略去 I_{B1} 的分流作用，则 T_1 管基极对地电位为

$$U_{B1} = \frac{R_2 + R_{P2}}{R_1 + R_P + R_2} \cdot U_o$$

得

$$U_o = \frac{R_1 + R_P + R_2}{R_2 + R_{P2}} U_{B1} = \frac{R_1 + R_P + R_2}{R_2 + R_{P2}} (U_Z + U_{BE1}) \qquad (4\text{-}17)$$

当电位器 R_P 的滑点置于最下端时，$R_{P2} = 0$，U_o 最大，即

$$U_{omax} = \frac{R_1 + R_P + R_2}{R_2} (U_Z + U_{BE1}) \qquad (4\text{-}18)$$

当电位器 R_P 的滑点置于最上端时，$R_{P2} = R_P$，U_o 最小，即

$$U_{omin} = \frac{R_1 + R_P + R_2}{R_2 + R_P} (U_Z + U_{BE1}) \qquad (4\text{-}19)$$

4. 采用集成运放的串联型稳压电路

可以采用集成运放来实现串联型稳压电路中的比较放大环节，如图 4.11 所示。

图 4.11 采用集成运放的串联型稳压电路

由图可见，它与用晶体管放大电路实现比较放大环节的串联型稳压电路结构是类似的，工作原理也基本相同，但由于采用了集成运放，因此可以大大改进电路的温度特性及电路的整体性能。

4.4 集成稳压器

随着集成电路技术的发展，集成稳压器迅速发展起来。集成稳压器的品种很多，其中三端固定式集成稳压器是应用比较广泛的产品，它具有体积小、使用方便、内部含有过流和过热保护电路等优点。

图 4.12 三端固定式集成稳压器

国产三端固定式集成稳压器有 CW7800 和 CW7900 两种系列，外形如图 4.12 所示。它只有三个引脚，其内部电路和基本工作原理与 4.3.2 节介绍的"采用集成运放的串联型稳压电路"相同。

CW7800 系列为正电压输出的集成稳压器,管脚 1 为输入端,2 为输出端,3 为公共端,接线图如图 4.13 所示。CW7900 系列为负电压输出的集成稳压器,管脚 1 为公共端,2 为输出端,3 为输入端,接线图如图 4.14 所示。

图 4.13　CW7800 集成稳压器接线图

图 4.14　CW7900 集成稳压器接线图

由图 4.13 和图 4.14 可见,集成稳压器的输入端和输出端分别接有电容 C_I 和 C_o,其中 C_I 用来抵消输入端接线较长时的电感效应,防止产生自激振荡。输出端电容 C_o 的主要是为了减小电路的高频噪声。C_I 一般取 $0.1 \sim 1 \mu F$,C_o 取 $1 \mu F$。

输出电压有不同的电压规格,如 5 V、6 V、8 V、9 V、10 V、12 V、15 V、18 V、24 V 等,集成稳压器型号的后二位数字表示输出电压值,例如 CW7805 表示输出电压为 5 V。使用时,如果希望得到可调输出电压,可通过外接元件实现。

如果需要同时输出正、负两种电压,只要将 CW7800 系列和 CW7900 系列稳压器按图 4.15 所示电路接线,即可以输出正、负电压。

图 4.15　可输出正、负电压的电路

在实际使用中,除了输出电压值外,还要了解集成稳压器的输入电压和最大输出电流等参数,可查阅有关手册。

本 章 小 结

1. 直流稳压电源是将交流电压转换为直流电压的电子设备。它由电源变压器、整流电路、滤波电路和稳压电路4部分组成。

2. 整流电路利用二极管的单向导电特性将交流电压变成单向脉动的直流电压。桥式整流电路的变压器利用率高,输出电压的脉动成分较小,因而得到了广泛应用。

3. 滤波电路的作用是滤掉整流电路输出电压中的脉动成分,使输出电压趋于平滑。采用电容滤波输出电压平均值高,实现简单、体积小,但带负载能力差,常在小功率稳压电路中采用;电感滤波带负载能力强,但制作复杂、成本高,适用于电流较大以及负载变化较大的场合;在要求较高的场合,可采用CRC型、CLC型复合滤波电路。

4. 稳压电路的作用是当电网电压波动或负载电流变化时,保持输出电压的稳定。稳压管稳压电路结构简单,适用于输出电压固定,负载电流较小,且稳定精度要求不高的场合。串联型稳压电路采用电压负反馈使输出电压的稳定性提高,且输出电流大,输出电压连续可调。串联型稳压电路由取样、基准电压、比较放大和调整4部分电路组成。

5. 集成稳压器将稳压电路和过流、过热保护电路等集成在一块硅片上,体积小、使用方便、可靠性高。目前在直流稳压电源中广泛采用三端集成稳压电路。

习 题 4

4.1 直流稳压电源通常由哪几部分组成?各部分的功能是什么?

4.2 在如图4.2所示的桥式整流电路中,若有一只二极管短路、断路或反接时,将产生什么现象?

4.3 电容滤波和电感滤波的电路特性有什么区别?各适用于什么场合?

4.4 简述稳压管稳压电路的基本工作原理。

4.5 说明稳压管稳压电路中的限流电阻R的作用。在允许的范围内,R的取值应偏大些,还是偏小些?为什么?

4.6 串联型稳压电路由哪几部分组成?各部分的功能是什么?

4.7 试用负反馈原理说明串联型稳压电路稳定输出电压的基本过程。

4.8 在如图 4.16 所示的整流电路中,已知输出电压平均值 U_o 是 18 V,则变压器副边电压有效值 U_2 是多少?

图 4.16 题 4.8 图

4.9 在如图 4.17 所示电路中,已知 $U_I = 24$ V,稳压管 D_Z(2CW16)的稳定电压 $U_Z = 9$ V,最小工作电流 $I_{Zmin} = 5$ mA,最大工作电流 $I_{Zmax} = 26$ mA,负载电阻 R_L 由空载至 0.9 kΩ 之间变动,当 U_I 变化 ±10% 时,试求电阻 R 的取值范围。

图 4.17 题 4.9 图

4.10 在如图 4.17 所示的稳压管稳压电路中,已知负载电阻由开路变到 2 kΩ,整流滤波后的电压 $U_I = 30$ V,输出电压 $U_o = 10$ V,假定电网电压变化 ±10%,试选取稳压二极管和限流电阻 R。

4.11 在如图 4.18 所示的电路中,已知 $U_Z = 4$ V,$R_1 = R_2 = 3$ kΩ,电位器 $R_P = 10$ kΩ,试问:

(1) 输出电压 U_o 的最大值和最小值各为多少?

(2) 若要求输出电压可在 6 V 到 12 V 之间调节,则 R_1、R_2、R_P 应满足什么条件?

图 4.18 题 4.11 图

4.12 指出图 4.19 中的错误，并在原图基础上予以修正。

图 4.19　题 4.12 图

第 5 章　数字电路基础

电子电路按其处理信号的不同通常可分为模拟电子电路及数字电子电路两大类,简称模拟电路及数字电路。前 4 章讨论的是模拟电路。模拟电路处理的信号是模拟信号,这种信号在时间上和幅值上都是连续变化的。例如模拟温度、压力变化的电信号,模拟语音的音频信号等。

数字电路处理的是数字信号,数字信号与模拟信号不同,它是指在时间上和幅值上都是离散的信号。例如刻度尺的读数,各种门电路(后面将介绍)的输入、输出信号等。

数字电路及其组成器件是构成各种数字电子系统尤其是数字电子计算机的基础。

从本章开始,将着重介绍有关数字电路的基础知识及实际应用技术。

5.1　进位计数制

5.1.1　进位计数制及其基数和权

进位计数制(简称进位制)是指用一组固定的数字符号和特定的规则表示数的方法。在人们日常生活和工作中,最熟悉最常用的是十进制,此外还有十二进制、六十进制等。在数字系统和计算机领域,常用的进位计数制是二进制、八进制及十六进制。

研究和讨论进位计数制的问题涉及两个基本概念,即基数和权。在进位计数制中,一种进位制所允许选用的基本数字符号(也称数码)的个数称为这种进位制的基数。不同进位制的基数不同。例如在十进制中,是选用 0~9 这 10 个数字符号来表示的,它的基数是 10;在二进制中,是选用 0 和 1 这两个数字符号来表示的,它的基数是 2,等等。

同一个数字符号处在不同的数位时,它所代表的数值是不同的,每个数字符号所代表的数值等于它本身乘以一个与它所在数位对应的常数,这个常数叫做位权,简称权(weight)。例如十进制数个位的位权是 1,十位的位权是 10,百位的位权是 100,以此类推。一个数的数值大小就等于该数的各位数码乘以相应位权的总和。例如:

十进制数 $2918=2\times1000+9\times100+1\times10+8\times1$

5.1.2 计算机中几种常用的进位计数制

1. 十进制

十进制数有十个不同的数字符号(0、1、2、3、4、5、6、7、8、9),即它的基数为10;每个数位计满10就向高位进位,即它的进位规则是"逢十进一"。任何一个十进制数,都可以用一个多项式来表示,例如:

$$312.25 = 3\times 10^2 + 1\times 10^1 + 2\times 10^0 + 2\times 10^{-1} + 5\times 10^{-2}$$

式中等号右边的表示形式,称为十进制数的多项式表示法,也叫按权展开式;等号左边的形式,称为十进制的位置记数法。位置记数法是一种与位置有关的表示方法,同一个数字符号处于不同的数位时,所代表的数值不同,即其权值不同。容易看出,上式各位的权值分别为 10^2、10^1、10^0、10^{-1}、10^{-2}。一般地说,任意一个十进制数 N 都可以用多项式表示法写成如下形式:

$$(N)_{10} = \pm(K_{n-1}\cdot 10^{n-1} + K_{n-2}\cdot 10^{n-2} + \cdots + K_1\cdot 10^1 + K_0\cdot 10^0$$
$$+ K_{-1}\cdot 10^{-1} + \cdots + K_{-m}\cdot 10^{-m}) = \pm\sum_{i=-m}^{n-1} K_i\cdot 10^i$$

其中,$K_i(n-1\leqslant i\leqslant -m)$ 表示第 i 位的数字符号,可以是 0~9 十个数字符号中的任何一个,由具体的十进制数 N 来确定。m、n 为正整数,m 为小数位数,n 为整数位数。

实际的数字系统以及人们日常使用的进位计数制并不仅仅是十进制,其他进位制的计数规律可以看成是十进制计数规律的推广。对于任意的 R 进制来说,它有 R 个不同的数字符号,即基数为 R,计数进位规则为"逢 R 进一"。数 N 可以用类似上面十进制数的多项式表示法书写如下:

$$(N)_R = \pm(K_{n-1}\cdot R^{n-1} + K_{n-2}\cdot R^{n-2} + \cdots + K_1 R^1 + K_0\cdot R^0 + K_{-1}R^{-1}$$
$$+ \cdots + K_{-m}\cdot R^{-m}) = \pm\sum_{i=-m}^{n-1} K_i\cdot R^i$$

其中,$K_i(n-1\leqslant i\leqslant -m)$ 表示第 i 位的数字符号,可以是 R 个数字符号中的任何一个,由具体的 R 进制数 N 来确定。m、n 为正整数,m 为小数位数,n 为整数位数。若 $R=2$,即为二进制计数制。它是数字系统特别是电子计算机中普遍采用的进位计数制。

2. 二进制

二进制数的基数为 2,即它所用的数字符号个数只有两个("0"和"1")。它的计数进位规则为"逢二进一"。

在二进制中,由于每个数位只能有两种不同的取值(要么为 0,要么为 1),这就特别适合于使用仅有两种状态(如导通、截止;高电平、低电平等)的开关元件来表示,一般是采用电子开关元件,目前绝大多数是采用半导体集成电路的开关器件来实现。

对于一个二进制数,也可以用类似十进制数的按权展开式予以展开,例如二进制数 11011.101 可以写成:

$$(11011.101)_2 = 1 \times 2^4 + 1 \times 2^3 + 0 \times 2^2 + 1 \times 2^1$$
$$+ 1 \times 2^0 + 1 \times 2^{-1} + 0 \times 2^{-2} + 1 \times 2^{-3}$$

一般地说,任意一个二进制数 N,都可以表示为

$$(N)_2 = \pm (K_{n-1} \cdot 2^{n-1} + K_{n-2} \cdot 2^{n-2} + \cdots + K_1 \cdot 2^1 + K_0 \cdot 2^0 + K_{-1} \cdot 2^{-1}$$
$$+ \cdots + K_{-m} \cdot 2^{-m}) = \pm \sum_{i=-m}^{n-1} K_i \cdot 2^i$$

其中,K_i 为 0 或 1,由具体的数 N 来确定。m、n 为正整数,m 为小数位数,n 为整数位数。

二进制数的优点不仅仅是由于它只有两种数字符号,因而便于数字系统与电子计算机内部的表示与存储。它的另一个优点就是运算规则的简便性,而运算规则的简单,必然导致运算电路的简单以及相关控制的简化。后面我们将具体讨论二进制算术运算及逻辑运算的规则。

3. 八进制

八进制数的基数 $R=8$,每位可能取 8 个不同的数字符号 0、1、2、3、4、5、6、7 中的任何一个,进位规则是"逢八进一"。

由于 3 位二进制数刚好有 8 种不同的数位组合(如下所示),所以一位八进制数容易改写成相应的 3 位二进制数来表示。

八进制: 0, 1, 2, 3, 4, 5, 6, 7
二进制:000, 001, 010, 011, 100, 101, 110, 111

这样,把一个八进制数每位变换为相等的 3 位二进制数,组合在一起就成了相等的二进制数。

例 5.1 将八进制数 53 转换成二进制数。

八进制	5	3
	↓	↓
二进制	101	011

所以,$(53)_8 = (101011)_2$

例 5.2 将八进制数 67.721 转换成二进制数。

八进制	6	7.	7	2	1
	↓	↓	↓	↓	↓
二进制	110	111.	111	010	001

所以,$(67.721)_8 = (110111.111010001)_2$

例 5.3 将二进制数转换成八进制数。

二进制	101	111	011.	011	111
	↓	↓	↓	↓	↓
八进制	5	7	3.	3	7

所以,$(101111011.011111)_2 = (573.37)_8$

显然,用八进制比二进制书写要简短、易读,而且与二进制间的转换也较方便。

4. 十六进制

十六进制数的基数 $R=16$,每位用 16 个数字符号 0、1、2、3、4、5、6、7、8、9、A、B、C、D、E、F 中的一个表示,进位规则是"逢十六进一"。

由于 4 位二进制数刚好有 16 种不同的数位组合(如下所示),所以一位十六进制数可以改写成相应的 4 位二进制数来表示:

十六进制	0,	1,	2,	3,	4,	5,	6,	7,
	↓	↓	↓	↓	↓	↓	↓	↓
二进制	0000,	0001,	0010,	0011,	0100,	0101,	0110,	0111
	8,	9,	A,	B,	C,	D,	E,	F
	↓	↓	↓	↓	↓	↓	↓	↓
	1000,	1001,	1010,	1011,	1100,	1101,	1110,	1111

这样,把一个十六进制数的每位变换为相等的 4 位二进制数,组合在一起就变成了相等的二进制数。

例 5.4 十六进制数转换为二进制数。

十六进制	D	3	F
	↓	↓	↓
二进制	1101	0011	1111

所以,$(D3F)_{16} = (110100111111)_2$

例 5.5 二进制数转换为十六进制数。

二进制	1110	0010
	↓	↓
十六进制	E	2

所以,$(11100010)_2 = (E2)_{16}$

由上面的介绍可以看出,使用十六进制或八进制表示具有如下的优点:

(1) 容易书写、阅读,也便于人们记忆。

(2) 容易转换成可用电子开关元件存储、记忆的二进制数。所以,它们是电子计算机工作者所普遍采用的数据表示形式。

5.2 不同进位制数之间的转换

一个数从一种进位制表示变成另外一种进位制表示,称为数的进位制转换。实现这种转换的方法是多项式替代法和基数乘除法。下面结合具体例子来讨论这两种方法的应用。

5.2.1 二进制数转换为十进制数

例 5.6 将二进制数 101011.101 转换为十进制数。

这里,只要将二进制数用多项式表示法写出,并在十进制中运算,即按十进制的运算规则算出相应的十进制数值即可。

$$(101011.101)_2 = (2^5 + 2^3 + 2^1 + 2^0 + 2^{-1} + 2^{-3})_{10}$$
$$= (32 + 8 + 2 + 1 + 0.5 + 0.125)_{10}$$
$$= (43.625)_{10}$$

这个例子说明,为了求得某二进制数的十进制表示形式,只要把该二进制数的按权展开式写出,并在十进制系统中计算,所得结果就是该二进制数的十进制形式,即实现了由二进制数到十进制数的转换。

顺便指出,用类似的方法可将八进制转换为十进制数。

例 5.7 将八进制数 155 转换为十进制数。

$$(155)_8 = (1 \times 8^2 + 5 \times 8^1 + 5 \times 8^0)_{10} = (109)_{10}$$

上述这种用以实现不同进位制数之间转换的方法,称为多项式替代法。

5.2.2 十进制数转换为二进制数

1. 十进制整数转换为二进制整数

例 5.8 将十进制数 935 转换为二进制数。

设 $(935)_{10} = (B_n B_{n-1} \cdots B_1 B_0)_2$,其中 $B_n B_{n-1} \cdots B_1 B_0$ 为所求二进制数的各位数值,当然,它们非 0 即 1。因此,只要准确地确定出所求二进制数的各位数值究竟是 0 还是 1,就可确定与 $(935)_{10}$ 相等的二进制数。

将上式右边写成按权展开式,则有:

$$(935)_{10} = B_n \cdot 2^n + B_{n-1} \cdot 2^{n-1} + \cdots + B_1 \cdot 2^1 + B_0 \cdot 2^0 \tag{5-1}$$

将式(5-1)两边同除以 2,并且为了简便,省略十进制的下标注,则可得

$$\frac{935}{2} = B_n \cdot 2^{n-1} + B_{n-1} \cdot 2^{n-2} + \cdots + B_1 \cdot 2^0 + \frac{B_0}{2} \qquad (5\text{-}2)$$

这里,首先确定 B_0 是 1 还是 0,由式(5-2)容易得出如下判断:

① 如果 935 能够被 2 整除,则说明 B_0 必为 0;

② 如果 935 不能被 2 整除,则说明 B_0 必为 1。

在本例中,因为 935 不能被 2 整除,所以 $B_0=1$,它正好是 $\frac{935}{2}$ 的余数。

根据 $B_0=1$,由式(5-2)又可得

$$\frac{935}{2} - \frac{1}{2} = B_n \cdot 2^{n-1} + B_{n-1} \cdot 2^{n-2} + \cdots + B_1$$

$$467 = B_n \cdot 2^{n-1} + B_{n-1} \cdot 2^{n-2} + \cdots + B_1 \qquad (5\text{-}3)$$

再将式(5-3)两边同除以 2,用同样的判断方法又可以确定出 B_1 是 0 还是 1。因为 467 不能被 2 整除,所以 $B_1=1$。

如此连续地做下去,就可以将 $B_0 B_1 \cdots B_{n-1} B_n$ 逐一确定下来,即得到所求的二进制数。

现将整个推算过程表示如下:

```
2 | 935    余数 = 1 = B0 ……转换后的最低位
2 | 467    余数 = 1 = B1
2 | 233    余数 = 1 = B2
2 | 116    余数 = 0 = B3
2 |  58    余数 = 0 = B4
2 |  29    余数 = 1 = B5
2 |  14    余数 = 0 = B6
2 |   7    余数 = 1 = B7
2 |   3    余数 = 1 = B8
2 |   1    余数 = 1 = B9 ……转换后的最高位
      0
```

所以,转换结果为

$$(935)_{10} = (B_9 B_8 \cdots B_1 B_0)_2 = (1110100111)_2$$

另外,类似地,采用"除 8 取余"或"除 16 取余"的方法,即可将一个十进制整数转换为八进制整数或十六进制整数。

一般地,可以将给定的一个十进制整数转换为任意进制的整数,只要用所要转换成的数制的基数去连续除给定的十进制整数,最后将每次得到的余数依次按正确的高、低位顺序列出,即可得到所要转换成的数制的数。

例 5.9 转换十进制数 2803 为十六进制数,即 $(2803)_{10} = (?)_{16}$。

解

```
16 | 2803    余数=3, H₀=3 ……转换后的最低位
   16 | 175   余数=15, H₁=F
      16 | 10 余数=10, H₂=A ……转换后的最高位
         0
```

因此,$(2803)_{10} = (H_2 H_1 H_0)_{16} = (AF3)_{16}$。

上述这种不同进位制数之间转换的方法称为基数除法或"除基取余"法。可概括为:"除基取余,直至商为 0,注意确定高、低位"。

2. 十进制小数转换为二进制小数

例 5.10 将十进制小数 0.5625 转换成二进制小数。

解 设 $(0.5625)_{10} = (0.B_{-1}B_{-2}\cdots B_{-m})_2$,即

$$(0.5625)_{10} = B_{-1} \cdot 2^{-1} + B_{-2} \cdot 2^{-2} + \cdots + B_{-m} \cdot 2^{-m} \quad (5\text{-}4)$$

其中,$B_{-1}, B_{-2}, \cdots, B_{-m}$ 为所求二进制小数的各位数值,它们非 0 即 1。将式(5-4)两边同乘以 2,得

$$1.1250 = B_{-1} + B_{-2} \cdot 2^{-1} + \cdots + B_{-m} \cdot 2^{-m+1} \quad (5\text{-}5)$$

由于等式两边的整数与小数必须对应相等,得到 $B_{-1}=1$。同时由式(5-5)又可得

$$0.1250 = B_{-2} \cdot 2^{-1} + \cdots + B_{-m} \cdot 2^{-m+1} \quad (5\text{-}6)$$

式(5-6)两边再乘以 2,得

$$0.2500 = B_{-2} + \cdots + B_{-m} \cdot 2^{-m+2}$$

因此又可得到 $B_{-2}=0$。

如此继续下去,可逐一确定出 $B_{-1}, B_{-2}, \cdots, B_{-m}$ 的值,我们可以写出整个转换过程如下:

```
    0.5625
  ×      2
    1.1250     整数部分=1, B₋₁=1 ……转换后的最高位
    0.1250
  ×      2
    0.2500     整数部分=0, B₋₂=0
  ×      2
    0.5000     整数部分=0, B₋₃=0
  ×      2
    1.0000     整数部分=1, B₋₄=1 ……转换后的最低位
```

因此,$(0.5625)_{10} = (0.B_{-1}B_{-2}B_{-3}B_{-4})_2 = (0.1001)_2$。

值得注意的是,在十进制小数转换成二进制小数时,整个计算过程可能无限

地进行下去,这时,一般考虑到计算机实际字长的限制,只取有限位数的近似值就可以了。

同样,这个方法也可推广到十进制小数转换为任意进制的小数,只需用所要转换成的数制的基数去连续乘给定的十进制小数,每次得到的整数部分即依次为所求数制小数的各位数。不过应注意,最先得到的整数部分应是所求数制小数的最高有效位。

上述这种不同进位制数之间转换的方法称为基数乘法或"乘基取整"法。可概括如下:"乘基取整,注意确定高、低位及有效位数。"

另外,如果一个数既有整数部分又有小数部分,则可用前述的"除基取余"及"乘基取整"的方法分别将整数部分与小数部分进行转换,然后合并起来就可得到所求结果。例如:

$$(17.25)_{10} \Rightarrow (17)_{10} + (0.25)_{10}$$
$$\downarrow \qquad \downarrow$$
$$(10001)_2 + (0.01)_2 \Rightarrow (10001.01)_2$$

所以,$(17.25)_{10} = (10001.01)_2$。

5.2.3 任意两种进位制数之间的转换

由前面的介绍可知,为实现任意两种进位制数之间的转换(例如从 α 进制转换成 β 进制),可以用"基数乘除法"或"多项式替代法"直接从 α 进制转换成 β 进制,此时如果熟悉 α 进制的运算规则就可以采用"基数乘除法";如果熟悉 β 进制的运算规则就采用"多项式替代法"。但有时可能对 α 进制与 β 进制的运算规则都不熟悉,那么一种方便的方法就是利用十进制作桥梁。

首先将 $(N)_\alpha$ 转换为 $(N)_{10}$,这里采用"多项式替代法",在十进制系统中进行计算;然后将 $(N)_{10}$ 转换为 $(N)_\beta$,这里采用"基数乘除法",也是在十进制系统中进行计算。

例 5.11 把 $(301.23)_4$ 转换成五进制数。

第一步,采用多项式替代法把该数转换成十进制数。

$$N = 3 \times 4^2 + 0 \times 4^1 + 1 \times 4^0 + 2 \times 4^{-1} + 3 \times 4^{-2}$$
$$= 48 + 0 + 1 + 0.5 + 0.1875$$
$$= 49.6875$$

即 $(301.23)_4 = (49.6875)_{10}$

第二步,采用基数乘除法把该数从十进制转换为五进制(整数部分与小数部分分开进行)。

整数部分:

```
         ┌─────┬──────┐    ↑
    5    │ 49  │余数4  │    │
         ├─────┼──────┤    │
    5    │  9  │余数4  │   取余
         ├─────┼──────┤    │
    5    │  1  │余数1  │    │
         └─────┴──────┘    │
         0
```

小数部分：

```
                  0.6875
               ×      5
      ┌─── 3……  ③.4375
      │         ×      5
      │   2……  ②.1875
     取整        ×      5
      │   0……  ⓪.9375
      │         ×      5
      ↓   4……  ④.6875
```

即 $(49.6875)_{10} = (144.3204)_5$（取 4 位小数）。

所以 $(301.23)_4 = (144.3024)_5$（取 4 位小数）。

5.3　二进制数的算术运算和逻辑运算

5.3.1　二进制数的算术运算

二进制数的算术运算规则非常简单，其具体运算规则如下。

1. 加法运算规则

二进制加法规则是：$0+0=0$，$0+1=1$，$1+0=1$，$1+1=10$（"逢二进一"）。

例 5.12　$1010+111=10001$　　　　$1011.101+10.01=1101.111$

```
      1010      被加数        1011.101    被加数
    +  111      加数        +   10.01     加数
    ──────                  ─────────
     10001      和            1101.111    和
```

2. 减法运算规则

二进制减法规则是：$0-0=0$，$1-0=1$，$1-1=0$，$0-1=1$（"借一当二"）。

例 5.13　$1011-101=110$　　　　$1101.111-10.01=1011.101$

```
      1011      被减数        1101.111    被减数
    -  101      减数        -   10.01     减数
    ──────                  ─────────
       110      差            1011.101    差
```

3. 乘法运算规则

二进制乘法规则是：$0\times0=0$，$0\times1=0$，$1\times0=0$，$1\times1=1$。

例 5.14　$1011\times1010=1101110$

$$
\begin{array}{r}
1011 \\
\times\;1010 \\
\hline
0000 \\
1011 \\
0000 \\
+\;1011 \\
\hline
1101110
\end{array}
$$

被乘数
乘数
部分积
乘积

从这个例子中可以看出，在二进制乘法运算时，若相应的乘数位为 1，则把被乘数照写一遍，只是它的最后一位应与相应的乘数位对齐（这实际上是一种移位操作）；若相应的乘数位为 0，则部分积各位均为 0；当所有的乘数位都乘过之后，再把各部分积相加，便得到最后乘积。所以，实质上二进制数的乘法运算可以归结为"加"（加被乘数）和"移位"两种操作。

4. 除法运算规则

二进制数的除法是乘法的逆运算，这与十进制数的除法是乘法的逆运算一样。因此利用二进制数的乘法及减法规则可以容易地实现二进制数的除法运算。

例 5.15　$110110\div1010=101\cdots\cdots100$

$$
\begin{array}{r}
101 \\
1010\overline{)110110} \\
-1010 \\
\hline
1110 \\
1010 \\
\hline
100
\end{array}
$$

除数　　　　　商
　　　　　　被除数

余数

5.3.2　二进制数的逻辑运算

计算机能够实现的另一种基本运算是逻辑运算。逻辑运算是按位进行的，其运算的对象及运算结果只能是 0 和 1 这样的逻辑量。这里的 0 和 1 并不具有数值大小的意义，而仅仅具有如"真"和"假"、"是"和"非"这样的逻辑意义。二进制数的逻辑运算实际上是将二进制数的每一位都看成逻辑量时进行的运算。

基本的逻辑运算有逻辑"或"、逻辑"与"和逻辑"非"三种，常用的还有逻辑"异或"运算。下面分别予以说明。

1. 逻辑"或"

逻辑"或"也称逻辑加，其运算规则是：两个逻辑量中只要有一个为 1，其运算结果就为 1；只有当两个逻辑量全为 0 时，其运算结果才为 0，可简述为"有 1 得 1，全 0 得 0"。逻辑"或"的运算符号为"∨"或"+"。如下所示：

$$0 \vee 0=0 \quad 0 \vee 1=1 \quad 1 \vee 0=1 \quad 1 \vee 1=1$$

也可表示为

$$0+0=0 \quad 0+1=1 \quad 1+0=1 \quad 1+1=1$$

例 5.16 $0110 \vee 0001 = 0111$

逻辑"或"运算常用于将一个已知二进制数的某一位或某几位置 1，而其余各位保持不变。例如，欲使二进制数 10101100 的最低一位置 1，而其余各位不变，就可用 00000001 与之相"或"来实现。即

```
    1 0 1 0 1 1 0 0
  ∨ 0 0 0 0 0 0 0 1
  ─────────────────
    1 0 1 0 1 1 0 1
```

2. 逻辑"与"

逻辑"与"也称逻辑乘，其运算规则是：两个逻辑量中只要有一个为 0，其运算结果就为 0；只有当两个逻辑量全为 1 时，其运算结果才为 1。可简述为"有 0 得 0，全 1 得 1"。逻辑"与"的运算符号为"∧"或"×"。如下所示：

$$0 \wedge 0=0 \quad 0 \wedge 1=0 \quad 1 \wedge 0=0 \quad 1 \wedge 1=1$$

也可表示为：

$$0 \times 0=0 \quad 0 \times 1=0 \quad 1 \times 0=0 \quad 1 \times 1=1$$

例 5.17 $1001 \times 1110 = 1000$

逻辑"与"运算常用于将一个已知二进制数的某一位或某几位置 0，而其余各位保持不变。例如，欲使二进制数 01010011 的最低两位置 0，而其余各位保持不变，就可用 11111100 与之相"与"来实现。即

```
    0 1 0 1 0 0 1 1
  ∧ 1 1 1 1 1 1 0 0
  ─────────────────
    0 1 0 1 0 0 0 0
```

3. 逻辑"非"

逻辑"非"也称逻辑反，其运算规则是：1"非"为 0，0"非"为 1。其运算符号为"—"或"¬"。如下所示：

$$\overline{1}=0 \quad \overline{0}=1$$

例 5.18 $\neg 1001 = 0110$

4. 逻辑"异或"

逻辑"异或"又称模 2 加，其运算规则是：0 和任何数相"异或"该数不变，1 和任何数相"异或"该数变反。可简述为"相同得 0，不同得 1"。其运算符号为"∀"或"⊕"。如下所示：

$$0 ∀ 0 = 0 \quad 0 ∀ 1 = 1 \quad 1 ∀ 0 = 1 \quad 1 ∀ 1 = 0$$

也可表示为

$$0 \oplus 0 = 0 \quad 0 \oplus 1 = 1 \quad 1 \oplus 0 = 1 \quad 1 \oplus 1 = 0$$

例 5.19 $0110 ∀ 1001 = 1111$

逻辑"异或"运算常用于将一个已知二进制数的某些位变反而其余各位不变。例如，欲使 10101100 的最低两位变反而其余各位不变，就可以用 00000011 与之进行"异或"运算来完成。即

$$\begin{array}{r} 1\,0\,1\,0\,1\,1\,0\,0 \\ ∀\ 0\,0\,0\,0\,0\,0\,1\,1 \\ \hline 1\,0\,1\,0\,1\,1\,1\,1 \end{array}$$

5.3.3 移位运算

移位是二进制数的算术、逻辑运算的又一种基本运算。计算机指令系统中都设置有各种移位指令。移位分为逻辑移位和算术移位两大类。

1. 逻辑移位

所谓逻辑移位，通常是把操作数当成纯逻辑代码，没有数值含义，因此没有符号与数值变化的概念；操作数也可能是一组无符号的数值代码（即无符号数），通过逻辑移位对其进行数值的变化、判别或某种加工。逻辑移位可分为逻辑左移、逻辑右移、循环左移和循环右移。

逻辑左移是将操作数的所有位同时左移，最高位移出原操作数之外，最低位补 0。逻辑左移一位相当于将无符号数乘以 2。例如，将 01100101 逻辑左移一位后变成 11001010，相当于 $(101)_{10} \times 2 = 202$。

逻辑右移是将操作数的所有位同时右移，最低位移出原操作数之外，最高位补 0。逻辑右移一位相当于将无符号数除以 2。例如，将 10010100 逻辑右移一位后变成 01001010，相当于 $148 \div 2 = 74$。

循环左移就是将操作数的所有位同时左移，并将移出的最高位送到最低位。循环左移的结果不会丢失被移动的数据位。例如，将 10010100 循环左移一位后变成 00101001。

循环右移就是将操作数的所有位同时右移，并将移出的最低位送到最高位。它也不会丢失被移动的数据位。例如，将 10010100 循环右移一位后变成 01001010。

2. 算术移位

算术移位是把操作数当做带符号数进行移位，所以在算术移位中，必须保持符号位不变，例如一个正数在移位后还应该是正数。如果由于移位操作使符号

位发生了改变(由 1 变 0,或由 0 变 1),则应通过专门的方法指示出错信息(如将"溢出"标志位置 1)。

与逻辑移位类似,算术移位可分为算术左移、算术右移、循环左移和循环右移。

算术左移的移位方法与逻辑左移相同,就是将操作数的所有位同时左移,最高位移出原操作数之外,最低位补 0。算术左移一位相当于将带符号数(补码)乘以 2。例如,将 11000101 算术左移一位后变成 10001010,相当于(−59)×2=−118,未溢出,结果正确。

算术右移是将操作数的所有位同时右移,最低位移出原操作数之外,最高位不变。算术右移一位相当于将带符号数(补码)除以 2。例如,将 10111010 算术右移一位变成 11011101,相当于(−70)÷2=−35,未溢出,结果正确。

循环左移和循环右移的操作与前述逻辑移位时的情况相同,都是不丢失移出原操作数的位,而将其返回到操作数的另一端。

5.4 数据在计算机中的表示形式

5.4.1 机器数与真值

电子计算机实质上是一个二进制的数字系统,在机器内部,二进制数总是存放在由具有两种相反状态的存储元件构成的寄存器或存储单元中,即二进制数码 0 和 1 是由存储元件的两种相反状态来表示的。另外,对于数的符号(正号"+"和负号"−")也只能用这两种相反的状态来区别。也就是说,只能用 0 或 1 来表示。

数的符号在机器中的一种简单表示方法为:规定在数的前面设置一位符号位,正数符号位用 0 表示,负数符号位用 1 表示。这样,数的符号标识也就"数码化"了。即带符号数的数值和符号统一由数码形式(仅用 0 和 1 两种数字符号)来表示。例如,正二进制数 $N_1=+1011001$,在计算机中表示为

负二进制数 $N_2=-1011001$,在计算机表示为

为了区别原来的数与它在机器中的表示形式,将一个数(连同符号)在机器中加以数码化后的表示形式,称为机器数,而把机器数所代表的实际值称为机器数的真值。例如,上面例子中的 $N_1=+1011001$、$N_2=-1011001$ 为真值,它们在计算机中的表示 01011001 和 11011001 为机器数。

在将数的符号用数码(0 或 1)表示后,数值部分究竟是保留原来的形式,还是按一定规则做某些变化,这要取决于运算方法的需要。从而有机器数的三种常见形式,即原码、补码和反码。下面首先介绍机器数的这三种常见表示形式,然后介绍移码的特点及用途。

5.4.2 四种常见的机器数形式

1. 原码

原码是一种比较直观的机器数表示形式。约定数码序列中的最高位为符号位,符号位为 0 表示该数为正数,为 1 表示该数为负数;其余有效数值部分则用二进制的绝对值表示。

例如:

真值 x	$[x]_原$
$+0.1001$	0.1001
-0.1001	1.1001
$+1001$	01001
-1001	11001

在后面讨论定点数表示时,将会看到,定点数又有定点小数和定点整数之分,所以下面分别给出定点小数和定点整数的原码定义。

(1) 若定点小数原码序列为 $x_0.x_1x_2\cdots x_n$,则

$$[x]_原 = \begin{cases} x & 0 \leqslant x < 1 \\ 1-x & -1 < x \leqslant 0 \end{cases} \tag{5-7}$$

式中 x 代表真值,$[x]_原$ 为原码表示的机器数。

例如:

$x=+0.1011$,则 $[x]_原=0.1011$;

$x=-0.1011$,则 $[x]_原=1-(-0.1011)=1+0.1011=1.1011$。

(2) 若定点整数原码序列为 $x_0x_1\cdots x_n$,则

$$[x]_原 = \begin{cases} x & 0 \leqslant x < 2^n \\ 2^n-x & -2^n < x \leqslant 0 \end{cases} \tag{5-8}$$

例如:

$x=+1011$,则 $[x]_原=01011$;

$x=-1011$,则 $[x]_原=2^4-(-1011)=10000+1011=11011$。

需要注意的是,在式(5-7)和式(5-8)中,有效数位是 n 位(即 $x_1 \sim x_n$),连同

符号位是 $n+1$ 位。

对于原码表示,具有如下特点:

(1) 原码表示中,真值 0 有两种表示形式。

以定点小数的原码表示为例:

$[+0]_\text{原} = 0.00\cdots 0 \quad [-0]_\text{原} = 1-(-0.00\cdots 0) = 1+0.00\cdots 0 = 1.00\cdots 0$

(2) 在原码表示中,符号位不是数值的一部分,它仅是人为约定("0 为正,1 为负"),所以符号位在运算过程中需要单独处理,不能当作数值的一部分直接参与运算。

原码表示简单直观,而且容易由其真值求得,相互转换也较方便。但计算机在用原码做加减运算时比较麻烦。比如当两个数相加时,如果是同号,则数值相加,符号不变;如果是异号,则数值部分实际上是相减,此时必须比较两个数绝对值的大小,才能确定谁减谁,并要确定结果的符号。这件事在手工计算时是容易解决的,但在计算机中,为了判断同号还是异号,比较绝对值的大小,就要增加机器的硬件设备,并增加机器的运行时间。为此,人们找到了更适合于计算机进行运算的其他机器数表示法。

2. 补码

为了理解补码的概念,我们先来讨论一个日常生活中校正时钟的例子。假定时钟停在 7 点,而正确的时间为 5 点,要拨准时钟可以有两种不同的拨法,一种是倒拨 2 个格,即 $7-2=5$(做减法);另一种是顺拨 10 个格,即 $7+10=12+5=5$(做加法,钟面上 $12=0$)。这里之所以顺拨(做加)与倒拨(做减法)的结果相同,是由于钟面的容量有限,其刻度是 12 进制,超过 12 以后又从零开始计数,自然丢失了 12。此处 12 是溢出量,又称为模(mod)。这就表明,在舍掉进位的情况下,"从 7 中减去 2"和"往 7 上加 10"所得的结果是一样的。而 2 和 10 的和恰好等于模数 12。我们把 10 称作 −2 对于模数 12 的补码。

计算机中的运算受一定字长的限制,它的运算部件与寄存器都有一定的位数,因而在运算过程中也会产生溢出量,所产生的溢出量实际上就是模。可见,计算机的运算也是一种有模运算。

在计算机中不单独设置减法器,而是通过采用补码表示法,把减去一个正数看成加上一个负数,并把该负数用补码表示,然后一律按加法运算规则进行计算。当然,在计算机中不是像上述时钟例子那样以 12 为模,在定点小数的补码表示中是以 2 为模。

下面分别给出定点小数与定点整数的补码定义:

(1) 若定点小数的补码序列为 $x_0.x_1\cdots x_n$,则

$$[x]_\text{补} = \begin{cases} x & 0 \leqslant x < 1 \\ 2+x & -1 \leqslant x < 0 \end{cases} \pmod{2} \qquad (5\text{-}9)$$

式中，x 代表真值，$[x]_{补}$ 为补码表示的机器数。

例如：

$x = +0.1011$，则 $[x]_{补} = 0.1011$；

$x = -0.1011$，则 $[x]_{补} = 2 + (-0.1011) = 10.0000 - 0.1011 = 1.0101$。

(2) 若定点整数的补码序列为 $x_0.x_1\cdots x_n$，则

$$[x]_{补} = \begin{cases} x & 0 \leqslant x < 2^n \\ 2^{n+1} + x & -2^n \leqslant x < 0 \end{cases} \quad (\mathrm{mod}\ 2^{n+1}) \qquad (5\text{-}10)$$

例如：

$x = +1011$，则 $[x]_{补} = 01011$；

$x = -1011$，则 $[x]_{补} = 2^5 + (-1011) = 100000 - 1011 = 10101$。

对于补码表示，具有如下特点：

(1) 在补码表示中，最高位 x_0（符号位）表示数的正负，虽然在形式上与原码表示相同，即"0 为正，1 为负"，但与原码表示不同的是，补码的符号位是数值的一部分，因此在补码运算中符号位像数值位一样直接参加运算。

(2) 在补码表示中，真值 0 只有一种表示，即 00…0。

另外，根据以上介绍的补码和原码的特点，容易发现由原码转换为补码的规律，即，当 $x > 0$ 时，原码与补码的表示形式完全相同；当 $x < 0$ 时，从原码转换为补码的变化规律为："符号位保持不变（仍为 1），其他各位求反，然后末位加 1"，简称"求反加 1"。

例如：

$x = 0.1010$，则 $[x]_{原} = 0.1010$，$[x]_{补} = 0.1010$

$x = -0.1010$，则 $[x]_{原} = 1.1010$，$[x]_{补} = 1.0110$

容易看出，当 $x < 0$ 时，若把 $[x]_{补}$ 除符号位外"求反加 1"，即可得到 $[x]_{原}$。也就是说，对一个补码表示的数，再次求补，可得该数的原码。

3. 反码

反码与原码相比，两者的符号位一样。即对于正数，符号位为 0；对于负数，符号位为 1。但在数值部分，对于正数，反码的数值部分与原码按位相同；对于负数，反码的数值部分是原码的按位求反，反码也因此而得名。

与补码相比，正数的反码与补码表示形式相同；而负数的反码与补码的区别是末位少加一个"1"。因此不难由补码的定义推出反码的定义。

(1) 若定点小数的反码序列为 $x_0.x_1\cdots x_n$，则

$$[x]_{反} = \begin{cases} x & 0 \leqslant x < 1 \\ (2 - 2^{-n}) + x & -1 < x \leqslant 0 \end{cases} \quad [\mathrm{mod}(2 - 2^{-n})]$$

$$(5\text{-}11)$$

式中 x 代表真值，$[x]_{反}$ 为反码表示的机器数。

(2) 若定点整数的反码序列为 $x_0 x_1 \cdots x_n$，则

$$[x]_反 = \begin{cases} x & 0 \leqslant x < 2^n \\ (2^{n+1}-1)+x & -2^{-n} < x \leqslant 0 \end{cases} \quad [\mathrm{mod}(2^{n+1}-1)]$$

(5-12)

0 在反码表示中有两种形式，例如，在定点小数的反码表示中：

$$[+0]_反 = 0.00\cdots 0, [-0]_反 = 1.11\cdots 1$$

如上所述，由原码表示容易得到相应的反码表示。

例如：

$$x = +0.1001, [x]_原 = 0.1001, [x]_反 = 0.1001$$
$$x = -0.1001, [x]_原 = 1.1001, [x]_反 = 1.0110$$

如今，反码通常已不单独使用，而主要是作为求补码的一个中间步骤来使用。补码是现代计算机系统中表示负数的基本方法。

4. 原码、补码和反码之间的转换

根据前面对原码、补码和反码各自特点的介绍和分析，现将它们之间的相互转换规则汇总于图 5.1 中。

图 5.1 真值、原码、补码和反码之间的转换

例如：

$$x = +0.1101 \qquad x = -0.1101$$
$$[x]_原 = 0.1101 \qquad [x]_原 = 1.1101$$
$$[x]_补 = 0.1101 \qquad [x]_补 = 1.0011$$
$$[x]_反 = 0.1101 \qquad [x]_反 = 1.0010$$

5. 移码表示法

由于原码、补码、反码的大小顺序与其对应的真值大小顺序不是完全一致的,所以为了方便地比较数的大小(如浮点数的阶码比较),通常采用移码表示法,并常用来表示整数。它的定义如下:

设定点整数移码形式为 $x_0 x_1 x_2 \cdots x_n$,则

$$[x]_{移} = 2^n + x \qquad -2^n \leqslant x < 2^n$$

式中 x 为真值,$[x]_{移}$ 为其移码。

可见移码表示法实质上是把真值 x 在数轴上向正方向平移 2^n 单位,移码也由此而得名。也可以说它是把真值 x 增加 2^n,所以又叫增码。

例如:

若 $x = +1011$,则 $[x]_{移} = 2^4 + x = 10000 + 1011 = 11011$

若 $x = -1011$,则 $[x]_{移} = 2^4 + x = 10000 - 1011 = 00101$

真值、移码、补码之间的关系如表 5-1 所示。

表 5-1 真值、移码、补码对照表

真值 x(十进制)	真值 x(二进制)	$[x]_{移}$	$[x]_{补}$
-128	-10000000	00000000	10000000
-127	-01111111	00000001	10000001
⋮	⋮	⋮	⋮
-1	-00000001	01111111	11111111
0	-00000000	10000000	00000000
$+1$	$+00000001$	10000001	00000001
⋮	⋮	⋮	⋮
$+127$	$+01111111$	11111111	01111111

从表 5-1 可以看到移码具有如下一些特点:

(1) 移码是把真值映射到一个正数域(表中为 0~255),因此移码的大小可以直观地反映真值的大小。无论是正数还是负数,用移码表示后,可以按无符号数比较大小。真值与移码的映射如图 5.2 所示。

图 5.2 真值与移码的映射图

(2) 移码的数值部分与相应的补码各位相同,而符号位与补码相反。在移码中符号位为 0 表示真值为负数,符号位为 1 表示真值为正数。

(3) 移码为全 0 时,它对应的真值最小。

(4) 真值 0 在移码中的表示是唯一的,即 $[\pm 0]_{\text{移}} = 2^n \pm 000\cdots 0 = 1000\cdots 0$

6. 四种机器数形式的比较和小结

(1) 原码、补码、反码和移码均是计算机能识别的机器数,机器数与真值不同,它是一个数(连同符号)在计算机中加以数码化后的表示形式。

(2) 正数的原码、补码和反码的表示形式相同,负数的原码、补码和反码各有不同的定义,它们的表示形式不同,相互之间可依据特定的规则进行转换。

(3) 四种机器数形式的最高位 x_0 均为符号位。原码、补码和反码表示中,x_0 为 0 表示正数,x_0 为 1 表示负数;在移码表示中,x_0 为 0 表示负数,x_0 为 1 表示正数。

(4) 原码、补码和反码既可用来表示浮点数中的尾数,又可用来表示其阶码;而移码则主要用来表示阶码。

(5) 0 在补码和移码表示中都是唯一的,0 在原码和反码表示中都有两种不同的表示形式。

5.4.3 二-十进制编码

1. 二-十进制编码特点

人们最熟悉、最习惯的是十进制计数系统,而在数字设备和计算机内部,数是用二进制表示的。为了解决这一矛盾,可把十进制数的每位数字用若干位二进制数码来表示。通常称这种用若干位二进制数码来表示一位十进制数的方法为二-十进制编码,简称 BCD(Binary Coded Decimal)码。二-十进制编码具有二进制编码的形式,这就满足了计算机内部需采用二进制的要求,同时又保持了十进制数的特点。它可以作为人与计算机联系时的一种中间表示,而且计算机也可以对这种形式表示的数直接进行运算。

按照 BCD 码在计算机中的处理和存储形式,又有压缩 BCD 码(packed BCD data)及非压缩 BCD 码(unpacked BCD data),也分别被称为组合 BCD 码和分离 BCD 码。在组合 BCD 码中,十进制数字串以四位一组的序列进行存储,每个字节(8 位)存放两个十进制数字,一个十进制数字占半个字节(4 位)。例如,十进制数 9502 的存储形式如下:

$$\underbrace{1001\ 0101}_{\text{第一个字节}} \quad \underbrace{0000\ 0010}_{\text{第二个字节}}$$

在分离 BCD 码中,每个十进制数字存储在 8 位字节的低 4 位,高 4 位的内

容无关紧要。也就是说,每个字节只存储一个十进制数字。在此种格式中,十进制数 9502 需占四个字节,其存储形式如下:

$$\underbrace{uuuu1001}_{\text{第一个字节}} \quad \underbrace{uuuu0101}_{\text{第二个字节}} \quad \underbrace{uuuu0000}_{\text{第三个字节}} \quad \underbrace{uuuu0010}_{\text{第四个字节}}$$

其中 u 表示任意(既可为 1,也可为 0)。

2. 8421 码

8421 码是最基本最常见的一种二-十进制编码形式,也称 8421BCD 码。它是将十进制数的每个数字符号用四位二进制数码来表示,每位都有固定的权值。因此,称它为有权码或加权码(weighted code)。8421 码各位的权值从高位到低位依次为:$W_3=2^3=8, W_2=2^2=4, W_1=2^1=2, W_0=2^0=1$,所以,与四位二进制数 $b_3b_2b_1b_0$ 相对应的一位十进制数 D 可以表示为

$$D = 8b_3 + 4b_2 + 2b_1 + b_0$$

表 5-2 列出了十进制数字与 8421 码的对应关系。

表 5-2 十进制数字与 8421 码的对应关系

十进制数字	0	1	2	3	4	5	6	7	8	9
8421 码	0000	0001	0010	0011	0100	0101	0110	0111	1000	1001

从表 5-2 可见,用 8421 码表示的每个十进制数字与用普通二进制表示的完全一样。或者说,每个十进制数字所对应的二进制代码,就是与该十进制数字等值的二进制数。因此,在 8421 码中,有 6 种代码(1010,1011,1100,1101,1110,1111)是不可能出现的,也称它们为非法的 8421 码。

任何一个十进制数要写成 8421 码表示时,只要把该十进制数的各位数字分别转换成对应的 8421 码即可。如 $(253)_{10} = (001001010011)_{8421}$。

反过来,任何一个 8421 码表示的十进制数,也可以方便地转换成普通的十进制数形式。如 $(0101011110010001)_{8421} = (5791)_{10}$。

5.4.4 其他几种 BCD 码

1. 2421 码

2421 码是另一种形式的有权码,它也是用四位二进制代码来表示一位十进制数,各位的权值分别为

$$W_3 = 2, W_2 = 4, W_1 = 2, W_0 = 1$$

同样,用 b_3、b_2、b_1、b_0 分别代表 2421 码的四位二进制代码,则一位十进制数 D 可表示为

$$D = 2b_3 + 4b_2 + 2b_1 + b_0$$

表 5-3 列出了 2421 码与十进制数的对应关系。其中给出了两种编码方案,即 A 组和 B 组,本书采用 B 组。

表 5-3 2421 码与十进制数的对应关系

十进制数	2421 码	
	A 组	B 组
0	0000	0000
1	0001	0001
2	0010	0010
3	0011	0011
4	0100	0100
5	0101	1011
6	0110	1100
7	0111	1101
8	1110	1110
9	1111	1111

例 5.20 用 2421 码对十进制数 $N=(3462)_{10}$ 进行编码。

$$3:0011,\quad 4:0100,\quad 6:1100,\quad 2:0010$$

所以 $N=(3462)_{10}=(0011010011000010)_{2421}$

B 组 2421 码是一种具有自补特性的编码,简称自补码。也就说,用这种编码表示的十进制数,只要自身按位求反,就能得到该数对 9 之补的 2421 码(所谓一位十进制数字对 9 之补,即为 9 与该数字之差,例如 4 对 9 之补是 $9-4=5$,0 对 9 之补是 $9-0=9$ 等)。例如,十进制数字 4 的 2421 码是 0100,把 0100 自身按位求反得 1011,代码 1011 就是 4 对 9 之补($9-4=5$)的 2421 码。

上述自补特性对十进制减法特别有用,它可以使运算电路简单。

2. 余 3 码

余 3 码也是用四位二进制代码表示一位十进制数字,但对于同样一个十进制数字,余 3 码比相应的 8421 码多出 0011(十进制数 3),故称余 3 码。也可以说,余 3 码是把十进制数 3(二进制代码 0011)加到相应的 8421 码中而形成的一种二-十进制编码。它是一种无权码。

另外,余 3 码也是一种自补码,会给十进制减法运算带来方便。余 3 码与十进制数的对应关系如表 5-4 所示。

表 5-4 余 3 码码与十进制数的对应关系

十进制数	8421 码	余 3 码
0	0000	0011
1	0001	0100
2	0010	0101
3	0011	0110
4	0100	0111
5	0101	1000
6	0110	1001
7	0111	1010
8	1000	1011
9	1001	1100

例 5.21　用余 3 码对十进制数 $N=(1986)_{10}$ 进行编码。

$$1:0100,\ 9:1100,\ 8:1011,\ 6:1001$$

所以　　　　　$N=(1986)_{10}=(0100110010111001)_{余3码}$

3. 格雷码(gray code)

格雷码是一种常用的无权 BCD 码,由于它本身的编码特征有利于信息代码变换的可靠性,所以它也是一种典型的可靠性编码。

格雷码的编码方案很多,下面给出其中的一种,如表 5-5 所示。从表 5-5 可以看到格雷码的编码特点:

任何两个相邻数的二进制代码之间,包括头、尾的 0 和 15 的二进制代码之间,只有一位不同。换句话说,由这种代码表示的一个数变成下一个相邻数时,只要将该数的相应二进制代码改变一位即可。

这种编码的优点是可靠性好。为了说明这一点,先看一下不用这种编码,而用普通的二进制编码时,由一个数变成下一个相邻数时的情形。例如,由 7 变到 8(即由二进制代码 0111 变到 1000),四位二进制代码都要发生变化。而在实际的电子器件中,各位的状态改变总是有先后之别的,尽管这种先后差别可能极其微小,但有时却是不可忽略的。例如第一位变得很快,就会瞬时地从 0111 跳变到 1111,而在此瞬间,我们就可以说代码没能变为 1000,而出现了错误代码 1111,这种错误代码的出现虽然短暂,但在某些情况下却是不允许的,因为它可能产生错误的输出结果或导致错误的逻辑操作。

表 5-5 格雷码的一种编码方案

十进制数	二进制码	格雷码
0	0000	0000
1	0001	0001
2	0010	0011
3	0011	0010
4	0100	0110
5	0101	0111
6	0110	0101
7	0111	0100
8	1000	1100
9	1001	1101
10	1010	1111
11	1011	1110
12	1100	1010
13	1101	1011
14	1110	1001
15	1111	1000

采用格雷码,就在编码方式上杜绝了上述瞬时错误代码的出现。因为在改变为相邻数前后,代码只有一位不同,即避免了由于多位二进制代码不能在严格相同的时刻一起改变而产生的错误输出结果。

从相应的二进制码转换成表 5-5 所列格雷码的规则为:格雷码的第 i 位 (G_i) 是二进制码的第 i 位 (B_i) 位和第 $i+1$ 位 (B_{i+1}) 的模 2 加,即

$$G_i = B_i \oplus B_{i+1}$$

式中 $\oplus$ 表示模 2 加,其运算规则为:$0 \oplus 0 = 0, 0 \oplus 1 = 1, 1 \oplus 0 = 1, 1 \oplus 1 = 0$。

例如:

$$(13)_{10} = 0\ 1\ 1\ 0\ 1 \quad \cdots\cdots 二进制码$$
$$\phantom{(13)_{10} =\ } 1\ 0\ 1\ 1 \quad \cdots\cdots 格雷码$$

结合表 5-5,可逐一验证上述编码规则。

4. 五中取二码

五中取二码也是一种无权 BCD 码,但它却是另一种编码规则——"五中取二",即在 5 位二进制代码中取 2 位为 1,其余位为 0。

5 位二进制代码共有 32 种组合 (00000,00001,00010,00011,…,11111),但满足上述特点的却恰好有 10 种组合,用它们分别代表 10 个十进制数字符号,如

表5-6所示。

表5-6 五中取二码的编码

十进制数	0	1	2	3	4	5	6	7	8	9
五中取二码	11000	00011	00101	00110	01001	01010	01100	10001	10010	10100

例 5.22 用五中取二码对十进制数 $N=(351)_{10}$ 进行编码。

从表5-6可得：

$$3：00110，\quad 5：01010，\quad 1：00011$$

所以 $N=(351)_{10}=(001100101000011)_{五中取二码}$。

通过检测五中取二码中1的个数，可以判断所传送的代码是否出错。如果只有一位出错，那么通过检查5位代码中1的个数，显然可以检测出错来；如果有两位代码同时出错时，只要不是同时出现在1和0位上（即不是两位中有一位1错成0而另一位0错成1的情形），那么也是可以检测出错的；3位或5位同时出错总可以检测出来，4位同时出错则有可能检测不出来。当然，在一定的设备和器件条件下，多位同时出错的可能性总是较小的。

通过前面的介绍可以看到，格雷码和五中取二码在考虑编码方案时，只是依据某种规则（"相邻代码只有一位不同"，"五中取二"），而代码中的各位并无权值的大小，这就是前面提到的无权码的含义。

5.5 字符代码

前面讨论了怎样用二进制代码表示十进制数。在实际使用中，除了十进制数之外，还经常需要用二进制代码表示各种符号，例如英文字母、标点符号及运算符号等。通常把这种用以表示各种符号（包括字母、数字、标点符号、运算符号以及控制符号等）的二进制代码称为字符代码。

最常见的字符代码有两种，一种是现已被广泛采用的 ASCII 码（American Standard Code for Information Interchange——美国信息交换标准码），另一种是 IBM 公司的 EBCDIC 码（Extended BCD Interchange Code——扩展 BCD 交换码）。ASCII 码编码表如表5-7所示。

代码的二进制位数称为代码长度。若代码长度为 n 位，则可以表示的字符数最多为 2^n 个。由表5-7可知，ASCII 码的长度为7位，因此可以表示128个字符。它不仅包括各种打印字符，如大写和小写字母、十进制数字、若干标点符号和专用符号，还有各种控制字符，如回车（CR）、换行（LF）、换页（FF）、传输结束（EOT）等。

表 5-7　ASCII 码编码表

列		0	1	2	3	4	5	6	7
行	位 654→ ↓ 3210	000	001	010	011	100	101	110	111
0	0000	NUL	DLE	SP	0	@	P	`	p
1	0001	SOH	DC1	!	1	A	Q	a	q
2	0010	STX	DC2	"	2	B	R	b	r
3	0011	ETX	DC3	#	3	C	S	c	s
4	0100	EOT	DC4	$	4	D	T	d	t
5	0101	ENQ	NAK	%	5	E	U	e	u
6	0110	ACK	SYN	&	6	F	V	f	v
7	0111	BEL	ETB	'	7	G	W	g	w
8	1000	BS	CAN	(	8	H	X	h	x
9	1001	HT	EM	)	9	I	Y	i	y
A	1010	LF	SUB	*	:	J	Z	j	z
B	1011	VT	ESC	+	;	K	[	k	{
C	1100	FF	FS	,	<	L	\	l	|
D	1101	CR	GS	−	=	M	]	m	}
E	1110	SO	RS	.	>	N	∧	n	~
F	1111	SI	US	/	?	O	_	o	DEL

另外,用 ASCII 码表示的字符在计算机内部是按 8 位一组的格式来存储的,因此可以将除 7 位代码位之外的第八位做为奇偶校验位。但经常是将该位置 0,即不设奇偶校验位。在表 5-7 中,第 0,1,2 和 7 列的特殊控制字符功能解释如下:

NUL	空	DLE	数据链路换码
SOH	标题开始	DC1	机控 1
STX	正文开始	DC2	机控 2
ETX	正文结束	DC3	机控 3
EOT	传输结束	DC4	机控 4
ENQ	询问	NAK	否定
ACK	承认	SYN	同步
BEL	响铃	ETB	信息组传送结束
BS	退格	CAN	作废
HT	横表	EM	介质结束
LF	换行	SUB	取代
VT	纵表	ESC	换码

FF	换页	FS	文件分隔符
CR	回车	GS	组分隔符
SO	移出	RS	记录分隔符
SI	移入	US	单元分隔符
SP	空格	DEL	删除

5.6 逻辑代数的基本原理及应用

逻辑代数是研究数字系统逻辑设计的基本工具。

本节主要讨论逻辑代数的基本概念和运算规律,以及在数字系统的设计中怎样应用它来化简逻辑函数。

5.6.1 逻辑代数的基本概念

在普通代数中,变量可以取任意实数,例如对于函数 $F(x)=2x+1$,x 可以有任意多个取值,即 $-\infty \leqslant x \leqslant +\infty$;当然 x 也可以在一定区间内取值,例如 $-2 < x < +2, x \leqslant 5, x \geqslant \pi$ 等,即使 x 在有限区间内取值,也有无穷多个可取的数。这一点,大家是熟知的。

逻辑代数与普通代数不同,它是一种二值代数系统。在这种代数系统中,任何变量只能有 0 和 1 两种取值,并且这里的 0 和 1 不再像普通代数中那样具有数值大小的意义,而仅仅是表明两种对立状态(例如:"是"和"非"、"有"和"无","低"和"高"、"关"和"开"等)的符号,或者说它们具有了某种"逻辑"的含义。我们称这样的变量为逻辑变量。相应地,这些变量之间的函数关系,也是由一组特定的逻辑运算法则来决定的。

逻辑代数是从逻辑学研究中引用数学工具逐步发展而来的。人们为了摆脱逻辑学研究中繁复的语言文字的描述,使用了一套有效的符号来建立逻辑思维的数学模型,进而将复杂的逻辑问题抽象为一种简单的符号演算,这个概念首先由莱布尼兹(Leibniz)提出,乔治·布尔(George Boole)总结了前人的研究成果,于 1847 年在他的著作中第一次进行了系统的论述,这就是有名的布尔代数。1938 年申农(Shannon)将布尔代数直接应用于电话开关电路的分析,给布尔代数找到了广阔的应用前景,并加速了电子计算机时代的到来。1952 年前后,维奇(Veitch)和卡诺(Karnaugh)先后提出图解法的概念和方法,在工程上十分有用的卡诺图也即由此而来。从此逻辑代数成为研究和设计电子数字系统不可缺少的重要数学工具。

1. 基本逻辑运算

像普通代数有自己的基本运算及基本定律一样,逻辑代数也有自己的基本运算及若干条基本运算定律,下面分别予以介绍。

(1)"或"运算

"或"运算也叫逻辑加(Logic Addtion),又叫逻辑和(Logic Sum),其运算符号为"+"或者"∨"。"或"运算的逻辑表达式为:$C=A+B$ 或 $C=A\vee B$,读作:C 等于 A 加 B,也可以读作:C 等于 A 或 B。这里的 A、B、C 都是逻辑变量,其中的 A、B 是进行逻辑加运算的两个变量,C 是运算结果。逻辑加代表的意义是:A 或者 B,只要有一个是 1,则 C 就为 1。为了说明这种"或"运算的特点,我们可以列举全部可能的取值情形如下(两个变量共有四种可能的取值情形):

当 $A=0,B=0$ 时,则 $C=0$,即 $0=0+0$;
当 $A=0,B=1$ 时,则 $C=1$,即 $1=0+1$;
当 $A=1,B=0$ 时,则 $C=1$,即 $1=1+0$;
当 $A=1,B=1$ 时,则 $C=1$,即 $1=1+1$;

这里需要注意逻辑加与算术加的不同点,特别是 $1+1=1$。

可以把上面列举的四种情形变成表格的形式。一般地,称列出逻辑变量的全部可能取值及对应的输出函数值所形成的表格为真值表(truth table),也有人叫全值表。两个逻辑变量进行"或"运算的真值表如表 5-8 所示。

表 5-8 "或"运算真值表

A	B	$C=A+B$
0	0	0
0	1	1
1	0	1
1	1	1

例 5.23 如图 5.3 所示,用两个并联开关控制灯 C,不难看出,灯亮的条件是:或者开关 A 接通,或者开关 B 接通;也可以反过来说,只有当开关 A、B 都不接通时,灯才不亮。

图 5.3 两个并联开关控制灯 C

如果将开关接通的状态记作 1,反之为 0;将灯亮记作 1,反之为 0。于是,图

5.3所示电路的工作状态可用"或"运算的逻辑表达式来描述,即:$C=A+B$。

这就是说,只要有一个开关接通($A=1,B=0$ 或 $A=0,B=1$)或者两个开关都接通($A=B=1$),灯就亮($C=1$);仅当两个开关都断开时($A=B=0$),灯才不亮($C=0$)。这正是"或"运算真值表(表5-8)所列举的各种情形。

(2)"与"运算

"与"运算也叫逻辑乘(logic multiplication),又叫逻辑积(logic production),其运算符号记为"·"、"×"或"∧",有时也可略去不写。"与"运算的逻辑表达式为 $C=A \cdot B$ 或 $C=A \times B, C=A \wedge B$,读作:$C$ 等于 A 乘 B,也可读作:C 等于 A 与 B。这里 A、B、C 都是逻辑变量,其中 A、B 是进行"与"运算的两个变量,C 是运算结果。"与"运算代表的意义是 A 和 B 都是1时,C 才是1。

A 和 B 两个变量进行"与"运算的真值表如表5-9所示:

表5-9 "与"运算真值表

A	B	$C=A \cdot B$
0	0	0
0	1	0
1	0	0
1	1	1

例5.24 如图5.4所示,两个串联开关 A、B 控制灯 C,其开关控制功能可以用"与"运算来描述。

图5.4 两个串联开关控制灯 C

同样,将开关的接通状态记作1,反之为0;将灯亮记作1,反之为0。则描述该线路工作状态的"与"运算表达式为

$$C = A \cdot B$$

这就是说,只有当开关 A 与 B 同时接通($A=1,B=1$),灯才亮($C=1$);否则($A=1,B=0;A=0,B=1;A=0,B=0$)灯不亮($C=0$)。这也正是"与"运算真值表(表5-9)所列举的各种情形。

(3)"非"运算

"非"运算又叫"反"运算(inversion),也叫逻辑否定(logic negation),其运算符号记为"—"或"→"。"非"运算的逻辑表达式为:$C=\overline{A}$,或 $C=\rightarrow A$。读作:C

等于"A 非"或 C 等于"A 反"。式中 A、C 都是逻辑变量,A 是进行"非"运算的变量,C 为运算结果。"非"运算代表的意义是:若 A 为 1,则 $\overline{A}$ 为 0;反之,若 A 为 0,则 $\overline{A}$ 为 1。

"非"运算的真值表很简单,如表 5-10 所示。

表 5-10 "非"运算真值表

A	$C=\overline{A}$
0	1
1	0

这里不再给出可以由"非"运算来描述的具体例子,请读者自己结合"非"运算的特点试举之。

2. 逻辑函数

在本节开头的讨论中,曾介绍过逻辑函数的初步概念。这里再进一步阐述如下:设有 n 个逻辑变量 $A_1,A_2,\cdots,A_n$,$f(A_1,A_2,\cdots,A_n)$ 代表 $A_1,A_2,\cdots,A_n$ 构成的逻辑函数,$f(A_1,A_2,\cdots,A_n)$ 的值是 1 还是 0,取决于 $A_1,A_2,\cdots,A_n$ 的取值。

例如,逻辑函数 $f(A,B,C)=AB+\overline{A}C+BC$,如果取 $A=1,B=1,C=0$,那么 $f(1,1,0)=1\cdot1+\overline{1}\cdot0+1\cdot0=1$;如果取 $A=1,B=0,C=1$,则 $f(1,0,1)=1\cdot0+\overline{1}\cdot1+0\cdot1=0$。

逻辑函数与普通代数中的函数相比,应注意它的两个特点:

(1) 逻辑函数中的变量只能有 0 和 1 两种取值。

(2) 逻辑函数中各变量之间的运算关系只能是"与"、"或"、"非"三种基本逻辑运算。

3. 逻辑函数的相等

设有两个逻辑函数:

$$F_1=f_1(A_1,A_2,\cdots,A_n), \qquad F_2=f_2(A_1,A_2,\cdots,A_n)$$

如果对应于逻辑变量 $A_1,A_2,\cdots,A_n$ 的任何一组取值,F_1 和 F_2 的值都相同,则称 $F_1=F_2$。换句话说,如果 F_1 和 F_2 有相同的真值表,则 $F_1=F_2$;反之,如果 $F_1=F_2$,则它们的真值表一定相同。

由此可以知道,要证明两个逻辑函数是否相等,只要把它们的真值表分别列出,看看是否一样,如果真值表是一样的,那么它们就是相等的。

例 5.25 设 $F_1=A+\overline{A}B,F_2=A+B$

试证:$F_1=F_2$

证明 列出它们的真值表,如表 5-11 所示。

由表 5-11 可见,对于 A、B 的每一组取值,F_1 的值都和 F_2 的值相同。根据上述逻辑函数相等的定义,所以 $F_1=F_2$。

表 5-11 F_1 和 F_2 的真值表

A	B	$F_1=A+\overline{A}B$	$F_2=A+B$
0	0	0	0
0	1	1	1
1	0	1	1
1	1	1	1

5.6.2 逻辑代数的基本公式

根据表 5-8、表 5-9、表 5-10 给出的"或"、"与"、"非"的运算规则及上面介绍的真值表证明方法，可以得到逻辑代数的一组基本公式。

0-1 律　　　　$\begin{cases} 0+A=A & \cdots\cdots (5\text{-}7) \\ 1+A=1 & \cdots\cdots (5\text{-}8) \end{cases}$

$\begin{cases} 1 \cdot A=A & \cdots\cdots (5\text{-}7)' \\ 0 \cdot A=0 & \cdots\cdots (5\text{-}8)' \end{cases}$

互补律：　　$A+\overline{A}=1$ $\cdots\cdots (5\text{-}9)$

$A \cdot \overline{A}=0$ $\cdots\cdots (5\text{-}9)'$

重迭律：　　$A+A=A$ $\cdots\cdots (5\text{-}10)$

$A \cdot A=A$ $\cdots\cdots (5\text{-}10)'$

交换律：　　$A+B=B+A$ $\cdots\cdots (5\text{-}11)$

$A \cdot B=B \cdot A$ $\cdots\cdots (5\text{-}11)'$

结合律：　　$(A+B)+C=A+(B+C)$ $\cdots\cdots (5\text{-}12)$

$(A \cdot B) \cdot C=A \cdot (B \cdot C)$ $\cdots\cdots (5\text{-}12)'$

分配律：　　$A \cdot (B+C)=A \cdot B+A \cdot C$ $\cdots\cdots (5\text{-}13)$

$A+B \cdot C=(A+B) \cdot (A+C)$ $\cdots\cdots (5\text{-}13)'$

吸收律：　　$\begin{cases} A+AB=A & \cdots\cdots (5\text{-}14) \\ A+\overline{A}B=A+B & \cdots\cdots (5\text{-}15) \end{cases}$

$\begin{cases} A \cdot (A+B)=A & \cdots\cdots (5\text{-}14)' \\ A \cdot (\overline{A}+B)=AB & \cdots\cdots (5\text{-}15)' \end{cases}$

反演律：　　$\overline{A+B}=\overline{A} \cdot \overline{B}$ $\cdots\cdots (5\text{-}16)$

$\overline{A \cdot B}=\overline{A}+\overline{B}$ $\cdots\cdots (5\text{-}16)'$

包含律：　　$AB+\overline{A}C+BC=AB+\overline{A}C$ $\cdots\cdots (5\text{-}17)$

$(A+B)(\overline{A}+C)(B+C)=(A+B)(\overline{A}+C)$ $\cdots\cdots (5\text{-}17)'$

对合律：　　$\overline{\overline{A}}=A$ $\cdots\cdots (5\text{-}18)$

上面给出的每一个公式都可以方便地用真值表的方法给以证明。

例如,证明反演律 $\overline{A+B}=\overline{A}\cdot\overline{B}$,$\overline{A\cdot B}=\overline{A}+\overline{B}$。

证明:列出真值表(为简单起见,将两个表列在一起)如表 5-12 所示。

表 5-12 用真值表证明逻辑等式

A	B	$\overline{A+B}$	$\overline{A}\cdot\overline{B}$	$\overline{A\cdot B}$	$\overline{A}+\overline{B}$
0	0	1	1	1	1
0	1	0	0	1	1
1	0	0	0	1	1
1	1	0	0	0	0

由表 5-12 可见,反演律成立。

用真值表的方法证明逻辑等式,当变量较多时是很麻烦的,但它却是直接的证明,而不依赖其他的定理。

反演律通常也称德·摩根(De·Morgan)定理,它是逻辑代数中十分重要且经常使用的定理。

德·摩根定理也可以推广到多变量情形,即

$$\overline{A_0+A_1+\cdots+A_n}=\overline{A}_0\cdot\overline{A}_1\cdot\cdots\cdot\overline{A}_n \tag{5-19}$$

$$\overline{A_0\cdot A_1\cdot\cdots\cdot A_n}=\overline{A}_0+\overline{A}_1+\cdots+\overline{A}_n \tag{5-19}'$$

上面给出的基本公式也是逻辑代数的基本定律。正如普通代数和其他数学领域一样,只要确立某些基本定律和公式是正确的,在以后证明更复杂的关系式时,这些定律和公式就可作为求证的手段和依据。今后,在证明其他的逻辑等式或进行逻辑函数的化简时,可直接利用上述公式。

另外,包含律具有如下推论:

$$AB+\overline{A}C+BCD=AB+\overline{A}C \tag{5-20}$$

$$(A+B)(\overline{A}+C)(B+C+D)=(A+B)(\overline{A}+C) \tag{5-20}'$$

以上两个公式,当然可以用真值表法给以证明。但为了练习利用基本公式的证明方法,下面给出利用基本公式而作出的证明。

证明 $AB+\overline{A}C+BCD$
　　　　$=AB+\overline{A}C+(BC)+BCD$　　　　[由包含律]
　　　　$=AB+\overline{A}C+BC(1+D)$　　　　[由分配律]
　　　　$=AB+\overline{A}C+BC$　　　　[由 0-1 律]
　　　　$=AB+\overline{A}C$　　　　[由包含律]

(5-20)式证毕。

　　　　$(A+B)(\overline{A}+C)(B+C+D)$
　　　　$=\overline{\overline{A+B}+\overline{\overline{A}+C}+\overline{B+C+D}}$　　　　[由反演律]
　　　　$=\overline{\overline{A}\overline{B}+A\overline{C}+\overline{B}\overline{C}\overline{D}}$　　　　[由反演律]

$$=\overline{\overline{AB}+\overline{AC}} \qquad\qquad \text{[由(5-20)式]}$$
$$=\overline{\overline{AB}}\cdot\overline{\overline{AC}} \qquad\qquad \text{[由反演律]}$$
$$=(A+B)(\overline{A}+C) \qquad \text{[由反演律]}$$

(5-20)′式证毕。还有其它不同证法，读者可自行试之。

公式(5-17)及其推论(5-20)式说明如下事实：在一个"积之和"表达式中，如果其中的两个乘积项之一包含了原变量 A，另一个乘积项包含了反变量 $\overline{A}$，而这两个乘积项的其余因子都是第三个乘积项的因子，则第三个乘积项是多余的。

5.6.3 逻辑代数的三个重要规则

1. 代入规则

"任何一个含有变量 A 的等式，如果将所有出现 A 的位置都代之以同一个逻辑函数 F，则此等式仍然成立"，我们称这一规则为代入规则。

因为任何一个逻辑函数也和任一个逻辑变量一样，只有 0 和 1 两种取值，所以上述规则显然是成立的。有了代入规则，就可以将前面已推导出的等式中的变量用任意的逻辑函数代替，从而扩大了等式的应用范围。即对基本公式中的某个变量代之以某个函数后所得到的等式，可直接当做公式作用。

例 5.26 已知 $A+\overline{A}=1$，而函数 $F=BC$，将等式中的 A 代之以 $F=BC$，则有 $BC+\overline{BC}=1$。

例 5.27 已知 $\overline{A+B}=\overline{A}\,\overline{B}$，这是二变量的德·摩根定理。若将等式中的 B 用 $F=B+C$ 代入，就得到：

$$\overline{A+(B+C)}=\overline{A}\cdot\overline{B+C}$$

即
$$\overline{A+B+C}=\overline{A}\cdot\overline{B}\cdot\overline{C}$$

这是三变量的德·摩根定理。

值得注意的是，在使用代入规则时，一定要把等式中所有出现某个变量（例如 A）的地方，都代之以同一个逻辑函数，否则，代入后所得新的等式不能成立。例如，已知 $A+\overline{A}B=A+B$，将等式中所有出现 A 的地方都代之以 $f=AC$，则等式仍然成立，即：$AC+\overline{AC}B=AC+B$；但是 $AC+\overline{A}B\ne AC+B$，其原因在于只是将等式中的原变量 A 代之以 $f=AC$，而等式中以反变量 $\overline{A}$ 形式出现的地方，没有用 $f=AC$ 代替 A。

2. 反演规则

"设 F 为一个逻辑函数表达式，如果将 F 中所有的 · 变 +，+ 变 ·，0 变 1，1 变 0，原变量变反变量，反变量变原变量，那么所得到的新的逻辑函数表达式就是 $\overline{F}$"。这就是反演规则。

反演规则是反演律的推广应用。利用反演规则，可以方便地求出一函数的"反"。

例 5.28 已知 $F=AB+\overline{CD}$,根据反演规则可得
$$\overline{F}=(\overline{A}+\overline{B})\cdot(C+D)$$

例 5.29 已知 $x=A[\overline{B}+(C\overline{D}+\overline{E}F)]$,根据反演规则可得
$$\overline{x}=\overline{A}+\{B\cdot[(\overline{C}+D)\cdot(E+\overline{F})]\}$$

值得注意的是,在使用反演算规则时,不要把原来的运算次序搞乱,例 5.29 中所加的大、中、小括号就是为了明确运算次序的。

3. 对偶规则

考查前面介绍的逻辑代数基本定律的公式不难看出,所有这些定律的公式总是成对出现的,例如:

$$\left. \begin{array}{l} A+B=B+A \\ A\cdot B=B\cdot A \end{array} \right\} 交换律$$

$$\left. \begin{array}{l} (A+B)+C=A+(B+C) \\ (A\cdot B)\cdot C=A\cdot(B\cdot C) \end{array} \right\} 结合律$$

$$\left. \begin{array}{l} A\cdot(B+C)=A\cdot B+A\cdot C \\ A+B\cdot C=(A+B)\cdot(A+C) \end{array} \right\} 分配律$$

我们称这一特性为逻辑代数的对偶性。在成对出现的等式中,第一式等号两端的表达式都是相应第二式等号两端表达式的对偶式。下面先给出对偶式的定义:

设 F 是一个逻辑函数表达式,如果将 F 中所有"·"变"+","+"变"·",1 变 0,0 变 1,而变量保持不变,那么就得到一个新的逻辑函数表达式 F',则称 F' 为 F 的对偶式。

例 5.30 如: $F=A\cdot(B+\overline{C})$

则: $F'=A+B\cdot\overline{C}$

如: $F=(A+B)\cdot(\overline{A}+C)\cdot(C+DE)$

则: $F'=A\cdot B+\overline{A}\cdot C+C\cdot(D+E)$

从上面的例子可以看到,如果 F 的对偶式是 F',那么 F' 的对偶式就是 F,即 F 和 F' 互为对偶式。

对偶规则:"如果两个逻辑函数表达式 F 和 G 相等,那么它们的对偶式 F' 和 G' 也相等。"

证明 因为 $F=G$,所以 $\overline{F}=\overline{G}$。根据反演规则,$\overline{F}$ 和 $\overline{G}$ 可以从表达式 F 和 G 得到,即 F 和 G 中的"·"换为"+","+"换为"·",0 换为 1,1 换为 0,原变量换为反变量,反变量换为原变量。如果再把 $\overline{F}$ 和 $\overline{G}$ 中所有变量都代以它们的"反",那么就得到 F' 和 G'。根据代入规则,由于 $\overline{F}=\overline{G}$,所以 $F'=G'$。

例 5.31 已知 $\overline{A}B+AC+BC=\overline{A}B+AC$,则等式两端表达式的对偶式也相等,即:

$$(\overline{A}+B)\cdot(A+C)\cdot(B+C)=(\overline{A}+B)\cdot(A+C)$$

例 5.32 已知 $A\cdot(B+C+D)=A\cdot B+A\cdot C+A\cdot D$,则等式两端表达式的对偶式也相等,即

$$A+B\cdot C\cdot D=(A+B)\cdot(A+C)\cdot(A+D)$$

注意在求逻辑表达式的对偶式时,同样也要注意运算符号的先后顺序。

由上可见,当证明了某一等式成立时,便可根据对偶规则得到其对偶式的等式,这就使得需要证明的公式的数目减少了一半。这也是要掌握对偶规则的主要目的。

5.6.4 逻辑函数的代数化简法

从前面介绍的逻辑函数相等的概念可以知道,一个逻辑函数可以有多种不同的表达式,如果把它们分类,主要有"与或"表达式,"或与"表达式,"与非与非"表达式,"或非或非"表达式以及"与或非"表达式等,如下例:

$$\begin{aligned}F&=AB+\overline{A}C &\text{"与或"表达式}\\&=(A+C)\cdot(\overline{A}+B) &\text{"或与"表达式}\\&=\overline{\overline{AB}\cdot\overline{\overline{A}C}} &\text{"与非与非"表达式}\\&=\overline{\overline{A+C}+\overline{\overline{A}+B}} &\text{"或非或非"表达式}\\&=\overline{A\overline{B}+\overline{A}\overline{C}} &\text{"与或非"表达式}\end{aligned}$$

即使对同一类型来说,函数的表达式也不是唯一的,如上例的"与或"表达式:

$$\begin{aligned}F&=AB+\overline{A}C=AB+\overline{A}C+BC\\&=ABC+AB\overline{C}+\overline{A}BC+\overline{A}\overline{B}C\\&=\cdots\end{aligned}$$

由于表达式的繁简不同,实现它们的逻辑电路(下一章将具体介绍)也不相同。那么,到底是用什么样的表达式才能使实现它们的逻辑电路最简呢?一般地说,如果表达式比较简单,那么实现它们的逻辑电路所用的元件也就比较少,设备也就比较简单。

为了得到较简单的逻辑表达式,就需对给定的逻辑函数进行化简。常用的化简方法有代数法、图解法和列表法。本书主要介绍代数法和图解法(即卡诺图法)。对列表法有兴趣的读者可查阅有关文献。

代数化简法也叫公式化简法,它是运用逻辑代数的基本公式对逻辑表达式进行化简,使用这种方法。要求熟练地掌握和运用前面已经介绍的有关定理和公式。下面先介绍如何将一个"与或"表达式化为最简的"与或"表达式。由于逻辑函数的对偶性。也就不难化简"或与"表达式。

1. "与或"表达式的化简

所谓最简的"与或"表达式,通常是指:

(1) 表达式中的乘积项(与项)个数最少;

(2) 在满足(1)的条件下,每个乘积项中变量个数最少。

例如,前面例子给出的不同形式的"与或"表达式中,$F=AB+\overline{A}C$ 为最简。下面通过具体例子说明这种类型的逻辑表达式的化简方法。

例 5.33
$$\begin{aligned}F&=AB+\overline{B}C+\overline{A}C\\&=AB+(\overline{A}+\overline{B})C &\text{[由分配律]}\\&=AB+\overline{AB}C &\text{[由反演律]}\\&=AB+C &\text{[由吸收律]}\end{aligned}$$

例 5.34
$$\begin{aligned}F&=AB+\overline{A}\overline{B}+A\overline{B}CD+\overline{A}BCD\\&=AB+\overline{A}\overline{B}+(A\overline{B}+\overline{A}B)\cdot CD &\text{[由分配律]}\\&=AB+\overline{A}\overline{B}+\overline{\overline{A\overline{B}}\cdot\overline{\overline{A}B}}\cdot CD &\text{[由反演律]}\\&=AB+\overline{A}\overline{B}+\overline{(\overline{A}+B)\cdot(A+\overline{B})}\cdot CD &\text{[由反演律]}\\&=AB+\overline{A}\overline{B}+\overline{AB+\overline{A}\overline{B}}\cdot CD &\text{[由分配律]}\\&=AB+\overline{A}\overline{B}+CD &\text{[由吸收律]}\end{aligned}$$

本例也可用下述方法化简
$$\begin{aligned}F&=AB+\overline{A}\overline{B}+A\overline{B}CD+\overline{A}BCD\\&=A(B+\overline{B}CD)+\overline{A}(\overline{B}+BCD) &\text{[由分配律]}\\&=A(B+CD)+\overline{A}(\overline{B}+CD) &\text{[由吸收律]}\\&=AB+ACD+\overline{A}\overline{B}+\overline{A}CD &\text{[由分配律]}\\&=AB+\overline{A}\overline{B}+CD(A+\overline{A}) &\text{[由分配律]}\\&=AB+\overline{A}\overline{B}+CD\end{aligned}$$

可见,化简的方法并非唯一,可灵活运用已掌握的公式。

例 5.35
$$\begin{aligned}F&=AC+\overline{C}D+ADE\\&=AC+\overline{C}D &\text{[由包含律的推论]}\end{aligned}$$

例 5.36
$$\begin{aligned}F&=A\overline{B}+BD+\overline{A}D+DC\\&=A\overline{B}+D(B+\overline{A})+DC &\text{[由分配律]}\\&=A\overline{B}+\overline{\overline{A}\overline{B}}\cdot D+DC &\text{[由反演律]}\\&=A\overline{B}+D+DC &\text{[由吸收律]}\\&=A\overline{B}+D(1+C) &\text{[由分配律]}\\&=A\overline{B}+D\end{aligned}$$

2. "或与"表达式的化简

通过逻辑变量的逻辑加运算构成"或"项,再通过"或"项的逻辑乘运算即可构成"或与"表达式。例如:$F=(A+C)(A+\overline{B})$ 就是由"或"项$(A+C)$和$(A+$

$\overline{B}$)进行逻辑乘而构成的"或与"表达式。

和最简的"与或"表达式相对应,一个"或与"表达式是否为最简,可由下述两条标准来衡量:

(1) 表达式中的"或项"最少;

(2) 在满足(1)的条件下,每个"或"项的变量个数最少。

也就是说,在化简"或与"表达式时,尽量减少"或"项的数目以及每个"或"项中变量的个数。

可以用两种方法对"或与"表达式进行化简。一种方法是直接运用前面成对给出的基本公式中的"或与"形式的公式。

例 5.37 $F=A(A+B)(\overline{A}+D)(\overline{B}+D)(A+C)$
$\qquad =A(\overline{A}+D)(\overline{B}+D)$ 　　　　　[由(5-14)′式]
$\qquad =AD(\overline{B}+D)$ 　　　　　　　　[由(5-15)′式]
$\qquad =AD$ 　　　　　　　　　　　　[由(5-14)′式]

另一种方法是二次对偶法。即,若原函数 F 是"或与"表达式,则它的对偶式 F' 必然是"与或"表达式,对 F' 使用我们较熟悉的"与或"形式的公式进行化简,化简后再求 F' 的对偶式$(F')'$,即得 F 的最简"或与"表达式。

例 5.38 $F=(A+B)(\overline{A}+C)(B+C)(A+C)$

先求 F 的对偶式并进行化简:
$\qquad F'=AB+\overline{A}C+BC+AC$
$\qquad\quad =AB+\overline{A}C+AC$ 　　　　　　[由包含律]
$\qquad\quad =AB+C(\overline{A}+A)$ 　　　　　　[由分配律]
$\qquad\quad =AB+C$

再求 F' 的对偶式,即可得 F 的最简"或与"表达式:
$\qquad (F')'=F=(A+B)\cdot C$

代数化简法要求灵活运用逻辑代数的基本定律和公式。它的优点是,在某些情况下用起来很简便,特别是当变量较多时这一点体现得更加明显。例如:

$A+A\overline{B}C\overline{D}E=A;\quad AC+\overline{A}CDE+BCDEFG=AC+\overline{A}CDE=AC+CDE$

它的缺点是:没有明确的、规律化的化简步骤,随着每个人对基本公式的熟练程度不同,化简的步骤和过程也不一样。因此,不便于通过计算机自动化地实现逻辑函数的化简。

另外,利用代数化简法有时不易判断化简结果是否最简,所以代数化简法有一定的局限性。但是它对于熟悉逻辑代数的基本原理和常用公式以及在实际的逻辑电路设计工作中还是很有用处的。

本 章 小 结

本章主要介绍了数字电路的有关基础知识,其中包括数制、编码以及逻辑代数的基本原理与应用等方面的内容。

1. 本章首先讨论了进位计数制的概念,并分别介绍了在数字系统与计算机领域中常用的二进制、八进制和十六进制表示形式及特点。

2. 常用的不同进位制数之间转换的方法有两种,即多项式替代法和基数乘除法。用多项式替代法可以方便地实现二进制数到十进制数的转换。十进制数到二进制数的转换可采用基数乘除法,即"乘基取整"和"除基取余"的方法。

3. 原码、补码和反码均是计算机能识别的机器数。机器数与真值不同,它是一个数(连同符号)在计算机中加以数码化后的表示形式。正数的原码、补码及反码的表示形式相同。负数的原码、补码及反码各有不同的定义,它们的表示形式不同,相互之间可按特定的规律进行转换。零在补码中的表示是唯一的,而零在原码和反码中都有两种不同的表示形式。

4. 移码是把真值映射到一个正数域,因此移码的大小可以直观地反映真值的大小。无论是正数还是负数,用移码表示后,可以按无符号数比较大小。在移码中符号位为 0 表示真值为负数,符号位为 1 表示真值为正数。真值 0 在移码中的表示是唯一的。浮点数的阶码,通常采用移码表示法。

5. BCD 码是用二进制的编码形式来表示十进制数,BCD 码又可分为有权码和无权码两种类型。有权码的每位二进制代码都有固定的权值,因此有权码可以写出按权展开式;无权码的每位代码无权值的大小,它是按某种特定的规则进行编码,因此无权码写不出按权展开式。

6. 逻辑代数是一种二值代数系统。在这种代数系统中,变量只有 0 和 1 两种取值可能,变量之间的基本运算有三种,即"或"运算,"与"运算和"非"运算。我们用真值表的形式分别给出了这三种运算的基本规则。

7. 逻辑代数有一组基本定律、公式和三个重要规则,熟练地应用它们进行逻辑等式的证明以及逻辑函数式的化简、变换等,是学习后续章节内容的必备基础。

习 题 5

5.1 什么叫进位计数制中的基数与权值?

5.2 分别说明二进制、八进制与十六进制的特点。

5.3 用二进制运算规则计算下列各式:

(1) 101111＋11011　　(2) 1000－101

(3) 1010×101　　　　　　　　(4) 10101001÷1101

5.4　将下列二进制数转换成十进制数：

$(1100)_2$　$(10101101)_2$　$(11111111)_2$　$(1010.0101)_2$

5.5　将下列十进制数转换成二进制数：

75，98，64，128，4095，32.3125

5.6　指出机器数与真值的区别，并分别说明正数与负数的原码、补码和反码表示的特点。

5.7　写出下列二进制数的原码、补码和反码表示形式：

0.1001011　−0.1011010　+1100110　−1100110

5.8　什么叫BCD码？什么是有权码和无权码？为什么说格雷码是一种无权码？

5.9　完成下列转换：

(1) $(375.236)_8 = ($　　　$)_2 = ($　　　$)_{16}$

(2) $(13.5)_{10} = ($　　　$)_{8421} = ($　　　$)_2$

(3) $(11001.1)_2 = ($　　　$)_{10} = ($　　　$)_{8421}$

(4) $(1001.0101)_{8421} = ($　　　$)_{10} = ($　　　$)_2$

(5) $(0101.0011)_{8421} = ($　　　$)_{余3码} = ($　　　$)_{2421}$

5.10　逻辑代数与普通代数有哪些主要区别？

5.11　什么叫真值表？试写出两个变量进行"与"运算、"或"运算及"非"运算的真值表。

5.12　列出下列逻辑函数的真值表，说明各题中 F_1 和 F_2 有何关系。

(1) $\begin{cases} F_1 = ABC + \overline{A}\overline{B}\overline{C} \\ F_2 = \overline{A}\overline{B} + B\overline{C} + C\overline{A} \end{cases}$

(2) $\begin{cases} F_1 = A\overline{B} + B\overline{C} + C\overline{A} \\ F_2 = \overline{A}B + \overline{B}C + \overline{C}A \end{cases}$

5.13　对下列逻辑函数表达式，指出当 A、B、C 为哪些取值组合时，F 的值为 1？

(1) $F = AB + \overline{A}C$　　　　　(2) $F = (A + \overline{B})(A + \overline{C})$

(3) $F = \overline{AB + B\overline{C}}(A + B)$

5.14　写出下列表达式的对偶式：

(1) $f = (A + B)(\overline{A} + C)(C + DE) + F$

(2) $f = \overline{A\,\overline{\overline{BC}}(\overline{A} + C)}$

5.15　利用反演规则求下列函数的反函数：

(1) $f = (A + \overline{B} + \overline{C})(\overline{A} + B + C)$

(2) $f = A\bar{B} + \bar{B}C + C(\bar{A} + D)$

5.16 利用逻辑代数的基本定理和公式证明下列等式：

(1) $AB + \bar{A}C + \bar{B}C = AB + C$

(2) $A\bar{B} + BD + \bar{A}D + DC = A\bar{B} + D$

(3) $BC + D + \bar{D}(\bar{B} + \bar{C})(AD + B) = B + D$

(4) $ABC + \bar{A}\bar{B}\bar{C} = \overline{A\bar{B} + B\bar{C} + C\bar{A}}$

(5) $A\bar{B} + B\bar{C} + C\bar{A} = \bar{A}B + \bar{B}C + \bar{C}A$

(6) $AB + BC + CA = (A+B)(B+C)(C+A)$

5.17 用公式法将下列函数化简为最简的"与或"表达式：

(1) $F = \bar{A}\bar{B}C + \bar{A}BC + ABC + AB\bar{C}$

(2) $F = A\bar{B} + B + BCD$

(3) $F = \bar{A}B + \bar{A}C + \bar{B}\bar{C} + AD$

(4) $F = \bar{A}\bar{B} + \bar{A}\bar{C}D + AC + B\bar{C}$

(5) $F = A(B+\bar{C}) + \bar{A}(\bar{B}+C) + BCD + \bar{B}\bar{C}D$

第 6 章 逻辑门电路

在数字电路中,所谓逻辑门电路就是实现一些基本逻辑运算的电路。最基本的逻辑运算可以归结成"与"、"或"、"非"三种,所以最基本的逻辑门电路就是"与"门、"或"门和"非"门。

本章将具体介绍几种基本的逻辑门电路,同时也介绍其他类型的一些门电路,如集电极开路门、三态门等。

6.1 分立元件的门电路

对于数字电路的初学者来说,从分立元件的角度来认识门电路到底怎样实现"与"、"或"、"非"的逻辑功能和工作原理,是非常直观和易于理解的。因此,我们对分立元件的逻辑门电路作简要介绍。

6.1.1 二极管"与"门

二极管"与"门电路原理图如图 6.1 所示。图中 A、B 代表"与"门的输入,F 代表输出。如果约定+5V 电压代表逻辑值 1,0V 电压代表逻辑值 0,并且假定二极管的正向导通电阻为 0,反向截止电阻无限大,那么图 6.1 所示电路的输入输出关系可如表 6-1 所示。

图 6.1 二极管"与"门电路

图 6.2 "与"门图形符号

表 6-1 二极管"与"门电路的输入输出关系

A		B		F	
电压(V)	逻辑值	电压(V)	逻辑值	电压(V)	逻辑值
0	0	0	0	0	0
0	0	+5	1	0	0
+5	1	0	0	0	0
+5	1	+5	1	+5	1

由表 6-1 可见,该电路实现"与"的逻辑功能,故称"与"门电路。其图形符号如图 6.2 所示。

"与"门电路的输出 F 和输入 A、B 之间的逻辑关系表达式为
$$F = A \cdot B$$

6.1.2 二极管"或"门

二极管"或"门电路原理图如图 6.3 所示。

图 6.3 二极管"或"门电路

图 6.4 "或"门图形符号

二极管"或"门电路的输入 A、B 和输出 F 的关系如表 6-2 所示。

表 6-2 二极管"或"门电路的输入输出关系

A		B		F	
电压(V)	逻辑值	电压(V)	逻辑值	电压(V)	逻辑值
0	0	0	0	0	0
0	0	+5	1	+5	1
+5	1	0	0	+5	1
+5	1	+5	1	+5	1

由表 6-2 可见,该电路实现"或"的逻辑功能,故称"或"门电路,其图形符号如图 6.4 所示。

"或"门电路的输出 F 和输入 A、B 之间的逻辑关系表达式为
$$F = A + B$$

6.1.3 "非"门

"非"门也叫反门,或叫反相器。它的电路原理图如图 6.5 所示。

假定三极管导通时其集电极输出电压为 0V,三极管截止时其集电极输出电压为 +5V,那么图 6.5 所示电路的输入、输出关系如表 6-3 所示。

表 6-3 "非"门电路的输入输出关系

A		F	
电压(V)	逻辑值	电压(V)	逻辑值
0	0	+5	1
+5	1	0	0

由表 6-3 可见,输出 F 是输入 A 的反,故称反门,即 $F=\overline{A}$。"非"门的图形符号如图 6.6 所示。

图 6.5 "非"门电路

图 6.6 "非"门图形符号

6.1.4 "与非"门

把前面的二极管"与"门的输出接至"非"门的输入,就组成分立元件的"与非"门电路,如图 6.7 所示。

图 6.7 所示电路的输入输出关系如表 6-4 所示。

表 6-4 "与非"门电路的输入输出关系

A		B		F	
电压(V)	逻辑值	电压(V)	逻辑值	电压(V)	逻辑值
0	0	0	0	+5	1
0	0	+5	1	+5	1
+5	1	0	0	+5	1
+5	1	+5	1	0	0

由表 6-4 可见,"与非"门的输入输出逻辑关系表达式为

$$F=\overline{A \cdot B}$$

"与非"门的图形符号如图 6.8 所示。

图 6.7 "与非"门电路　　　　　图 6.8 "与非"门图形符号

6.2 集成门电路

上面介绍了用分立元件组成的"与"门、"或"门、"非"门和"与非"门电路。如果把一个电路所需要的全部元件和连线都制造在同一块半导体芯片上,再把这一芯片封装在一个壳体中,就构成了集成门电路,一般称之为集成电路(Integrated Circuit,IC),如图 6.9 所示。集成电路比分立元件电路有许多显著的优点,如体积小、耗电省、重量轻、可靠性高等。所以集成电路一经出现,就受到人们的极大重视并迅速得到广泛应用。

图 6.9 集成电路

根据在一块芯片上含有的门电路数量的多少(又称集成度),集成电路可分为小规模集成电路 SSI、中规模集成电路 MSI、大规模集成电路 LSI 和超大规模集成电路 VLSI。虽然这几种集成电路中所含门电路的数量并无严格的规定,但大体上可划分如下:

小规模集成电路 SSI—10 个门电路以下;
中规模集成电路 MSI—10~100 个门电路;
大规模集成电路 LSI—100~几千个门电路;
超大规模集成电路 VLSI—几千~几十万个门电路。

目前,构成集成电路的半导体器件主要有两大类:一类是利用半导体中两种载流子(电子和空穴)参与导电的双极型器件。另一类是只利用半导体中一种载流子(多数载流子)参与导电的单极型器件。

TTL 集成电路是双极型集成电路的典型代表,TTL 是晶体管-晶体管逻辑电路(Transistor-Transistor Logic)的缩写。下面首先介绍几种常用的 TTL 集成门电路。然后再简单介绍一下发射极耦合逻辑电路(ECL)的特点。

6.2.1 TTL"与非"门

图 6.10 是一个典型的 TTL"与非"门电路原理图。

图 6.10 TTL"与非"门电路

这里并不讨论该电路的内部工作原理和工作过程,而只是扼要地说明它的基本组成部分及其作用,以便对它有个感性的认识和了解。我们的主要目的是熟悉它的逻辑特性。后边将介绍逻辑门电路的几个重要的性能指标,为在逻辑设计时正确使用门电路提供一些必要的基础知识。

图 6.10 所示电路大体上由三部分组成。第一部分,是由多发射极晶体管 T_1 所构成的输入"与"逻辑;第二部分,是由 T_2 组成的分相放大器,T_2 的集电极上输出反相信号给 T_3,发射极上输出同相信号给 T_5;第三部分,是由 T_3、T_4、T_5 构成的推拉式输出电路,用以增加该"与非"门电路的输出负载能力和抗干扰能力。下面分析该电路的输入输出逻辑特性。

TTL"与非"门的输入输出关系如表 6-5 所示。

表 6-5 TTL"与非"门的输入输出关系表

A		B		C		F	
电平	逻辑值	电平	逻辑值	电平	逻辑值	电平	逻辑值
低	0	低	0	低	0	高	1
低	0	低	0	高	1	高	1
低	0	高	1	低	0	高	1
低	0	高	1	高	1	高	1
高	1	低	0	低	0	高	1
高	1	低	0	高	1	高	1
高	1	高	1	低	0	高	1
高	1	高	1	高	1	低	0

在表 6-5 中,用逻辑值 1 代表高电平,用逻辑值 0 代表低电平,称为正逻辑;反之,如果用逻辑值 0 代表高电平,用逻辑值 1 代表低电平,则为负逻辑。

在负逻辑的情况下,图 6.10 所示电路的输入输出关系如表 6-6 所示。

表 6-6　负逻辑情况下的输入输出关系表

A	B	C	F
1	1	1	0
1	1	0	0
1	0	1	0
1	0	0	0
0	1	1	0
0	1	0	0
0	0	1	0
0	0	0	1

由此可以看出,在正逻辑和负逻辑的不同情况下,同一个图 6.10 所示 TTL 电路的逻辑功能是不相同的。

正逻辑:为"与非"门,其逻辑表达式是 $F=\overline{A \cdot B \cdot C}$;

负逻辑:为"或非"门,其逻辑表达式是 $F=\overline{A+B+C}$。

一般地说,同一个 TTL 门电路,在正逻辑情况下如果是"与"门,则在负逻辑情况下,它为"或"门;反之,如果在正逻辑情况下它是"或"门,则在负逻辑情况下,它为"与"门。

习惯上,常采用正逻辑,即 1 代表高电平,0 代表低电平。在后续章节中,也均采用正逻辑。

6.2.2　TTL 门电路的其他类型

在实际的数字系统中,需要实现的逻辑功能往往是多种多样的。因此,在 TTL 门电路的系列产品中,除了前面介绍的"与非"门以外,还有其他几种类型的 TTL 门电路,如"或非"门、"与或非"门、"异或"门、集电极开路门、三态门等。下面,选择其中几种常用的类型作一简单介绍。

1. 扩展器和"与或非"门

(1) "与"扩展器

在实际使用中,有时会遇到"与非"门的输入端数少于输入变量个数的情况,例如要实现逻辑函数 $P=\overline{ABCDEF}$,现只有三个输入端的"与非"门,则需如图 6.11 那样用较多的门电路来实现。

这种实现方法,所用"与非"门的数量较多,信号通过的级数也较多。怎样解决呢? 当然可再找多输入端的"与非"门来实现。如没有,则可通过在"与非"门上加"与"扩展器的方法来解决。"与"扩展器的电路很简单,是一只多发射极的三极管,如图 6.12 所示。

图 6.11　6 输入"与非"逻辑的实现

图 6.12　"与"扩展器

使用时,只需将此多发射极管的基极 b 与集电极 c 和"与非"门的 T_1 管的基极和集电极并联相接,就相当于增加了"与非"门的输入端。当然这个"与非"门也必须是能带"与"扩展器的"与非"门,即需有 T_1 管基极和集电极的相应引出线。在有些产品手册上也标明某种"与非"门能否带"与"扩展器。

(2)"或"扩展器和"与或非"门

若只用"与非"门来实现逻辑函数 $P = \overline{AB+CD}$,则需像图 6.13 所示那样来实现。

这种实现方法,所用门的个数较多,级数也多。也可用增加"或"扩展器的办法实现。"或"

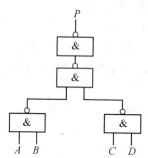

图 6.13　"与或非"逻辑的实现

扩展器的具体电路如图 6.14 所示。使用时,将其输出端 c、e 分别和"与非"门电路 T_2 管的集电极和发射极相接,这样就使原来的"与非"门变成了"与或非"门,"与或非"门的图形符号如图 6.15 所示。其输出 F 的逻辑表达式为

$$F = \overline{AB+CD}$$

图 6.14　"或"扩展器

图 6.15　"与或非"门的图形符号

2. "异或"门

"异或"门(Exclusive OR gate)用以实现两个逻辑变量的"异或"运算,其输出表达式为

$$F=A\bar{B}+\bar{A}B=A\oplus B$$

式中的"$\oplus$"就是在第 5 章中曾介绍过的"异或"运算符号,也称"模 2 加"。

根据"异或"运算规则,容易列出"异或"门的真值表,如表 6-7 所示。

表 6-7　"异或"门真值表

A	B	$F=A\oplus B$
0	0	0
0	1	1
1	0	1
1	1	0

由真值表容易看出,对于 $F=A\oplus B$ 来说,仅当 A、B 两个输入变量相异($A=0,B=1$ 或 $A=1,B=0$)时,才有输出 $F=1$。这就是"异或"的逻辑含意。

"异或"门的图形符号如 6.16 所示。

在数字系统中,常用"异或"门来作代码是否相同的比较,也可用在奇偶校验电路以及后面将要介绍的全加器电路中。

与"异或"逻辑相对应,还有一种所谓"同或"逻辑,其表达式为:

$$F=AB+\bar{A}\bar{B}=A\odot B$$

式中"$\odot$"为"同或"运算符号。该式的真值表如表 6-8 所示。

图 6.16　"异或"门的图形符号

表 6-8　"同或"运算真值表

A	B	$F=A\odot B$
0	0	1
0	1	0
1	0	0
1	1	1

从真值表不难看出,对于 $F=A\odot B$ 来说,仅当 A、B 两个输入变量相同($A=0,B=0$ 或 $A=1,B=1$)时,才有输出 $F=1$;否则,输出 $F=0$。

另外,容易证明:

$$AB+\bar{A}\bar{B}=\overline{\bar{A}B+A\bar{B}}$$

即

$$A\odot B=\overline{A\oplus B}$$

所以,也称"同或"为"异或非"

3. 集电极开路门

在TTL门电路的使用中有一个禁忌,即普通TTL门电路的输出端不能并联相接,即不能把两个或两个以上这样的门电路的输出端相接在一起。这是因为,这样做不仅从逻辑功能上不能明确并联相接后输出端的逻辑含义,而且从电路特性方面来说也是不允许的,因为由此会造成门电路器件的损坏。所以,对于普通的TTL门电路输出端的并联在任何时候都是禁止的,这是在门电路的逻辑设计和使用中应该遵守的一条规则。

但是,对于图6.10所示的TTL"与非"门电路,如果将其输出端加以特殊处理,使输出管T_5的集电极开路,即变成了集电极开路门,如图6.17所示。如果再通过外接负载电阻R_L使开路的集电极与+5V电源接通,并让两个或两个以上这样的门电路的输出端并联相接,就能使输出F有确定的逻辑含义。图6.18表示了这样并联相接后的逻辑电路图,图中在普通"与非"门的图形符号角上打一斜杠表示为集电极开路门。

图6.17 集电极开路门

图6.18 集电极开路门输出并联相接

对于图6.18所示的连接方式,常常有两种名称,一种是根据当两个集电极开路门的输出均为高时,则总输出F就为高,这体现了"与"的逻辑关系,因此称之为"线与"(wired AND),即用线连接成"与";另一种是根据当两个开路门中只要有一个输出为低,则总输出F就为低,这又体现了"或"的逻辑关系,所以称之为"线或"(wired OR),即用线连接成"或"。实际上,前者是从正逻辑的角度而后者是从负逻辑的角度来看待这同一种连接关系。而在前面已经介绍过,正逻辑情况下的"与",就是负逻辑情况下的"或"。所以两种名称叫法的逻辑实质是相同的。然而在后续章节中将会看到,当集电极开路门用在总线传输电路中时,称它的输出连接为"线或"更为贴切。

图6.18所示电路的输出函数表达式为

$$F = \overline{AB} \cdot \overline{CD} = \overline{AB+CD}$$

由于集电极开路门本身所具有的特点,常被应用在一些专门的场合,如数据传输总线、电平转换及对电感性元件的驱动等,在此不再做具体介绍。

4. 三态门

现代计算机多在各功能部件(例如 CPU、存储器、I/O 接口电路等)之间设置公共信号总线(bus)来传送信息。为了使信息传送不产生混乱,对总线必须采用分时使用技术,即对不同的接收和发送部件(也称目的设备和源设备)分时地传送不同的信息。采用这种总线结构,往往需把各功能部件的输出端在一定的控制条件下与总线隔离开。这就是通过采用称为三态门的器件来实现的。

三态门与普通的门电路不同。普通门电路的输出只有两种状态,要么高电平(即逻辑 1),要么低电平(即逻辑 0)。而三态门的输出有三种可能状态,它们是:(1) 高电平(逻辑 1);(2) 低电平(逻辑 0);(3) 高阻状态(也称浮空状态)。第三种状态,是使原来的 TTL 门电路(见图 6.10)的 T_3、T_4 和 T_5 管均处于截止状态,从而使输出端呈现出极高的电阻,我们称这种状态为高阻状态。此时的输出端就好象一根空头的导线,其电压值可浮动在 0V 到 5V 的任意数值上。

为使 TTL 电路能够转入高阻状态,还需要增加一些专门的电路措施和一个新的控制端,称为 E/D(enable/disable)端,通过 1/0 逻辑电平来控制,如图 6.19 所示。

当 E/D=1 时,该门电路像普通 TTL"与非"门一样正常工作。当 E/D=0 时,输出处于高阻态。

还有的在控制端上加一个小圆圈,表示 E/D 端的控制作用与图 6.19 所示的相反,即当 E/D=0 时,该门相当于普通 TTL"与非"门一样正常工作;当 E/D=1 时,输出处于高阻态,如图 6.20 所示。

图 6.19 三态门　　　　　图 6.20 另一种 E/D 控制的三态门

当三态门输出端处于高阻状态时,该门电路表面上仍与整个电路系统相接,但实际上对整个系统的逻辑功能和电气特性均不发生任何影响,如同没把它接入系统一样。

利用三态门的上述特性可实现不同设备与总线的连接控制,如图 6.21 所示。由图可见,只要使其中的某一个控制信号为 1,即可实现相应的设备与总线相连。当然在某一时刻内,只能使一个控制信号为 1;否则,总线上的信号将发生混乱。

图 6.21 利用三态门实现不同设备与总线的连接

另外,三态门也可方便地应用于双向信息传输的控制上,如图 6.22 所示。

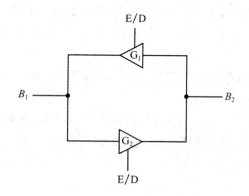

图 6.22 利用三态门实现双向传输控制

当希望 $B_2 \rightarrow B_1$ 时,只要使:
$\begin{cases} G_1 \text{ 有效(正常工作),令它的 E/D}=1; \\ G_2 \text{ 高阻态(第三态),令它的 E/D}=0. \end{cases}$
当希望 $B_1 \rightarrow B_2$ 时,只要使:
$\begin{cases} G_1 \text{ 高阻态(第三态),使其 E/D}=0; \\ G_2 \text{ 有效(正常工作),使其 E/D}=1. \end{cases}$

一个由三态门控制的具有双向 I/O(输入/输出)功能的数码寄存器电路如图 6.23 所示。由图可见,当"允许输入"信号为 1 时,数据将被送入数码寄存器;当"允许输出"信号为 1 时,数据将由数码寄存器送出。同样,"允许输入"信号和"允许输出"信号不能同时为 1。

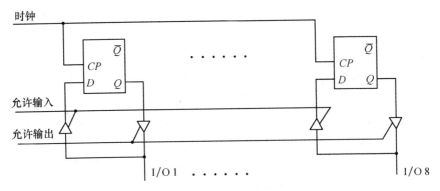

图 6.23 具有双向 I/O 功能的数码寄存器电路

6.2.3 ECL 门电路

前面讨论过的 TTL 门电路,它的两种逻辑电平是以晶体管的截止和饱和的两种状态来表示的。这种类型的逻辑电路可靠性高、抗干扰能力较强,缺点是晶体管进入饱和和退出饱和所产生的存储延迟严重地影响了电路速度的提高。

为了进一步提高门电路的工作速度,缩短平均时延,人们又研制了另一类使晶体管器件根本不进入饱和状态的逻辑电路,叫作发射极耦合逻辑电路(emitter coupled logic,简称 ECL 电路)。ECL 电路仍属于双极型半导体器件。

ECL 电路中的晶体管只工作在放大态和截止态,不进入饱和态,所以它的突出优点是速度快。它的缺点是功耗较大,又由于晶体管工作于放大态时容易把输入的干扰信号也相应放大,因而电路的抗干扰能力降低了。

ECL 电路一般应用于主要目标是高速度,对功率消耗不作为主要考虑且抗干扰措施比较好的场合。某些高速大型计算机采用 ECL 逻辑电路。

6.3 MOS 电路

在半导体集成电路中,除了采用前面介绍的双极型晶体管外,还有另外一类只利用半导体中多数载流子参与导电的单极型晶体管,即所谓场效应管(Field Effect Transistor—FET)。场效应管分为结型场效应管和绝缘栅型场效应管两种类型,尤其是其中的绝缘栅型场效应管,它的结构是在半导体的沟道上覆以一层氧化物的绝缘层,再蒸发一层金属电极作为控制栅,称为金属—氧化物—半导体(Metal-Oxide-Semiconductor)晶体管,简称 MOS 管。MOS 管也是一种三端器件,三个电极分别称为栅极(G)、源极(S)、漏极(D),如图 6.24 所示。MOS 管的三个电极 G、S、D 分别和双极型晶体管的基极(b)、发射极(e)、集电极(c)相当,所不同的是,MOS 管是电压型控制器件,而双极型晶体管是电流型控制器件。所谓电压型控制器件是指通过栅极所加电压来控制 MOS 管的导通和截止。

MOS 管按其沟道中载流子性质可分为 P 沟道(P-channel)MOS 管和 N 沟道(N-channel)MOS 管两类,简称 PMOS 和 NMOS。以空穴为载流子的 MOS 管称为 P 沟道 MOS 管,以电子为载流子的 MOS 管称为 N 沟道 MOS 管。此外,还有把 P 沟道 MOS 管和 N 沟道 MOS 管同时制造在一块晶片上的所谓互补器件,称为 CMOS 电路。

以 MOS 管作为开关元件的门电路叫做 MOS 门电路。同双极型的 TTL 集成逻辑门电路一样,MOS 器件也有各种各样的集成逻辑门电路,如"与"门、"或"门、"非"门、"与非"门、"或非"门、"与或非"门以及三态门等。就逻辑功能而言,它们与 TTL 门电路并无区别。

MOS 电路的最基本逻辑单元是反相器("非"门)。由 MOS 管构成的反相器电路如图 6.25 所示。

图 6.24 MOS 三极管   图 6.25 MOS 管反相器

需要说明的是,该反相器的漏极负载不是像双极型三极管反相器那样用电阻作负载,而是用一只 MOS 管作负载,称其为负载管。因为 MOS 电路中要在半导体晶片上制造一个 MOS 管要比制造一个电阻容易,而且所占的面积要小得多。

MOS 电路的一个突出优点是功耗低。由于 MOS 管的栅极和源极、漏极之间并不存在直接通路,所以器件的输入阻抗极高。即使考虑到实际存在的约 $10^{12} \sim 10^{15}\ \Omega$ 的泄漏通路,但当栅极电压为 10V 时,其泄漏电流仅为 $10\text{V}/10^{15}\ \Omega = 10^{-14}\ \text{A}$,输入功率为 $10^{-14}\ \text{A} \times 10\text{V} = 10^{-13}\ \text{W}$。也就是说,MOS 管几乎在不消耗输入功率的情况下,能够维持工作。

MOS 电路的另一个优点是尺寸小,在相当于一只双极型晶体管所占的面积上能制作 50 只 MOS 管。因此,有可能将功能非常复杂的逻辑电路制作在很小的面积上。

MOS 电路的主要缺点是工作速度较低。早期的 MOS 集成电路的工作速度比逻辑功能等效的双极型集成电路慢 10 到 100 倍,甚至更多。然而,MOS 集成电路能在兆赫级的速率下工作,这对许多应用已经足够了。近年来在提高 MOS 电路工作速度方面,也已取得了很大进展。特别是在 CMOS 电路中,由于采用 N 沟 MOS 管与 P 沟 MOS 管互补式电路,其速度有显著的提高。现在生产的高速 CMOS 电路,其工作速度已可和 TTL 媲美。

6.4 逻辑门电路的性能指标

在这里,仅从使用的角度介绍逻辑门电路的几个外部特性参数(以 TTL 电路为例),目的是希望对逻辑门电路的性能指标有一个概括性的认识,至于每种逻辑门的实际参数,可在具体运用时查阅有关的产品手册和说明。

6.4.1 输出高电平(V_{OH})和输出低电平(V_{OL})

TTL"与非"门的输出高电平 V_{OH} 是指当输入端有一个(或几个)接低电平时,门电路的输出电平。其典型值为 3.6V,指标为 $V_{OH} \geqslant 3V$。

TTL"与非"门的输出低电平 V_{OL} 是指在额定负载下,输入全为高电平时的输出电平。V_{OL} 的指标为 $V_{OL} \leqslant 0.35V$。

6.4.2 关门电平(V_{OFF})、开门电平(V_{ON})和阈值电平(V_T)

通过实验可以测出,一个门电路的输出电平随着输入电平的变化而变化,并且反映出一定的对应关系,我们把反映这种输入输出电平对应关系的函数曲线称为门电路的电压传输特性曲线。下面我们来看一下 TTL"非"门的电压传输特性曲线,如图 6.26 所示。

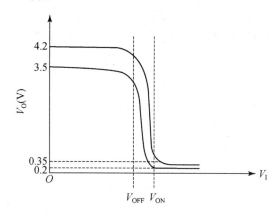

图 6.26 TTL"非"门电压传输特性曲线

从该曲线可以看到，当输入电平 V_I 由 0V 向高变动时，输出电平 V_O 在开始的一段基本保持高电平不变；而当 V_I 超过某一数值 V_{OFF} 后，V_O 就迅速下降达到低电平，并且当 V_I 由 V_{ON} 继续增加时，V_O 基本保持低电平不变。也就是说，只要输入电平在 V_{OFF} 以下就可以使输出保持在稳定的高电平，而只要输入电平在 V_{ON} 以上就可以使输出保持在稳定的低电平。

可见，这里的输入电平 V_{OFF} 和 V_{ON} 是使输出电平发生急剧变化的转折点。其中，V_{OFF} 称做关门电平，它是指在保证输出为额定高电平的 90% 条件下所允许的最大输入低电平值。V_{OFF} 的典型值为 0.8V（以 3V 为额定输出高电平），器件手册常给出 $V_{OFF} \geq 0.8V$。V_{ON} 称作开门电平，它是指在保证输出为额定低电平时所允许的最小输入高电平值。V_{ON} 的典型值为 1.8V，器件手册常给出 $V_{ON} \leq 1.8V$。

另外，从图 6.26 还可以看出，电压传输特性曲线的转折区所对应的输入电压，是输出为高电平还是低电平的分界线。因此，人们形象化地把这个电压叫做阈值电压或门槛电压，并用 V_T 表示。但是转折区所对应的输入电压，实际上有一定的范围。所以，通常把阈值电压 V_T 定义为转折区中间那一点所对应的输入电压值。TTL"与非"门 V_T 的典型值 $V_T = 1.4V$。阈值电压 V_T 是门电路的一个重要特性参数。在电路的分析计算中，常把它作为决定门电路工作状态的关键值。当 $V_I > V_T$ 时，就认为门电路饱和，输出为低电平；当 $V_I < V_T$ 时，就认为门电路截止，输出为高电平。

6.4.3 平均延迟时间

平均延迟时间（t_{pd}）是一个反映门电路工作速度的重要指标。

一个脉冲信号通过电子器件，其输出信号相对于输入信号总会有时间上的延迟，这是由器件本身的物理特性所决定的。以反相器为例，它的输入信号和输出信号时间关系如图 6.27 所示。其中 t_{dr} 为前沿延迟时间，t_{df} 为后沿延迟时间。通常取二者的平均值作为这种门电路的时间延迟指标，即平均延迟时间 t_{pd} 为

$$t_{pd} = \frac{t_{dr} + t_{df}}{2}$$

图 6.27 反相器的时延

6.4.4 扇入系数(N_i)和扇出系数(N_o)

扇入系数和扇出系数是反映门电路的输入端数目和输出驱动能力的指标。

扇入系数(N_i)：是指符合门电路各项规定参数的输入端数。

集成电路工艺的局限性通常使制造出来的某一类型的门电路有一个最大输入端个数的限制。也就是说，扇入系数是在门电路制造时已被决定。在使用时需要注意的是对多余输入端的处理，比如对"与非"门，应把空闲不用的输入端接为高电平，以防止各种干扰信号由它串入，从而保证整个逻辑系统工作的稳定可靠。

现在集成电路制造厂家根据逻辑设计者的需要，已生产出具有各种扇入系数的逻辑门，例如：二输入"与非"门，三输入"或非"门，五输入"与非"门等。这些门电路的扇入系数分别为2,3和5。

扇出系数(N_o)：是指一个门电路所能驱动的同类门的数目。

典型的扇出系数为8到10，如果要驱动更多的门，制造厂家也可提供比标准门电路能驱动更多门的所谓功率门。

6.4.5 空载导通电源电流(I_{CCL})和空载截止电源电流(I_{CCH})

空载导通电源电流I_{CCL}是指输入端全部悬空，"与非"门处于空载导通（T_5导通）状态时，电源供给的电流。而空载截止电源电流I_{CCH}则是在输入端接低电平，"与非"门处于空载截止（T_5截止）状态时，电源供给的电流。

根据I_{CCL}、I_{CCH}和V_{CC}的值，很容易求出空载导通功耗P_{on}和空载截止功耗P_{off}：

$$P_{on} = V_{CC} I_{CCL}$$
$$P_{off} = V_{CC} I_{CCH}$$

一般指标为

$$I_{CCL} \leqslant 10 \text{ mA} \quad P_{on} \leqslant 50 \text{ mW}$$
$$I_{CCH} \leqslant 5 \text{ mA} \quad P_{off} \leqslant 25 \text{ mW}$$

为了便于比较，现将几种不同器件系列（TTL、ECL、COMS）门电路的主要性能指标列于表6-9中。

表6-9 几种不同类型门电路的主要性能指标

器件系列 参数名称	TTL	ECL	CMOS
电源电压(V)	5	−5.2	3~10
输出高电平(V)	3~5	−0.95~−0.7	3~10

续表

器件系列 参数名称	TTL	ECL	CMOS
输出低电平(V)	0~0.4	-5.9~-5.6	0~0.5
延迟时间(ns)	5~10	1~2	25
扇出	10~20	25	50
功耗(mW)	2~10	25	0.1

6.5 常用逻辑门的图形符号

前面曾个别给出过一些逻辑门电路的图形符号,为了查阅方便,这里给出常用逻辑门的图形符号汇总图,如图 6.28 所示。

逻辑门	国外常见符号	常用符号	国家标准符号	逻辑表达式
非门				$F = \overline{A}$
与门				$F = A \cdot B$
或门				$F = A + B$
异或门				$F = A \oplus B$ $= \overline{A} \cdot B + A \cdot \overline{B}$
与非门				$F = \overline{A \cdot B}$
或非门				$F = \overline{A + B}$
与或非门				$F = \overline{AB + CD}$

图 6.28 常用逻辑门的图形符号

利用逻辑门的图形符号可以方便地画出具有确定功能的逻辑表达式的逻辑图。

例 6.1 已知有逻辑表达式 $F = \overline{\overline{A}B + A\overline{B}}$,并假定输入端只提供原变量 A、B,试用常用逻辑门图形符号画出逻辑图。

用两块"非"门和一块"与或非"门实现的逻辑图如图 6.29(a)所示。也可以用一块"与非"门和一块"与或非"门实现,如图 6.29(b)所示。

图 6.29 所示电路也叫"符合器"或"同比较器",它是指只要输入 A 和 B 相同(同为 1 或同为 0)输出 F 就为 1;否则,输出为 0。"同比较器"可用于判断两个二进制数是否相同的逻辑电路中。

图 6.29 利用逻辑门图形符号画逻辑图

例 6.2 画出用"与非"门实现 $F=A(B+C+D)$ 的逻辑图。

由于 $F=A(B+C+D)=AB+AC+AD=\overline{\overline{AB}\cdot\overline{AC}\cdot\overline{AD}}$,所以用"与非"门实现的逻辑图如图 6.30 所示。

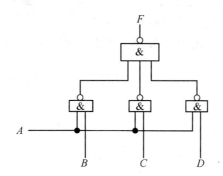

图 6.30 用"与非"门实现的逻辑图

本 章 小 结

本章专门介绍门电路。首先介绍了"与"门、"或"门和"非"门等几种基本逻辑门电路,然后介绍了集电极开路门、三态门等其它类型的一些门电路。

1. 构成集成电路的半导体器件主要有两大类,一类是双极型器件,另一类是单极型器件。TTL 集成电路是双极型器件的典型代表。

2. MOS 器件也有各式各样的集成门电路,如"与"门、"或"门、"非"门、"与非"门、"或非"门等。就逻辑功能而言,它们与 TTL 门电路并无区别。

3. 集电极开路门和三态门均属于有特殊功能的门电路,它们可应用于某些专门的场合。尤其是三态门,现已被广泛应用于数据传输总线的控制逻辑之中。

4. 门电路的性能参数很多,本章介绍了其中主要的几种。其中,平均传输延迟时间 t_{pd} 及阈值电平 V_T 等,在后续章节分析某些电路的工作原理时,还会具体用到。

习 题 6

6.1 什么叫逻辑门电路?什么叫正逻辑?什么叫负逻辑?

6.2 若"与非"门的输入为 A_1、A_2、A_3,当其中的任意一个输入电平确定之后,能否决定其输出电平?对于"或非"门,情况又将如何?

6.3 试说明集电极开路门及三态门的特点及主要用途。

6.4 ECL 门电路及 MOS 门电路的主要优缺点是什么?

6.5 试解释门电路的下列性能参数的含义:
(1) 输出高电平　　　(2) 输出低电平　　　(3) 阈值电平
(4) 平均延迟时间 t_{pd}　　(5) 扇出系数

6.6 画出"与"门、"或"门、"非"门、"与非"门、"或非"门、"异或"门、"与或非"门的图形符号并写出它们的输出表达式。

6.7 用公式法化简逻辑函数 $F = A\bar{B} + \bar{A}C + \bar{B}CD + BCE + BDE$,并画出用"与非"门实现的逻辑图。

第 7 章 组合逻辑电路

数字逻辑电路可以分为两种类型：一类是组合逻辑电路（combinational logic circuit），另一类是时序逻辑电路（sequential logic circuit）。

一个逻辑电路，如果它在任何时刻的输出仅仅是该时刻输入状态的函数，而与先前的输入状态无关，这样的逻辑电路称为组合逻辑电路。也就是说，所谓组合逻辑电路，是指电路在任何时刻产生的稳定输出信号，都仅仅取决于该时刻电路的输入信号，而与先前该电路的输入信号无关。

迄今为止，我们所讨论的逻辑电路都属于组合逻辑电路类型。

本章主要介绍组合逻辑电路的有关概念及其分析与设计方法。

7.1 几个基本概念

7.1.1 "积之和"与"和之积"

逻辑函数的"与或"表达式的形式，称为逻辑函数的"积之和"（sum of product）形式，也称 SP 型。例如：

$$f(x_1, x_2, x_3) = x_1 x_2 + x_1 x_3 + x_1 \bar{x}_2 x_3$$

$$f(A, B, C, D) = ABC + B\bar{C}D + CD + \bar{A}C\bar{D}$$

它们是"积之和"形式的逻辑函数表达式。

逻辑函数的"或与"表达式的形式，称为逻辑函数的"和之积"（product of sum）形式，也称 PS 型。例如：

$$f(u, v, w) = (u + v)(\bar{u} + w)(u + \bar{v} + w)$$

$$f(A, B, C, D) = (A + B + C)(\bar{B} + C + \bar{D})(A + \bar{D})$$

它们是"和之积"形式的逻辑函数表达式。

利用逻辑代数的基本公式，可以将任何一个逻辑函数化为"积之和"或"和之积"的形式。

7.1.2 最小项和最大项

1. 最小项（minterm）

设有 n 个变量，p 为一个含有 n 个因子的乘积项，如果在 p 中每个变量都以原变量或反变量的形式作为一个因子出现且仅出现一次，则称 p 为 n 个变量的一个最小项。

例如:对于三个逻辑变量 A、B、C 来说,有 $\overline{ABC}$,$\overline{AB}C$,$\overline{A}B\overline{C}$,$\overline{A}BC$,$A\overline{BC}$,$A\overline{B}C$,$AB\overline{C}$,$ABC$ 八个最小项。

一地说,对于 n 个变量,共有 2^n 个最小项。

为了简化最小项的书写,也可以用 m_i 表示最小项,并按下述规则确定 i 的值:

当乘积项中的变量按序($A,B,C,D,\cdots$)排好以后,如果变量以原变量形式出现时记为 1,以反变量形式出现时记作 0,并把这 1 和 0 序列构成的二进制数化成相应的十进制数,那么这个十进制数就是 i 的值。例如,与最小项 $\overline{ABC}$ 对应的二进制数码为"000",所以记 $\overline{ABC}=m_0$;与最小项 $A\overline{B}C$ 对应的二进制数码为"101",所以记 $A\overline{B}C=m_5$ 等。

2. 最小项的性质

为了说明最小项的性质,下面列出三个变量的全部最小项的真值表,如表 7-1 所示。

表 7-1 三个变量全部最小项的真值表

A	B	C	m_0	m_1	m_2	m_3	m_4	m_5	m_6	m_7
0	0	0	1	0	0	0	0	0	0	0
0	0	1	0	1	0	0	0	0	0	0
0	1	0	0	0	1	0	0	0	0	0
0	1	1	0	0	0	1	0	0	0	0
1	0	0	0	0	0	0	1	0	0	0
1	0	1	0	0	0	0	0	1	0	0
1	1	0	0	0	0	0	0	0	1	0
1	1	1	0	0	0	0	0	0	0	1

通过分析表 7-1,可以得出最小项有如下性质:

(1) 对于任意一个最小项,只有一组变量的取值使它的值为 1,而在变量取其他各组值时,该最小项的值都为 0;不同的最小项,使它的值为 1 的那一组变量的取值也不相同。

(2) n 个变量的全体最小项共有 2^n 个,而且它们的和为 1。

因为对于变量的任意一组取值都有一个最小项的值为 1,因此,全体最小项之和恒为 1。

(3) 设 m_i 和 m_j 是 n 个变量的两个最小项,若 $i \neq j$,则 $m_i \cdot m_j = 0$。即 n 个变量的任意两个不同的最小项之积恒为 0。

这是因为对于变量的任意一组取值,m_i 和 m_j 不可能同时为 1,因此 $m_i \cdot m_j$ 恒为 0。

3. 最大项(maxterm)

与最小项相对应,还有最大项,现定义如下:

设有 n 个变量,p 为一个具有 n 项的和,如果在 p 中每一个变量都以原变量或者反变量的形式作为一项出现且仅出现一次,则称 p 为 n 个变量的一个最大项。

同样,对于 n 个变量来说,最大项共有 2^n 个。

例如,两个变量的四个最大项为:$\overline{A}+\overline{B}, \overline{A}+B, A+\overline{B}, A+B$。

7.1.3 最小项表达式和最大项表达式

一个逻辑函数的 SP 型或 PS 型并不是唯一的,这仍给人们研究逻辑函数问题带来一些不便,但由最小项所构成的"与或"表达式和由最大项所构成的"或与"表达式却是唯一的。为此,我们专门来讨论这一类逻辑函数表达式。

由最小项之和所构成的逻辑表达式,称为逻辑函数的最小项表达式,也叫逻辑函数的规范"积一和"式,或叫逻辑函数的第一范式。

例如:

$$F(A,B,C) = \overline{A}BC + A\overline{B}C + ABC$$

就是逻辑函数 F 的最小项表达式或第一范式。

为了简化可写成:

$$F(A,B,C) = m_3 + m_5 + m_7 = \sum m(3,5,7)$$

相应地,由最大项之积所构成的逻辑表达式,称为逻辑函数的最大项表达式,也叫逻辑函数的第二范式。

例如:

$$F(A,B,C) = (A+B+C)(A+B+\overline{C})(\overline{A}+B+C)$$

就是逻辑函数 F 的最大项表达式或第二范式。

定理 n 个变量的任何一个逻辑函数,都可以展开成一组最小项的和或最大项的积,并且这种展开是唯一的。

这是一个很重要的定理,它的另一种叙述方法是:

n 个变量的任何一个逻辑函数,都可以展开成第一范式或第二范式,并且这种展开是唯一的。

也有人称它为范式定理。该定理之所以重要,是因为范式(即由最小项的和或最大项的积所组成的逻辑函数表达式)是唯一的,这给研究和使用逻辑函数带来极大的方便。特别是第一范式,这实际上告诉我们,可以把最小项看做构成逻辑函数的基本元素。也就是可以把任何一个逻辑函数,看做由若干最小项所构成。而对第二范式的研究,由于逻辑函数的对偶性,完全可以由对第一范式的研究推出。

我们省略了该定理的证明。这里,仅给出由给定的逻辑函数写出它的范式的方法。

(1) 真值表法

对给定的逻辑函数,先列出它的真值表,然后由真值表写出范式。

第一范式:在真值表中,找出函数 F 的值为 1 的所有行,对每一行变量的取值组合,如果变量取值为 1,则写出相应的原变量;如果变量取值为 0,则写出相应的反变量。然后写出该行变量取值所对应的变量之积,就得到该函数的一个最小项,再把所有这样的最小项相加,就是该函数的第一范式,即该函数的最小项表达式。

第二范式:在真值表中,找出函数 F 的值为 0 的所有行,对每一行变量的取值组合,如果变量取值为 1,则写出相应的反变量;如果变量取值为 0,则写出相应的原变量。然后写出该行变量取值所对应的变量之和,就得到该函数的一个最大项,再把所有这样的最大项相乘,就是该函数的第二范式,即该函数的最大项表达式。

例 7.1 化逻辑函数 $F(A,B,C)=\overline{A}\overline{B}+AC$ 为第一范式和第二范式。

先列真值表,如表 7-2 所示。

表 7-2 真值表

A	B	C	$F=\overline{A}\overline{B}+AC$
0	0	0	1
0	0	1	1
0	1	0	0
0	1	1	0
1	0	0	0
1	0	1	1
1	1	0	0
1	1	1	1

再按上述方法写出 $F(A,B,C)$ 的第一范式为

$$F(A,B,C) = \overline{A}\,\overline{B}\,\overline{C} + \overline{A}\,\overline{B}C + A\overline{B}C + ABC = \sum m(0,1,5,7)$$

第二范式为

$$F(A,B,C) = (A+\overline{B}+C)(A+\overline{B}+\overline{C})(\overline{A}+B+C)(\overline{A}+\overline{B}+C)$$

另外,从上面 $F(A,B,C)$ 的真值表可以看出,在变量取值为"000","001","101","111"时,F 的值为 1;而在变量为另外四组取值时,$\overline{F}$ 的值为 1。这就告诉我们,逻辑函数 F 的反函数 $\overline{F}$,可由使 F 输出为 0 的变量取值所对应的最小项之和来组成,在上例中即为

$$\overline{F} = \overline{A}B\overline{C} + \overline{A}BC + A\overline{B}\,\overline{C} + AB\overline{C} = \sum m(2,3,4,6)$$

(2) 公式法

例 7.2 将 $F(A,B,C) = \overline{(A\overline{B}\overline{C} + BC) \cdot \overline{ABC}}$ 化为最小项表达式。

第一步，反复运用德·摩根定理，一层层脱去"反"号，直到最后得到一个只有单个变量上有"反"号的表达式。

$$F(A,B,C) = \overline{(A\overline{B}\overline{C} + BC) \cdot \overline{ABC}} = \overline{(A\overline{B}\overline{C} + BC)} + ABC$$
$$= \overline{A\overline{B}\overline{C}} \cdot \overline{BC} + ABC = (\overline{A} + B + C)(\overline{B} + \overline{C}) + ABC$$

第二步，反复运用乘对加的分配律去掉括号，直到最后得到一个 SP 型表达式。

$$F(A,B,C) = (\overline{A} + B + C)(\overline{B} + \overline{C}) + ABC$$
$$= \overline{A}\overline{B} + \overline{A}\overline{C} + B\overline{C} + \overline{B}C + ABC \quad \text{(SP 型)}$$

第三步，在所得到的 SP 型表达式中，如果某个乘积项中缺少某变量，比如 A，则用 "$\overline{A}+A$" 乘这一项，并拆成两项。反复这样做，最后就能得到一个最小项表达式。

$$F(A,B,C) = \overline{A}\overline{B} + \overline{A}\overline{C} + B\overline{C} + \overline{B}C + ABC$$
$$= \overline{A}\overline{B}(\overline{C}+C) + \overline{A}\overline{C}(\overline{B}+B) + B\overline{C}(\overline{A}+A) + \overline{B}C(\overline{A}+A) + ABC$$
$$= \overline{A}\overline{B}\overline{C} + \overline{A}\overline{B}C + \overline{A}B\overline{C} + \overline{A}\overline{B}C + AB\overline{C} + ABC$$
$$= \sum m(0,1,2,5,6,7)$$

7.2 逻辑函数的卡诺图化简法

7.2.1 卡诺图

我们已经知道，对于 n 个变量的逻辑函数的真值表共有 2^n 项，每一项不是被赋值为 1，就是被赋值为 0。用一个矩形，将其划分为 2^n 个小格，每个小格给予最小项 m_i 的编号，小格内记 1 就表示这个编号的最小项被赋值为 1；小格内记 0 就表示这个编号的最小项被赋值为 0（为了简化，赋 0 可不用写出）。小格内用十进制数字表示相应的最小项的编号，编号顺序如图 7.1 和图 7.2 所示。这样的图就叫卡诺图(Karnaugh map)。

可见卡诺图是用几何图形形象化地表示逻辑函数的真值表，即卡诺图和真值表二者有一一对应的关系，每个最小项在真值表上占一行，而在卡诺图上占一个小格。

图 7.1 和图 7.2 表示了两种形式的卡诺图，使用时可任选其中一种。对于多于六个变量的卡诺图，因为它缺乏几何直观性，从而也就失去了实际使用意义。

图 7.1 二到五变量卡诺图

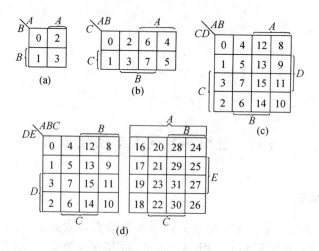

图 7.2 二到五变量卡诺图的另一种形式

从图 7.2 所示的卡诺图可以看到,每个变量及其反变量各占卡诺图区域的一半,每一个编号的小格都是所有变量(原变量或反变量)的"与"(交)。例如对于四变量的卡诺图,编号为 13 的小格是变量 A、B、$\bar{C}$、D 的"与"(交),即 $m_{13} = AB\bar{C}D$。如果这个小格内被记为 1,则表示相应的最小项被赋值为 1,即 $m_{13} = AB\bar{C}D = 1$。这就告诉我们,这样的一个卡诺图与一个逻辑函数的真值表完全等价,并且等价于一个规范的"积—和"表达式——逻辑函数的最小项表达式。所以也有人称卡诺图为逻辑函数的最小项图示或最小项方块图。

例 7.3 一个三变量逻辑函数的卡诺图、真值表和最小项表达式示于图 7.3,从中可以看出三者之间的对应关系。

第 7 章 组合逻辑电路

C \ AB	00	01	11	10
0	1	1		
1				1

(a) 卡诺图

m	A	B	C	$F(A,B,C)$
0	0	0	0	1
1	0	0	1	0
2	0	1	0	1
3	0	1	1	0
4	1	0	0	0
5	1	0	1	1
6	1	1	0	0
7	1	1	1	0

(b) 真值表

$$F(A,B,C)=\sum m(0,2,5)= \overline{A}\ \overline{B}\ \overline{C} + A\overline{B}\ \overline{C} + A\ \overline{B}C$$

(c) 最小项表达式

图 7.3　卡诺图、真值表、最小项表达式的比较

图 7.3(a)、(b)、(c)三者的逻辑意义完全相同，只是表示形式不同。其中(a)为几何图形，(b)为数字表格，(c)为数学表达式，依据它们各自的特点而分别在不同的场合得到应用。但基于人们阅读图形优于阅读表格及数学表达式的特点，而以卡诺图的表示方式最具有几何直观性，所以卡诺图的表示方式在逻辑函数的化简中得到广泛应用。

7.2.2　卡诺图的编号

为了理解卡诺图的逻辑含义，有必要弄明白卡诺图是根据什么原则对小方格进行编号的。

现在我们已经熟知 $A+\overline{A}=1$，依此又可推出 $AB+\overline{A}B=(A+\overline{A})B=B$。即如果两个乘积项相比，只有一个逻辑变量不同，则它们可以合并为一个乘积项，并可消去一个变量。

我们又知道，用二进制数对最小项进行编号的逻辑意义在于，每一个二进制位对应一个逻辑变量，即如果二进制位为 1，则取原变量；如果为 0，则取反变量。这就告诉我们，如果两个最小项的对应二进制编号只有一位不同，那么这两个最小项可以合并为一个乘积项并消去一个变量。例如，三变量的最小项 $A\overline{B}C$ 和 $A\overline{B}\overline{C}$ 的二进制编号"101"和"100"只有一位不同，则 $A\overline{B}C$ 和 $A\overline{B}\overline{C}$ 可以合并，即 $A\overline{B}C+A\overline{B}\overline{C}=A\overline{B}$；按同样道理还可以进一步说，如果合并后的乘积 $A\overline{B}$ 还与另一个乘积项的相应二进制表示仅有一位不同，比如 $\overline{A}\overline{B}$，那么它们还可以进一步合并为 $A\overline{B}+\overline{A}\overline{B}=\overline{B}$，又少了一个变量。

基于上述的逻辑依据，可以规定卡诺图的小方格编号原则为任意一个小方格的编号(以二进制表示)与其相邻小方格的编号相比仅有一位不同。

例如,图 7.1 所示的二到五个变量的卡诺图就是按此原则进行编号的。

显然,由于每个小方格的编号用 n 位二进制数表示,而使一个 n 位的二进制数只有一位改变(1 变 0,或 0 变 1),恰好可找出 n 个二进制数,这些二进制数就是这个格的相邻格的编号。也就是说,卡诺图中某小方格的相邻格的个数等于它的二进制编号的位数或相应最小项的逻辑变量个数。

对于二变量的卡诺图,如图 7.1(a),每个小方格与两个小方格相邻:m_0 与 m_1、m_2 相邻,m_1 与 m_0、m_3 相邻,m_2 与 m_0、m_3 相邻,m_3 与 m_1、m_2 相邻。但 m_1 与 m_2 并不相邻,m_0 与 m_3 也不相邻,因为它们的二进制编号不是只有一位不同。

对于三变量的卡诺图,如图 7.1(b),每个小方格与三个小方格相邻,如 m_0 与 m_1、m_2、m_4 相邻。这里说 m_0 与 m_4 相邻,似乎不太直观,但只要从看法上把这个图的上、下边缘或左、右边缘连接,形成圆筒状,就仍能体现出它们在图形上是相邻的,也就仍能体现了逻辑相邻(对应二进制编号仅有一位不同)和几何图形上相邻的一致性。这里的逻辑相邻代表着实际的逻辑意义,而几何图形上的相邻是一种直观的表示方法,以便于把它们相圈成一个更大的卡诺圈。

对于四变量的卡诺图,如图 7.1(c),每个小方格与四个小方格相邻,如 m_4 与 m_0、m_5、m_{12} 相邻,还与 m_6 相邻,道理与三变量卡诺图相同。

对于五变量的卡诺图,如图 7.1(d),共 32 个小方格分为左右两个矩形来表示,每个小方格仍有五个相邻小方格,其中四个可在这个小方格所在的矩形内找到,第五个可在另一个矩形的对应位置上找到,如 m_{11} 除与左边矩形内的 m_9、m_{10}、m_{15}、m_3 相邻之外,还与右边矩形内的 m_{27} 相邻。

所谓对应位置,可这样理解:把一个矩形重叠到另一个矩形之上,透视地看,上边矩形的一个小方格就和下边矩形的一个小方格相对应。

注意,在使用五变量卡诺图时,往往有人误把 m_8 与 m_{16}(或 m_9 与 m_{17} 等)认为是相邻格,其实只要比较一下它们对应的二进制数就可知道,它们并不具备相邻格的条件。所以判断两个小方格是否相邻,更本质的还是看它们的二进制编号之间是否仅有一位不同,而不要单纯地从形式上看它们在图形上靠得最近。

7.2.3 用卡诺图化简逻辑函数

用卡诺图进行逻辑化简的出发点是最小项表达式,化简的目标(或方向)与第 5 章介绍的用公式法化简的目标相同,即:

(1) 乘积项的数目最少;

(2) 在满足乘积项数目最少的情况下,每个乘积项的变量个数最少。

例 7.4 用卡诺图化简逻辑函数

$$F(A,B,C,D) = \sum m(1,2,4,6,9)$$

为了对比，先用公式法化简如下：

$$F(A,B,C,D) = \overline{A}\,\overline{B}\,\overline{C}D + \overline{A}\,\overline{B}C\,\overline{D} + \overline{A}B\,\overline{C}\,\overline{D} + \overline{A}BC\,\overline{D} + A\,\overline{B}\,\overline{C}D$$

（第一步）

$$= \overline{B}\,\overline{C}D + \overline{A}\,\overline{B}C\,\overline{D} + \overline{A}B\,\overline{C}\,\overline{D} + \overline{A}BC\,\overline{D}$$

（第二步）

（第三步）

$$= \overline{B}\,\overline{C}D + \overline{A}B\,\overline{D} + \overline{A}C\,\overline{D}$$

再用卡诺图化简，如图 7.4 所示。

图 7.4 例 7.4 的卡诺图

说明   为了使卡诺图简洁明了，我们约定，标出编号的小方格代表赋值为 1 的最小项，不标出编号的小方格代表赋值为 0 的最小项，整个编号顺序仍同于图 7.1（以下与此约定同）。

首先，画出四变量的卡诺图，在卡诺图上标出 $F(A,B,C,D)$ 所包含的最小项的编号，即 m_1、m_2、m_4、m_6、m_9。

然后，找出相邻最小项方格并把它们用圆圈圈起来，表示可以合并成更简单的乘积项。

从图 7.4 可见，m_1 和 m_9 相邻，把它们用两个"马蹄形"的半圆圈起来，合并成少了一个变量 A 的乘积项 $\overline{B}\,\overline{C}D$，即 $m_1 + m_9 = \overline{B}\,\overline{C}D$。这和公式法化简的第一步同。

同样，m_4 和 m_6 相邻，也把它们圈在一起，合并成少了一个变量 C 的乘积项 $\overline{A}B\,\overline{D}$，即 $m_4 + m_6 = \overline{A}B\,\overline{D}$。这和公式法化简的第二步同。

m_2 和 m_6 也相邻，重复使用一次 m_6，将 m_6 和 m_2 圈起来，合并成少了一个变量 B 的乘积项 $\overline{A}C\,\overline{D}$，即 $m_2 + m_6 = \overline{A}C\,\overline{D}$。这和公式法化简的第三步同。

这就是说，在卡诺图上进行的三步等价于上面公式法化简的三步。而且从

卡诺图上可以看出,经过三步合并而得到的三个乘积项已不能再合并成更简单的乘积项了,所以最后的化简结果为

$$F(A,B,C,D) = \overline{B}\overline{C}D + \overline{A}B\overline{D} + \overline{A}C\overline{D}$$

下面列出利用卡诺图进行逻辑函数化简时应注意的几个问题:

(1) 在卡诺图上合并最小项时,总是按 2 的乘幂来组合方格,即把两个方格、四个方格、八个方格等合并起来。两个方格合并可以消去一个变量,四个方格合并可以消去两个变量,八个方格合并可以消去三个变量,等等。

(2) 把尽可能多的方格合并成一组,组越大,合并而成的乘积项的变量个数就越少。

(3) 用尽可能少的组覆盖逻辑函数的全部最小项,组越少,化简而得到的乘积项数目就越少。

(4) 在实现上述(1)和(2)时,一个最小项可以根据需要使用多次,但至少也要使用一次。

(5) 一旦所有的最小项都被覆盖一次以后,化简就停止。

在下面的化简例子中,要注意上述几点。

例 7.5 用卡诺图化简逻辑函数:

$$F(A,B,C,D) = \sum m(0,1,3,8,9,11,13,14)$$

第一步,正确画出逻辑函数 F 的卡诺图,在图上标出它所包含的最小项的编号,如图 7.5 所示。

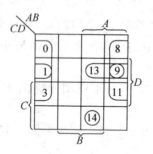

图 7.5 例 7.5 的卡诺图

第二步,在卡诺图上合并最小项。我们先从相邻项最少的最小项开始组合。显然,最小项 m_{14} 没有相邻项,它必须自成一组。因此化简结果的第一项是 $ABC\overline{D}$,即

$$F(A,B,C,D) = ABC\overline{D} + \cdots$$

然后再找有一个相邻项的最小项,即为 m_{13}。它只能有一种组合,即与 m_9 相组合,组合后消去一个变量 B,形成三变量的乘积项 $AC\overline{D}$,所以又有

$$F(A,B,C,D) = ABC\overline{D} + AC\overline{D} + \cdots$$

有两个相邻项的最小项有四个,即 m_0、m_3、m_8、m_{11},可以任选一个去组合,例如选 m_3 去组合,则从图上可见,m_3、m_1、m_9、m_{11} 四个最小项可以合并(重复使用一次 m_9),合并后消去两个变量,形成乘积项 $\bar{B}D$,现在有

$$F(A,B,C,D) = AB\bar{C}\bar{D} + A\bar{C}D + \bar{B}D + \cdots$$

最后,检查一下,还有最小项 m_0 和 m_8 没有被覆盖,从卡诺图上可以看出,它们能与 m_1 和 m_9 组合,形成包含四个最小项的最后一组。合并这四个最小项,消去两个变量,形成乘积项 $\bar{B}\bar{C}$。所以,最后的化简结果为

$$F(A,B,C,D) = AB\bar{C}\bar{D} + A\bar{C}D + \bar{B}D + \bar{B}\bar{C}$$

这已是最简的"积之和"形式的函数表达式了。

例 7.6 用卡诺图化简逻辑函数:
$$F(A,B,C,D) = A\bar{C}D + A\bar{B}\bar{C}D + B\bar{C}D + \bar{A}BCD + A\bar{B}C$$

第一步,容易看出,这里给出的逻辑函数表达式并不是最小项表达式的形式,所以应先将 F 化为最小项表达式形式,以便把它所包含的各个最小项标识在卡诺图上。但有时为了简便,也可以在卡诺图上直接标出 F 所包含的各个最小项。在本例中,用直接标出的方法。

画出四变量的卡诺图,如图 7.6 所示。从图上可见,$A\bar{C}D$ 含有最小项 m_8、m_{12},$B\bar{C}D$ 含有最小项 m_5、m_{13},$A\bar{B}C$ 含有最小项 m_{10}、m_{11},而 $A\bar{B}\bar{C}D$ 和 $\bar{A}BCD$ 本身就是最小项 m_9 和 m_7。在卡诺图上分别标出这些最小项的编号。

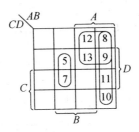

图7.6 例 7.6 的卡诺图

第二步,m_5 和 m_7 可以合并为 $\bar{A}BD$,m_8、m_9、m_{12}、m_{13} 可以合并 $A\bar{C}$,m_8、m_9、m_{10}、m_{11} 可以合并为 $A\bar{B}$(重复使用 m_8 和 m_9)。从图 7.6 上也可以看到,尽管 m_5 还可以和 m_{13} 合并而得到另一个乘积项,但由于 m_5 和 m_{13} 这两个最小项已被覆盖,所以这样的合并显然已无必要。

第三步,将第二步中合并所得到的各个乘积项相加,即可得化简结果为

$$F(A,B,C,D) = \bar{A}BD + A\bar{C} + A\bar{B}$$

下面再简要介绍几个用卡诺图化简逻辑函数的例子。

例 7.7 化简逻辑函数 $F(A,B,C,D) = \sum m(0,1,2,5,8,10,15)$。用卡诺

图化简,如图 7.7 所示。

所以,$F(A,B,C,D) = ABCD + \overline{A}CD + \overline{B}\overline{D}$。

例 7.8 化简逻辑函数

$$F(A,B,C,D) = \sum m(1,3,4,5,6,7,12,13,14,15)。$$

用卡诺图化简,如图 7.8 所示。

所以,$$F(A,B,C,D) = B + \overline{A}D。$$

图 7.7 例 7.7 卡诺图

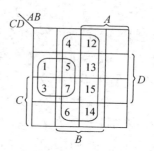
图 7.8 例 7.8 卡诺图

例 7.9 化简逻辑函数

$$F(A,B,C,D,E) = \sum m(2,8,9,10,15,18,24,25,26,31)。$$

用卡诺图化简,如图 7.9 所示。

所以,$$F(A,B,C,D,E) = \overline{C}D\overline{E} + BCDE + B\overline{C}\overline{D}$$

图 7.9 例 7.9 卡诺图

从以上几个实例可以看到,用卡诺图化简逻辑函数的基本步骤可归结为三步:第一步,画出逻辑函数的卡诺图;第二步,合并最小项;第三步,选择乘积项写出最简"与或"表达式。

7.3 不完全规定的逻辑函数的化简方法

7.3.1 无关最小项的概念

通过前面的介绍可以看到,利用真值表可以充分而且完全地描述一个逻辑函数。因为通过真值表可以穷举一个逻辑函数的各输入变量的全部组合关系。又由于每个输入变量只能有两种取值,所以由 n 个变量构成的逻辑函数的真值表共可列出 2^n 种组合,即 n 个变量的逻辑函数的全部最小项共有 2^n 个。

在这 2^n 个最小项当中,其中一部分给出了使该函数值等于 1 的输入变量取值组合,而其余部分给出了使该函数值等于 0 的输入变量取值组合。这种情况下,我们称该函数与 2^n 个最小项都有关。

但在某些实际问题中,一个 n 变量的逻辑函数并不是与 2^n 个最小项都有关,而仅与其中一部分有关,与另一部分则无关,即这另一部分最小项并不能决定该函数的值。或者说,该函数的值不是被 2^n 种输入变量取值组合所完全规定了的。我们把这些不能决定函数值的最小项称为无关最小项,或称非规定项。把具有这种特点的逻辑函数称为包含无关最小项的逻辑函数,或称不完全规定的逻辑函数。

无关最小项或非规定项在两种情况下出现。第一,有时某些输入变量的取值组合根本不会出现,因此也绝不会加到逻辑网络的输入端上去。既然它们根本不会出现,那么相应的最小项能够以任意方式供我们选择使用。也就是说,既可以认为这些最小项使函数的值为 1,也可以认为这些最小项使函数的值为 0。通过下面的例子我们将要说明,这要由它们对简化逻辑函数是否有好处来决定。第二,对已知的一个逻辑网络,虽然所有的输入组合都可能发生,但是我们只对某些输入组合才要求函数的输出为 1 或 0,而对另外一些输入组合,函数究竟输出为 1 还是为 0,我们并不关心。因此,对于逻辑函数的有效输出来说,这些不予关心其输出的输入组合所对应的最小项就是无关最小项。

7.3.2 利用无关最小项化简逻辑函数

因为无关最小项可以随意加到函数中去或不加到函数中去,而并不影响该函数原有的实际逻辑功能,所以这就告诉我们,恰当地选择无关最小项,可以使逻辑函数极大地简化。下面通过实例来说明。

例 7.10 图 7.10 所示是一个可用于"四舍五入"的逻辑电路。输入十进制数 x 按"8421"编码,即

$$x = 8A + 4B + 2C + D$$

要求当 $x \geqslant 5$ 时,输出 $F=1$;否则 $F=0$。求 F 的最简"与或"表达式。

图 7.10 "四舍五入"逻辑电路

根据题意,列出真值表,如表 7-3 所示。

表 7-3 真值表

x	A	B	C	D	F
0	0	0	0	0	0
1	0	0	0	1	0
2	0	0	1	0	0
3	0	0	1	1	0
4	0	1	0	0	0
5	0	1	0	1	1
6	0	1	1	0	1
7	0	1	1	1	1
8	1	0	0	0	1
9	1	0	0	1	1
—	1	0	1	0	d
—	1	0	1	1	d
—	1	1	0	0	d
—	1	1	0	1	d
—	1	1	1	0	d
—	1	1	1	1	d

在本问题中,输入变量 A、B、C、D 的六种取值组合($1010 \sim 1111$)是不可能出现的,此时说到 F 的值是没有意义的。也可以说,对于这 6 种取值组合,可以随意选择 F 的值为 1 还是为 0,而对决定整个电路的逻辑功能无关紧要,即这 6 种取值组合所对应的最小项就是无关最小项。

为了便于化简逻辑函数时的选用,我们在真值表中仍然列出这 6 种取值组合,而把它们对应的 F 值记为 d。可以这样来理解 d:d 表示 F 的值既可以是 1,也可以是 0。

这样,F 的表达式可写为

$$F(A,B,C,D) = \sum m(5,6,7,8,9) + \sum d(10,11,12,13,14,15)$$

如果不利用无关最小项,那么根据卡诺图化简法,只能得
$$F(A,B,C,D) = A\overline{B}\overline{C} + \overline{A}BD + \overline{A}BC$$
但是如果在利用卡诺图化简时,把无关最小项考虑进去,情况就不同了。如图 7.11 所示。图中,在无关最小项的小格内标以 d,它们既可以认为是 1,也可以认为是 0。在本例的化简中,我们都认为它们为 1。则根据卡诺图化简法,可得

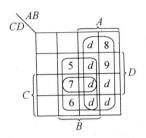

图 7.11 利用无关最小项进行化简

$$F(A,B,C,D) = A + BC + BD$$

可见,考虑无关最小项与不考虑无关最小项的化简结果很不一样。说明经过恰当选择无关最小项之后,往往可以得到逻辑函数的较简单表达形式。

7.4 组合逻辑电路的分析

组合逻辑电路的分析,就是对给定的组合逻辑电路进行逻辑描述,找出相应的输入、输出逻辑关系表达式,以确定该电路的功能,或检查和评价该电路设计得是否合理、经济等。

可以说,寻找组合逻辑电路输入、输出关系表达式的过程和方法,就是组合逻辑电路分析的过程和方法。下面举例说明。

例 7.11 分析图 7.12 所示的组合逻辑电路。

图 7.12 例 7.11 逻辑电路图

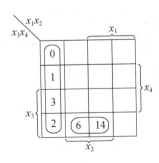

图 7.13 例 7.11 卡诺图

为了分析方便,我们对每一个门都标以一个输出函数符号,即 G_1、G_2、G_3、G_4、Z,如图 7.12 所示。

逐级写出每个门电路的输入、输出关系式,即

$$G_1 = x_1 + x_2 \quad G_2 = \overline{x_2 \cdot x_3} \quad G_3 = x_3 \cdot x_4$$
$$G_4 = G_2 + G_3$$
$$Z = \overline{G_1 \cdot G_4}$$

依次代入,可得输出 Z 的表达式为

$$Z = \overline{(x_1 + x_2) \cdot (G_2 + G_3)} = \overline{(x_1 + x_2) \cdot (\overline{x_2 \cdot x_3} + x_3 x_4)}$$

可用任一方法将所得表达式化简,下面先用公式法。

$$Z = \overline{\overline{x_1 + x_2} + \overline{x_2 x_3} + x_3 x_4} = \overline{x_1}\overline{x_2} + x_2 x_3 \cdot \overline{x_3 x_4}$$
$$= \overline{x_1}\overline{x_2} + x_2 x_3 (\overline{x_3} + \overline{x_4}) = \overline{x_1}\overline{x_2} + x_2 x_3 \overline{x_4}$$

用公式法有时不太容易判别所得结果是否为最简,于是不妨再用卡诺图直观地检查一下,如图 7.13 所示。从卡诺图上容易看出,用公式法化简所得到的表达式已经是最简的"与或"表达式了。

例 7.12 分析图 7.14 所示的组合逻辑电路。

图 7.14 例 7.12 逻辑电路图

由图 7.14 容易得出:

$$y_1 = \overline{ABC}, \quad y_2 = \overline{AB\overline{C}}$$
$$y_3 = \overline{\overline{A}BC}, \quad y_4 = \overline{A\overline{B}C}$$

所以输出 F 的表达式为

$$F = ABC + AB\overline{C} + \overline{A}BC + A\overline{B}C$$

我们分析一下该电路的结构能否再简化一些。画出 F 的卡诺图,如图 7.15 所示。从卡诺图可明显看出,F 可化简为
$$F = AB + AC + BC$$
根据化简后的 F 表达式可画出如图 7.16 所示的逻辑电路图。它比图 7.14 所示的逻辑电路节省了四个"与非"门。

图 7.15　例 7.12 卡诺图

图 7.16　简化后的逻辑电路图

最后,可以归结组合逻辑电路分析的大致步骤如下:
(1) 根据给定电路的逻辑结构,逐级写出每个门电路的输入、输出关系式;
(2) 依次代入,最后得到整个电路的输入、输出关系式;
(3) 可用任意一种方法(公式法、卡诺图法等)化简这个逻辑关系表达式,明确给定电路的逻辑功能或改进方案。

7.5　组合逻辑电路的设计

组合逻辑电路的设计与分析相反,它是由给定的逻辑功能或逻辑要求,求得实现这个功能或要求的逻辑电路。它一般可按下述步骤进行:
(1) 将逻辑要求变成真值表;
(2) 根据真值表,写出逻辑函数的最小项表达式;
(3) 化简逻辑函数,并根据可能提供的逻辑电路类型,求出所需要的表达式形式;
(4) 画出与所得表达式相对应的逻辑电路图。
在实际设计时,也可以根据具体情况灵活采用上述几步。但如果需要实现第一步,则应十分仔细,因为它是实现后面几步的基础。下面通过几个组合逻辑电路的设计实例来说明上述步骤的具体实现。

7.5.1 加法电路的设计

1. 半加器(half adder)

所谓半加器即为实现两个一位二进制数相加而求得和数与进位的逻辑电路。它具有两个输入端和两个输出端：两个输入端分别为被加数与加数(令为 A 与 B)，两个输出端分别为和数与进位(令为 S 与 C)。半加器的真值表如表 7-4 所示。

表 7-4 半加器真值表

输	入	输	出
A	B	S	C
0	0	0	0
0	1	1	0
1	0	1	0
1	1	0	1

半加器的设计：
(1) 将设计要求变成真值表，同表 7-4，此处从略。
(2) 由真值表写出逻辑函数的最小项表达式：

$$S = A\bar{B} + \bar{A}B, \quad C = AB$$

(3) 容易判断，上面得到的两个表达式已经是最简的"与或"表达式。又由于 $S = A\bar{B} + \bar{A}B = A \oplus B$，所以可以方便地用一个"异或"门产生和数 S，再用一个"与"门产生进位 C，即可构成半加器。

(4) 画出逻辑图。半加器的逻辑图和图形符号如图 7.17 所示。

(a) 逻辑图　　　　(b) 图形符号

图 7.17 半加器

2. 全加器(full adder)

所谓全加器即为实现两个一位二进制数相加并考虑低位进位的逻辑电路。它具有三个输入端和两个输出端：三个输入端分别是加数 A_n、被加数 B_n 及低位的进位 C_n，两个输出端分别是和数 S_n 及向高位的进位 C_{n+1}。全加器的真值表如表 7-5 所示。

表 7-5 全加器真值表

输入			输出	
A_n	B_n	C_n	S_n	C_{n+1}
0	0	0	0	0
0	0	1	1	0
0	1	0	1	0
0	1	1	0	1
1	0	0	1	0
1	0	1	0	1
1	1	0	0	1
1	1	1	1	1

全加器的设计：

(1) 列真值表，同表 7-5，此处从略。

(2) 由真值表写出输出函数的最小项表达式：

$$S_n = \overline{A}_n \overline{B}_n C_n + \overline{A}_n B_n \overline{C}_n + A_n \overline{B}_n \overline{C}_n + A_n B_n C_n \tag{7-1}$$

$$= \sum m(1,2,4,7)$$

$$C_{n+1} = \overline{A}_n B_n C_n + A_n \overline{B}_n C_n + A_n B_n \overline{C}_n + A_n B_n C_n \tag{7-2}$$

$$= \sum m(3,5,6,7)$$

(3) 对上面式(7-1)和式(7-2)作适当变形，则有

$$S_n = (\overline{A}_n \overline{B}_n + A_n B_n) C_n + (\overline{A}_n B_n + A_n \overline{B}_n) \overline{C}_n$$

$$= \overline{A_n \oplus B_n} \cdot C_n + (A_n \oplus B_n) \overline{C}_n = (A_n \oplus B_n) \oplus C_n \tag{7-3}$$

$$C_{n+1} = (\overline{A}_n B_n + A_n \overline{B}_n) C_n + A_n B_n (\overline{C}_n + C_n)$$

$$= (A_n \oplus B_n) C_n + A_n B_n \tag{7-4}$$

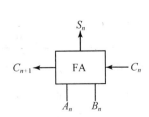

图 7.18 全加器逻辑电路图   图 7.19 全加器图形符号

(4) 根据(7-3)式和(7-4)式,可画出如图 7.18 所示的全加器逻辑图。容易看出,它是由两个如图 7.17 所示的半加器及一个"或"门所构成。全加器的图形符号如图 7.19 所示。

7.5.2 代码转换电路的设计

在数字设备与电子计算机中,根据各种不同应用而采用了多种类型的代码,如前面已经介绍的 8421 码、余 3 码、格雷码等。这些代码有时需要互相转换,因此需要使用各种形式的代码转换电路。下面结合组合逻辑电路的设计问题,以余 3 码到 8421 码的转换为例,介绍代码转换电路的设计方法。

设计要求:设计一个余 3 码到 8421 码的代码转换电路,所用元件自选。

设计:

(1) 列真值表。

设 b_3、b_2、b_1、b_0 代表余 3 码的四位二进制代码,B_3、B_2、B_1、B_0 代表 8421 码的四位二进制代码。则可列出余 3 码到 8421 码的代码转换真值表,如表 7-6 所示。

由真值表可见,所要实现的是一个具有无关最小项的组合逻辑网络。

(2) 写出各个输出函数的最小项表达式。

$$B_0 = \sum m(4,6,8,10,12) + \sum d(0,1,2,13,14,15)$$
$$B_1 = \sum m(5,6,9,10) + \sum d(0,1,2,13,14,15)$$
$$B_2 = \sum m(7,8,9,10) + \sum d(0,1,2,13,14,15)$$
$$B_3 = \sum m(11,12) + \sum d(0,1,2,13,14,15)$$

(3) 用卡诺图法化简,如图 7.20 所示。在化简中,要尽量利用无关最小项"d"。由卡诺图可得

$$B_0 = \bar{b}_0$$
$$B_1 = \bar{b}_1 b_0 + b_1 \bar{b}_0$$
$$B_2 = \bar{b}_2 \bar{b}_1 + \bar{b}_2 \bar{b}_0 + b_2 b_1 b_0$$
$$B_3 = b_3 b_2 + b_3 b_1 b_0$$

表 7-6　余 3 码到 8421 码转换真值表

十进制数	余 3 码				8421 码			
	b_3	b_2	b_1	b_0	B_3	B_2	B_1	B_0
—	0	0	0	0	d	d	d	d
—	0	0	0	1	d	d	d	d
—	0	0	1	0	d	d	d	d

续表

十进制数	余3码				8421码			
	b_3	b_2	b_1	b_0	B_3	B_2	B_1	B_0
0	0	0	1	1	0	0	0	0
1	0	1	0	0	0	0	0	1
2	0	1	0	1	0	0	1	0
3	0	1	1	0	0	0	1	1
4	0	1	1	1	0	1	0	0
5	1	0	0	0	0	1	0	1
6	1	0	0	1	0	1	1	0
7	1	0	1	0	0	1	1	1
8	1	0	1	1	1	0	0	0
9	1	1	0	0	1	0	0	1
—	1	1	0	1	d	d	d	d
—	1	1	1	0	d	d	d	d
—	1	1	1	1	d	d	d	d

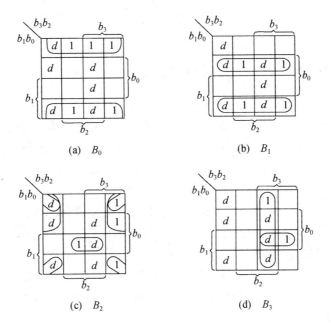

图 7.20 用卡诺图化简

（4）画出逻辑图。选用"与非"门来实现此逻辑网络，如图 7.21 所示。

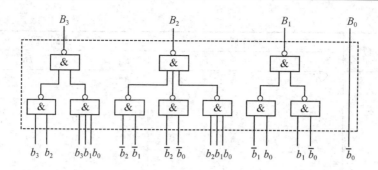

图 7.21 逻辑电路图

需要指出的是,上面所实现的余 3 码到 8421 码的代码转换电路,它是由同一组输入变量(b_3、b_2、b_1、b_0)产生多个输出函数(B_3、B_2、B_1、B_0)的组合逻辑电路,通常称之为多输出的组合逻辑电路。对于这样的多输出组合逻辑电路的设计,有一个需要注意的问题,就是要尽量利用各输出函数间的"公共项"(即两个或几个输出函数都具有的项)。在电路实现时,对于公共项,不必各自单独形成,而只需形成一次,以供具有公共项的其它输出函数直接使用,从而获得较简单的电路结构。关于这一点,在下面即将介绍的七段显示译码器的设计中将会具体看到。

7.5.3 七段数字显示器的原理与设计

在各种电子仪器和设备中,为了将处理和运算结果以十进制数字形式显示出来,常采用七段数字显示器。如图 7.22(a)所示,它是由七段笔划所组成,每段笔划实际上就是一个用半导体材料做成的发光二极管(LED)。这种显示器电路通常有两种接法:一种是将发光二极管的负极全部一起接地,如图 7.22(b)所示,即所谓"共阴极"显示器;另一种是将发光二极管的正极全部一起接到正电压,如图 7.22(c)所示,即所谓"共阳极"显示器。对于共阴极显示器,只要在某个二极管的正极加上逻辑 1 电平,相应的笔段就发亮;对于共阳极显示器,只要在某个二极管的负极加上逻辑 0 电平,相应的笔段就发亮。当然,要使发光二极管发亮,需要提供一定的驱动电流,所以这两种显示器都需要有相应的驱动电路。市场上可买到这种现成的驱动器,如共阳极驱动器——SN7447,共阴极驱动器——SN7448。同时这两种电路还具有后面将要介绍的"七段显示译码器"的功能。

由图 7.22(a)可见,由显示器亮段的不同组合便可构成一位十进制数字(0~9)的显示字形。这就是说,显示器所显示的数字与其输入控制代码(即 a、b、c、d、e、f、g 七位代码)之间存在着一定的对应关系。以共阴极显示器为例,这种对应关系如图 7.23 所示。

(a) 七段显示器笔划结构　　(b) 共阴极　　(c) 共阳极

图 7.22　七段数字显示器

我们现在的任务是，如何将所使用的二-十进制代码（如 8421 码、2421 码等）转换成七段显示器的输入控制代码，以显示出相应的十进制数字。即需要设计一个如图 7.24 所示的代码转换电路——七段显示译码器，其输入是 BCD 码，输出是七段显示器的输入控制代码。

显示数字	输入控制代码 $abcdefg$
0	1111110
1	0110000
2	1101101
3	1111001
4	0110011
5	1011011
6	0011111
7	1110000
8	1111111
9	1110011

图 7.23　显示数字和输入控制代码的对应关系

图 7.24　七段显示译码器

例 7.13　设计一个七段显示译码器，其输入为 2421 码，七段显示器为共阴极接法。

设计：

(1) 列真值表。根据图 7.22(a) 及 2421 码的编码特点，可得该七段显示译码器的真值表如表 7-7 所示，其中最后 6 项为无关最小项。

表 7-7 七段显示译码器真值表

十进制数字 N	输入 2421 码				输出七段码						
	W	X	Y	Z	a	b	c	d	e	f	g
0	0	0	0	0	1	1	1	1	1	1	0
1	0	0	0	1	0	1	1	0	0	0	0
2	0	0	1	0	1	1	0	1	1	0	1
3	0	0	1	1	1	1	1	1	0	0	1
4	0	1	0	0	0	1	1	0	0	1	1
5	1	0	1	1	1	0	1	1	0	1	1
6	1	1	0	0	0	0	1	1	1	1	1
7	1	1	0	1	1	1	1	0	0	0	0
8	1	1	1	0	1	1	1	1	1	1	1
9	1	1	1	1	1	1	1	0	0	1	1
—	0	1	0	1	d	d	d	d	d	d	d
—	0	1	1	0	d	d	d	d	d	d	d
—	0	1	1	1	d	d	d	d	d	d	d
—	1	0	0	0	d	d	d	d	d	d	d
—	1	0	0	1	d	d	d	d	d	d	d
—	1	0	1	0	d	d	d	d	d	d	d

由真值表可见,我们所要实现的是一个具有无关最小项的多输出逻辑电路。

(2) 用卡诺图法化简(具体的卡诺图此处从略)可得:

$$a = Y + WZ + \overline{X}\overline{Z}$$
$$b = \overline{W} + XZ + XY$$
$$c = W + \overline{Y} + Z$$
$$d = W\overline{Z} + \overline{X}\overline{Z} + \overline{X}Y$$
$$e = W\overline{Z} + \overline{X}\overline{Z}$$
$$f = \overline{Y}\overline{Z} + WY$$
$$g = Y + X\overline{Z}$$

从这 7 个输出表达式可见,$\overline{X}\overline{Z}$ 为 a、d、e 所公有,$W\overline{Z}$ 为 d、e 所公有,所以在构成逻辑电路的输出时,应按前面曾指出的那样,不必再将它们各自单独构成仅供一个输出函数使用,而应尽量利用现成的公共项,以简化电路结构。具体实现请看下面的逻辑电路图。

(3) 画出逻辑电路图。输入为 2421 码的七段显示译码器逻辑电路如图 7.25 所示。图中 * 端互相连接。

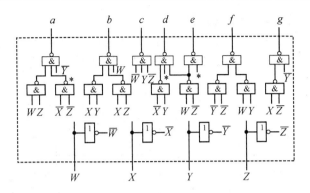

图 7.25 七段显示译码器逻辑电路图

对于输入为其他二-十进制编码的七段显示译码器,可用同样的方法进行设计。而对于输入为 8421 码这样的七段显示译码器,已有现成的中规模集成电路产品(如 74LS49、SN7447 等),在实际应用中可直接利用之。图 7.26 所示即为一个利用现成的七段显示译码器组成的 LED 显示电路。

图 7.26 实用的 LED 显示电路

7.6 几种常用的组合逻辑电路

在数字系统与计算机中实际使用的组合逻辑电路种类很多,本节将着重介绍其中常用的几种。它们是:加法器、译码器、编码器、多路分配器、多路选择器以及 ROM 和 PLA 等。

7.6.1 加法器

加法器(adder)是计算机中的一种重要逻辑部件。它主要由若干位全加器电路构成。关于全加器的功能及设计在7.5.1节已详细介绍过了。现在只要将 $n+1$ 个如图7.19所示的全加器串接起来就可构成一个 $n+1$ 位的加法器,能够实现两个 $n+1$ 位的二进制数($A_n A_{n-1} \cdots A_0$ 和 $B_n B_{n-1} \cdots B_0$)相加,如图7.27所示。

图7.27　$n+1$ 位加法器

在图7.27中,全加器 FA_0 实现两个二进制数的最低位相加,全加器 FA_n 实现两个二进制数的最高位相加。在这里,由于进入 FA_0 的进位 C_0 恒为0,所以 FA_0 实际上也可以用一个半加器来代替。

整个加法过程与手算实现两个二进制数加法过程类似。首先从最低位 A_0 和 B_0 开始相加,产生最低位的和数 S_0 及进位 C_1;然后从右至左逐位进行,直到实现最高位 A_n 和 B_n 相加,产生最高位的和数 S_n 及进位 C_{n+1}。这种结构的加法器称为串行进位的加法器,或称逐位进位的加法器。显然,正确的和数应形成于最高位的进位 C_{n+1} 产生之后。也就是说,对于这种加法器来说,相加的二进制数的位数越多,则进位传播时间越长,加法器的速度也就越慢。

为了提高加法运算的速度,人们还设计了其它进位形式的加法器,如:"并行进位加法器","分组进位加法器"等,此处不再做专门介绍。

7.6.2　译码器

把代码的特定含义"翻译"出来的过程叫做译码,实现译码操作的电路称为译码器(decoder)。或者说,译码器是将输入代码的状态翻译成相应的输出信号,以表示某种特定含义。

有各种类型的译码器,7.5.3节介绍的七段显示译码器就是其中的一种,它是将输入的BCD码转换成七段数字显示器的输入控制信号,以显示出相应的十进制数字字形。此外,二进制译码器也是一种常用的译码器。下面我们对它予以专门介绍。

二进制译码器是一种将输入的二进制代码转换成特定输出信号的组合逻辑电路。它是数字系统和计算机中常用的一种逻辑部件。例如,计算机中需要将指令的操作码"翻译"成各种操作命令,就要使用指令译码器。存储器的地址译码系统,则要使用地址译码器。这些译码器都是典型的二进制译码器。

二进制译码器的逻辑特点是,若输入代码为 n 位,则输出信号有 2^n 个,而且每个输出信号与 n 个输入变量的一个最小项相对应。由 7.1 节中介绍的最小项的性质容易得出,在该译码器的 2^n 个输出中,任何时刻仅有一个输出为 1,而其余 2^n-1 个输出为 0。所以也称这种译码器为 $n-2^n$ 译码器。它的输出线编号为 $0 \sim (2^n-1)$。二进制译码器的一般结构如图 7.28 所示。

图 7.28 二进制译码器的一般结构

用基本的逻辑门电路很容易构成一个二进制译码器。如果用"与"门来实现,那么由于对 n 个输入变量的逻辑函数,至少需要 2^n 个"与"门以提供 2^n 个最小项输出。另外,如果输入端仅提供原变量,则还需要 n 个"非"门以产生反变量。所以,n 位输入代码的二进制译码器至少要用 2^n+n 个门电路来实现。如图 7.29 所示即为一个用 8 个"与"门和 3 个"非"门构成的"3-8 译码器"。

显然,对于图 7.29 所示的译码器,若输入 ABC 为 110,则只有 6 号输出(m_6)为 1,其余输出均为 0。

图 7.29 所示的译码器也可以用"与非"门或者"或非"门来实现,请读者自行画出逻辑图。

市场上有多种译码器电路的典型产品,如"2-4 译码器"SN74139,"3-8 译码器"SN74138,"4-16 译码器"SN74154 等。

7.6.3 编码器

实现编码操作的电路叫编码器(encoder)。编码器的功能与译码器相反,它能够形成与输入信号(被编码的对象)相对应的输出代码。如果输入信号的个数为 N,输出代码的位数为 n,则 N 与 n 应满足关系式 $N \leqslant 2^n$,即输入信号最多为 2^n 个。编码器的一般结构如图 7.30 所示。

编码器的设计方法为:首先列出输入输出真值表,通过真值表反映出与输入信号分别为 1 时相对应的 n 位输出代码;然后,画出逻辑图。

一个"4-2 编码器"的真值表如表 7-8 所示,逻辑图如图 7.31 所示。

图 7.29 3-8 译码器

图 7.30 编码器的一般结构

表 7-8 4-2 编码器真值表

输入				输出	
W	X	Y	Z	D_1	D_0
1	0	0	0	0	0
0	1	0	0	0	1
0	0	1	0	1	0
0	0	0	1	1	1

图 7.31 4-2 编码器逻辑图

由表 7-8 可见，尽管 4 位输入信号（W、X、Y、Z）最多有 16 种取值组合，但由于输出代码仅有 2 位，所以只能与 4 种输入信号的取值组合相对应，其余的 12 种输入信号取值组合我们并不关心。如果用卡诺图方法化简，可以把它们当做无关最小项。输出代码 00、01、10、11 分别与 4 位输入信号单独为 1 时的状态相对应。可以用直接观察的方法得到输出函数的最简表达式：

$$D_0 = \overline{W}\,\overline{Y}$$
$$D_1 = \overline{W}\,\overline{X}$$

也就是说，只要输入 $W=0$ 且 $Y=0$，则输出 $D_0=1$；只要输入 $W=0$ 且 $X=0$，则输出 $D_1=1$。上述的最简输出表达式也可用卡诺图法（利用无关最小项）化简得到。读者可自行试之。

一个 8421 码编码器的真值表如表 7-9 所示。由表可见，它有 10 个输入信号，分别为 $X_0,X_1,\cdots,X_9$，表示 0 到 9 这 10 个数字，而 4 位输出代码为相应的 8421 码。

从真值表还可以看出，当输入 $X_1=1$，或 $X_3=1$，或 $X_5=1$，或 $X_7=1$，或 $X_9=1$ 时，输出 $D=1$，因此可以写出相应的输出逻辑表达式：

$$D = X_1 + X_3 + X_5 + X_7 + X_9$$

表 7-9 8421 码编码器真值表

十进制数	输入										输出			
	X_9	X_8	X_7	X_6	X_5	X_4	X_3	X_2	X_1	X_0	A	B	C	D
0	0	0	0	0	0	0	0	0	0	1	0	0	0	0
1	0	0	0	0	0	0	0	0	1	0	0	0	0	1
2	0	0	0	0	0	0	0	1	0	0	0	0	1	0
3	0	0	0	0	0	0	1	0	0	0	0	0	1	1
4	0	0	0	0	0	1	0	0	0	0	0	1	0	0
5	0	0	0	0	1	0	0	0	0	0	0	1	0	1
6	0	0	0	1	0	0	0	0	0	0	0	1	1	0
7	0	0	1	0	0	0	0	0	0	0	0	1	1	1
8	0	1	0	0	0	0	0	0	0	0	1	0	0	0
9	1	0	0	0	0	0	0	0	0	0	1	0	0	1

(a)

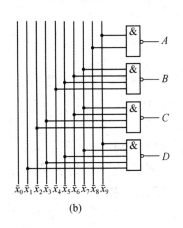
(b)

图 7.32 8421 码编码器

同理可以写出：

$$C = X_2 + X_3 + X_6 + X_7$$
$$B = X_4 + X_5 + X_6 + X_7$$
$$A = X_8 + X_9$$

根据上述四个逻辑表达式，可以用四个"或"门来构成这个编码器，如图 7.32(a) 所示。又根据 $A+B=\overline{\overline{A}\cdot\overline{B}}$，该编码器也可用"与非"门来实现，如图 7.32(b) 所示。

要指出的是，尽管有人将术语"译码器"、"编码器"和"代码转换电路"经常混用。但通过前面的介绍可以看出，它们的逻辑功能和用途并不相同，在阅读文献及实际使用时应予以注意。

7.6.4 多路选择器

1. 多路选择器的基本功能

多路选择器（multiplexer）又称多路器，它的基本功能是等效于一个单刀多掷开关。如图 7.33 所示为一个单刀双掷开关，其作用是通过开关的转换将输入 A 或 B 传送到输出去。多路选择器的逻辑功能与此类似，它也是从多个输入信号中选出一个，并将它传送到输出端。具有 2^n 个输入和一个输出的多路选择器，通常由 n 位控制代码的不同组合来控制其选择，并将选择到的输入信号送到输出端。它的一般结构如图 7.34 所示。

图 7.33　单刀双掷开关　　　　图 7.34　多路选择器的一般结构

一个四输入的多路选择器的逻辑原理图如图 7.35 所示。也有人称它为"四选一"多路选择器。

在图 7.35 中，我们把输入分为两组：一组是控制信号，也称"控制字"或"地址输入"，即图中的 S_1S_0；另一组是信号输入端，也称"输入函数"，即图中的 a_0、a_1、a_2、a_3。那么，这个多路选择器的逻辑功能为：根据不同的控制字把相应的输入信号选中送到输出端去。或者说，它是根据不同的地址输入而在输出端得到不同的输入函数。四输入多路选择器的功能表如表 7-10 所示，它的图形符号如图 7.36 所示。其输出既提供原变量（F），又提供反变量（$\overline{F}$），称为互补输出，为使用者提供了方便。

由表 7-10 可写出四输入多路选择器的输出逻辑表达式为

$$F = \overline{S}_1\overline{S}_0 a_0 + \overline{S}_1 S_0 a_1 + S_1 \overline{S}_0 a_2 + S_1 S_0 a_3 \tag{7-5}$$

图 7.35 四输入多路选择器逻辑原理图

表 7-10 四输入多路选择器功能表

地址输入		输出
S_1	S_2	F
0	0	a_0
0	1	a_1
1	0	a_2
1	1	a_3

图 7.36 四输入多路选择器图形符号

由式(7-5)不难看出,用多路选择器不仅可以用作数据传输时的选择开关,而且还可以有效地实现某些逻辑函数(详见后述)。

市场上有各种中规模集成电路的多路选择器产品,典型产品有 SN74157(二选一),SN74153(四选一),SN74152(八选一),SN74150(十六选一)等。使用时可查阅有关的器件手册。

2. 用多路选择器实现逻辑函数

下面通过具体例子来说明用多路选择器实现逻辑函数的基本方法。

例 7.14 用四输入多路选择器实现逻辑函数:

$$G(A,B,C) = \overline{B} + AC + \overline{A}\,\overline{C}$$

解 先将所给的表达式化成最小项表达式形式:

$$G(A,B,C) = \overline{A}\overline{B}\overline{C} + \overline{A}BC + \overline{A}B\overline{C} + A\overline{B}\overline{C} + A\overline{B}C + ABC$$

由此又可得

$$G(A,B,C) = \overline{A}\overline{B}(\overline{C}+C) + \overline{A}BC + A\overline{B}(\overline{C}+C) + ABC$$
$$= \overline{A}\overline{B} \cdot 1 + \overline{A}BC + A\overline{B} \cdot 1 + ABC$$

再将所得结果与四输入多路选择器的输出表达式(式 7-5)相对照即可发现，只要把变量 A、B 分别接到四输入多路选择器的地址输入端 S_1、S_0，而把 1、$\overline{C}$、1、C 分别作为该多路选择器的四个输入函数 a_0、a_1、a_2、a_3，就可以用这四输入的多路选择器实现逻辑函数 G，如图 7.37 所示。

图 7.37 用四输入多路选择器实现逻辑函数

一般地说，用一个四输入的多路选择器总可以实现三变量的单输出逻辑函数。方法是：先从三个变量中提出两个变量(例如 A 和 B)作为四输入多路选择器的地址输入，然后将剩下的一个变量(例如 C)组成四个关于它的单变量函数。而我们知道，由一个变量 C 组成的函数只有四种可能：C、$\overline{C}$、1 和 0，可将它们直接接到多路选择器的四个输入端，问题是四个输入端分别应接什么函数。为此，可以根据所要实现的逻辑函数表达式和所使用的多路选择器，形成一个地址输入组合和输入函数关系表。例如，对于例 7.14 就可形成表 7-11。

表 7-11 地址输入组合与输入函数关系表

地址输入组合	输入函数	
$\overline{A}\,\overline{B}$	$\overline{C}+C=1$	a_0
$\overline{A}B$	$\overline{C}$	a_1
$A\overline{B}$	$\overline{C}+C=1$	a_2
AB	C	a_3

表 7-11 就是根据四输入多路选择器的输出公式(式 7-5)及要实现的逻辑函数而构成的，这两个逻辑表达式是：

$$F = \overline{S}_1\overline{S}_0 a_0 + \overline{S}_1 S_0 a_1 + S_1\overline{S}_0 a_2 + S_1 S_0 a_3$$
$$G = \overline{A}\overline{B}\overline{C} + \overline{A}BC + \overline{A}B\overline{C} + A\overline{B}\overline{C} + A\overline{B}C + ABC$$

只要把 S_1、S_0 分别对应于 A、B，便可找出 a_0、a_1、a_2、a_3 分别对应于什么。从 G 的第一项与第二项之和 $\overline{A}\overline{B}\overline{C}+\overline{A}\overline{B}C = \overline{A}\overline{B}(\overline{C}+C) = \overline{A}\overline{B} \cdot 1$ 可知 $a_0 = 1$；从第三项 $\overline{A}B\overline{C}$ 可知，$a_1 = \overline{C}$；从第四项及第五项之和 $A\overline{B}\overline{C}+A\overline{B}C = A\overline{B}(\overline{C}+C) = A\overline{B} \cdot 1$ 可知，$a_2 = 1$；从第六项 ABC 可知，$a_3 = C$。由此可构成表 7-11。

依此类推，一个八输入的多路选择器可实现任何四个输入变量一个输出的组合逻辑函数，相应方法是：从四个变量中提出三个变量做多路选择器的地址输入，而将剩下的一个变量组成单变量函数接到八个输入函数端，每个输入函数端应接什么，可通过地址输入组合和输入函数关系表来确定；一个十六输入的多路选择器可以实现任何五个输入变量一个输出的组合逻辑函数，相应方法是：从五个变量中提出四个变量做多路选择器的地址输入，而将剩下的一个变量组成单变量函数接到十六个输入函数端，每个输入函数端应接什么，也可通过相应的地址输入组合和输入函数关系表来确定。

例 7.15 用八输入多路选择器实现逻辑函数：
$$F(A,B,C,D) = \overline{A}\overline{B}\overline{C}D + \overline{A}\overline{B}CD + \overline{A}B\overline{C}\overline{D} + \overline{A}BCD \\ + A\overline{B}\overline{C}\overline{D} + A\overline{B}CD + AB\overline{C}\overline{D} + ABCD$$

解 首先，列出地址输入组合和输入函数关系表，如表 7-12 所示。用八输入的多路选择器实现 F，如图 7.38 所示。

表 7-12 地址输入组合和输入函数关系表

地址输入组合	输入函数	
$\overline{A}\overline{B}\overline{C}$	D	a_0
$\overline{A}\overline{B}C$	$\overline{D}$	a_1
$\overline{A}B\overline{C}$	0	a_2
$\overline{A}BC$	$\overline{D}+D=1$	a_3
$A\overline{B}\overline{C}$	$\overline{D}$	a_4
$A\overline{B}C$	D	a_5
$AB\overline{C}$	0	a_6
ABC	$\overline{D}+D=1$	a_7

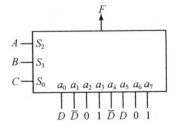

图 7.38 用八输入多路选择器实现逻辑函数

7.6.5 多路分配器

多路分配器(demultiplexer)的逻辑功能与多路选择器恰好相反。多路选择器是在多个输入信号中选择其中之一送到输出去；而多路分配器则是把一个输入信号分配到多路输出的其中之一去。因此，也称多路分配器为"逆多路选择器"或"逆多路开关"。也可以说，多路选择器是把信息从多个源点传递到一个终点去的逻辑网络，而多路分配器则是把信息从一个源点传递到多个终点去的逻辑网络。

图 7.39 说明了多路选择器与多路分配器不同的选择转换作用。它告诉我们：如果要在一条传输线上传送多路信号，可以如图所示那样在该传输线的两端分别接以多路选择器和多路分配器，在相同的地址输入控制下即可实现。这种传送多路数字信号的方法在数字技术中是会经常用到的。

图 7.39 多路选择器与多路分配器的作用

如上所述，多路分配器只有一个输入信号源，而信息的分配则由 n 位控制信号组合而成的 2^n 个选择信号来决定。多路分配器的一般结构如图 7.40 所示。

图 7.40 多路分配器的一般结构

一个具有 2 位控制信号输入和 4 路输出的多路分配器的逻辑原理图如图 7.41 所示，其图形符号如图 7.42 所示，表 7-13 列出了它的功能表。

图 7.41 四输出多路分配器逻辑原理图

四输出多路分配器的输出函数表达式为

$$a_0 = \overline{S}_1\overline{S}_0 I \quad a_1 = \overline{S}_1 S_0 I$$
$$a_2 = S_1\overline{S}_0 I \quad a_3 = S_1 S_0 I$$

图 7.42 四输出多路分配器图形符号

表 7-13 四输出多路分配器功能表

地址输入组合		输出			
S_1	S_2	a_3	a_2	a_1	a_0
0	0	0	0	0	I
0	1	0	0	I	0
1	0	0	I	0	0
1	1	I	0	0	0

另外,由图 7.41 容易看出,多路分配器的主要结构类似于前述二进制译码器,只不过它比二进制译码器多了一个输入信号端 I。因此,关于多路分配器的逻辑功能,从一个角度看,它是"根据地址输入组合"将输入信号 I 分配到相应的输出线上去;而从另一角度看,它是一个全部输出受 I 控制的译码器。即当 $I=1$ 时,它就是一个前述的译码器。例如在图 7.41 中,若将 I 恒定接为高电平,它就是一个两输入、四输出的译码器,在四输出中总是只有一个为 1,而其余皆为 0;而当 I 为低电平时,译码器的输出全部被封锁。

7.7 利用中、大规模集成电路进行逻辑设计

前面讨论的多数是以小规模集成电路为基础进行逻辑设计的问题。这些设计方法在中、大规模集成电路出现以前,曾经是逻辑设计的主要方法。随着中、大规模集成电路的出现和发展,使数字系统的逻辑设计在设计指导思想及实现方法上都有了很大改变。传统的设计方法是以追求门的数目最少为其主要的设计目标,尽管也考虑到速度和可靠性等方面的因素。而在中、大规模集成电路技术日益发展,价格越来越便宜的今天,设计者特别是系统设计者更多考虑的是怎样方便地选用某些现成的中、大规模集成电路,来灵活地实现所要求的功能。可以说,这里第一追求的目标不一定是门的数目最少,而是怎样更方便、灵活地实现设计要求,缩短设计周期。这不但要求设计者要熟悉和掌握各种中、大规模集成电路的逻辑功能和特性,并会正确使用它们,而且要在系统设计的开始阶段就要考虑怎样尽量采用现成的中、大规模集成电路,然后进行具体的逻辑设计。

当然,传统的追求门数目最少的简化和设计方法,在今天仍应是逻辑设计的基本技术之一,特别是在设计中、大规模集成电路的内部电路时,还是应掌握的有用的逻辑设计方法。

本节将结合实例,介绍在逻辑设计中应用中、大规模集成电路的方法和特点。

7.7.1 利用中规模集成电路组件构成所需逻辑部件

市场上已有各种价格低廉的中规模集成电路组件,利用这些现成的集成电路组件所具有的逻辑功能,只要再做某些简单的外部引线连接(必要时增加少量门电路),即可方便地构成各种实用的逻辑部件。下面通过实例说明具体的实现方法。

例 7.16 用多路选择器构成全加器

解 根据全加器的和数及进位的两个逻辑表达式,即前面 7.5.1 节给出的式(7-1)和式(7-2):

$$S_n = \overline{A}_n\overline{B}_nC_n + \overline{A}_nB_n\overline{C}_n + A_n\overline{B}_n\overline{C}_n + A_nB_nC_n$$
$$C_{n+1} = \overline{A}_nB_nC_n + A_n\overline{B}_nC_n + A_nB_n\overline{C}_n + A_nB_nC_n$$

列出关于 S_n 和 C_{n+1} 的地址输入组合与输入函数关系表,如表 7-14(a) 和 (b) 所示。

表 7-14(a)　关于 S_n 的对应关系表

地址输入组合	输入函数	
$\overline{A}_n\overline{B}_n$	C_n	a_0
$\overline{A}_nB_n$	$\overline{C}_n$	a_1
$A_n\overline{B}_n$	$\overline{C}_n$	a_2
A_nB_n	C_n	a_3

表 7-14(b)　关于 C_{n+1} 的对应关系表

地址输入组合	输入函数	
$\overline{A}_n\overline{B}_n$	0	a_0
$\overline{A}_nB_n$	C_n	a_1
$A_n\overline{B}_n$	C_n	a_2
A_nB_n	$\overline{C}_n+C_n=1$	a_3

用两个四输入多路选择器构成一位全加器,接线原理图如图 7.43 所示。

已有现成的在一个集成电路组件中封装两个四输入多路选择器的"双四输入多路选择器",刚好可用于实现一位全加器。其产品型号为 74LS153。

图 7.43　用多路选择器构成全加器

例 7.17 用 3-8 译码器构成全加器。

解 根据全加器的和数及进位逻辑表达式(同例 7.16)以及前面给出的 3-8 译码器逻辑图(见图 7.29),可用现成的 3-8 译码器(74LS138)构成全加器,接线原理图如图 7.44 所示。

图 7.44 用 3-8 译码器构成全加器

例 7.18 用 4 位二进制加法器构成 8421 码到余 3 码的代码转换器。

解 4 位二进制加法器的图形符号如图 7.45 所示(产品型号为 SN7483)。由图可见,该集成电路块共有 16 个输入输出引脚(Pin),各引脚的功能定义如图中所示。它可以实现两个 4 位二进制数($A_1A_2A_3A_4$ 和 $B_1B_2B_3B_4$)相加,产生 4 位和数($\sum_1 \sum_2 \sum_3 \sum_4$)及向高位的进位 C_{out},低位来的进位由 C_{in}(13 脚)进入。

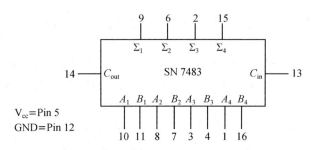

图 7.45 4 位二进制加法器(SN7483)

我们已经知道,对于同一位十进制数字,余 3 码比相应的 8421 码多 3(即 0011)。因此,利用上面给出的 4 位二进制加法器即可方便地实现 8421 码到余 3 码的代码转换。方法是:将 8421 码作为 4 位二进制加法器输入的两个二进制数之一,而将常数 3(0011)作为另一个二进制数输入。另外,由于不存在低位来的进位,所以可将 SN7483 的 C_{in}(13 脚)固定接 0。4 位输出($\sum_1 \sum_2 \sum_3 \sum_4$)即为所要形成的余 3 码,如图 7.46 所示。

通过上面的几个例子可以看到，用现成的中规模集成电路块实现所需的逻辑功能与传统的用单个门实现的方式相比，在设计指导思想上有所不同。这里人们考虑问题的着眼点已不再是斤斤计较于一门之差，而是怎样利用现成的集成电路块，简便、灵活地实现所要求的逻辑功能。譬如用多路选择器构成全加器，论其门的数目，并不比单个门电路实现的全加器少，但它却体现了使用现成的集成电路块构成某些逻辑部件或实现某些逻辑函数的方便、灵活性。

图 7.46　用 SN7483 实现 8421 码到余 3 码的代码转换

7.7.2　ROM 的逻辑结构及其应用

只读存储器(read only memory, ROM)，是一种非易失性存储器，用于存放某些固定不变的程序和数据。对于其中所存信息，通常只能一次性地写入，工作时只能读出不能写入。

习惯上人们常将存在 ROM 中的二进制信息称为 ROM 程序，而将写入这些信息的过程叫编程。这个编程的过程(即往 ROM 中存入信息的过程)，可由集成电路制造厂家在器件制造时完成，也可由用户自己来完成，即由用户将程序或数据一次性地写入到 ROM 中去，写好后则不能再改变了，这样的 ROM 称为可编程的只读存储器(programmable ROM, PROM)。此外，还有一种可以改变原存内容的只读存储器，叫可擦重写的只读存储器(erasable PROM, EPROM)。这是指可以用某种办法(例如用一定光强的紫外线照射)将原来写入只读存储器的内容去掉，又可重新写入信息的只读存储器。

只读存储器已经出现多年，但它之所以受到人们的重视并得到广泛的应用。主要是因为：第一，只读存储器已不单是用来存储信息，而且可以利用它来实现任意的组合逻辑函数。前面我们曾用较多的篇幅讨论如何简化逻辑函数，设法用最少的元件来设计逻辑电路。而在有了价格极其便宜的只读存储器后，人们可以不经过函数的化简，而直接把表征逻辑函数特性的真值表，当作一组二进制信息存放在只读存储器中，同样可以实现各种组合逻辑函数功能。这样做，从所用元件的数量上来说很可能不是最省，但它却带来一个突出的优点，即电路安排的整齐和规律性,这就极有利于大规模集成电路的设计和工艺实现。用 ROM 技术来实现任意逻辑函数,使在数字系统的逻辑设计方面出现了和传统的设计方法完全不同的发展方向。

1. ROM 的逻辑结构

ROM 的逻辑结构可以从两个角度来看,从组合逻辑电路的角度看,它是一个由"与阵列"和"或阵列"构成的组合逻辑网络,如图 7.47(a)所示;而从计算机存储器的角度看,ROM 是由地址译码器和存储体所组成,如图 7.47(b)所示。

图 7.47 ROM 的逻辑结构

在图 7.47(b)的 ROM 存储器中,A_1、A_2、$\cdots$、A_n 为地址输入线,地址译码器根据这 n 位地址码译出 2^n 个地址选择信号,从而去选择和驱动相应的"字线"$W_i(0 \leqslant i \leqslant 2^n-1)$,以便从存储体中读出一串 m 位的二进制数码 B_1、B_2、$\cdots$、B_m,我们称这一串二进制数码为一个二进制"字"(word),那么 B_j 就是这二进制字中的某一位(其中 $1 \leqslant j \leqslant m$),所以就称 B_j 线为位线。

通常,用 $2^n \times m$ 来衡量 ROM 存储二进制信息的多少,称为 ROM 的容量,其中 2^n 为 ROM 中存储的二进制字数,m 为每个字的二进制数码的位数,也称字长。

为了便于理解,图 7.48(a)给出了一个用二极管组成的 ROM 电路图。不难看出,图的左半部分是由二极管"与"门组成的译码器,用来产生两变量的四个最小项;图的右半部分则是由二极管"或"门组成的"或"门网络,用来将相应的最小项"或"起来构成三个给定的逻辑函数。图 7.48(b)是该电路的逻辑图,由图容易写出该电路的输出函数表达式为

$$\begin{cases} F_1 = A\bar{B} + \bar{A}B \\ F_2 = AB + \bar{A}\bar{B} \\ F_3 = AB \end{cases} \quad 或 \quad \begin{cases} F_1 = \sum m(1,2) \\ F_2 = \sum m(0,3) \\ F_3 = \sum m(3) \end{cases}$$

为了 ROM 设计的方便,常把图 7.48(b)所示的逻辑图用图 7.48(c)所示的简洁形式表示,并称这种简洁表示形式为阵列逻辑图。阵列逻辑图中上面四条

水平线分别表示变量 $\overline{A}$、A、$\overline{B}$、B 的输入线,而将每个"与"门、"或"门(包括输入及输出)都简化成一根线,四根垂直线表示四个"与"门,三根标有 F_1、F_2、F_3 的水平线表示三个"或"门。"与"门、"或"门的输入端与哪条线连接就在水平线和垂直线的交叉处标一个"点",未标点的即表示未连接。对于实际电路来说,有"点"的地方就表示有一个二极管或其他耦合元件在交点处存在。阵列逻辑图既便于人们画图,也使得所设计的逻辑电路的外部功能一目了然。

图 7.48　ROM 的电路图、逻辑图及阵列逻辑图

从组合逻辑电路的角度看,图 7.48 所示的 ROM 是由"与阵列"和"或阵列"组成,实现了给定的三个输出的二变量组合逻辑函数。由图 7.48(c)容易看出,只要适当改变下面"或阵列"上"·"的数量和位置,即可在相同的布局结构上实现任何三个输出的二变量组合逻辑函数。也就是说,对于 ROM,其"或阵列"的格式(即存储体所存内容)是"可编"的,这就体现了用 ROM 实现任何组合逻辑函数的灵活和方便之处。

二极管是 ROM 电路中所采用的耦合元件之一种。实际上除了二极管以外,还有其他形式的耦合元件(如电容、双极型晶体管等)。下面是 ROM 的另外一种耦合电路形式。

集成电路有一种工艺叫"熔丝",即用镍铬合金薄膜作成一定电阻的导线,当正常电流通过时,它是一个电阻,而当电流过大时,由于生热而使这个电阻熔断,于是电路就被切断了。采用熔丝工艺时,可用晶体三极管构成"或"门阵列,三极管的基极由译码器的输出控制,三极管的发射极通过熔丝连接从而构成"或"门,如图 7.49 所示。

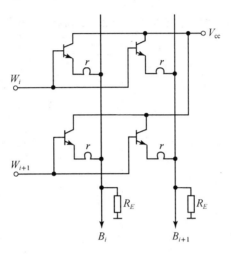

图 7.49 采用"熔丝"连接的"或阵列"

用户根据厂家给出的熔丝规范,通过加大电流可将不需接通的三极管的发射极所接熔丝烧断。厂家提供给用户的"或阵列"(存储体)中的全部三极管发射极都是通过熔丝 r 接通的。用户根据需要,烧断其中的一部分,做成自己所需要的"或阵列",这也就把某种阵列格式存入到了存储体中,用此 ROM 也就可以实现相应逻辑功能的组合逻辑网络。

2. ROM 的应用举例

ROM 可以应用在许多方面,其中一个典型的应用就是实现代码转换。通过前面的讨论可以知道,用 ROM 实现代码转换时,只要将输入代码与输出代码对应关系真值表存入 ROM 中即可。也可以说,ROM 应用的设计问题就是对其存储体的编码问题。对于由厂家完成 ROM 写入的情况,则只需向厂方交出一张类似于真值表形式的存储体编码表,表上给出每一位的值是 1 还是 0。厂方就可根据此编码表确定在相应位上做耦合元件或不做耦合元件,从而制造出 ROM 电路。

例 7.19 用 ROM 实现二进制码到格雷码的代码转换。

解 对这个问题,从组合逻辑电路的观点来看,它是一个代码转换电路,它把二进制码转换成格雷码;从存储器的观点来看,它是一个以二进制码为输入地址，以相应的格雷码为存储内容的只读存储器。

先列出二进制码到格雷码的代码转换真值表，如表 7-15 所示。

有趣的是：从组合逻辑角度来说，表 7-15 是一个真值表，B_3、B_2、B_1、B_0 为四个输入变量，G_3、G_2、G_1、G_0 为四个输出函数；而从存储器的角度看，表 7-15 是一个存储器的输入地址与相应存储单元的内容对应关系表。

表 7-15 二进制码到格雷码的代码转换真值表

十进制数	二进制码				格雷码			
	B_3	B_2	B_1	B_0	G_3	G_2	G_1	G_0
0	0	0	0	0	0	0	0	0
1	0	0	0	1	0	0	0	1
2	0	0	1	0	0	0	1	1
3	0	0	1	1	0	0	1	0
4	0	1	0	0	0	1	1	0
5	0	1	0	1	0	1	1	1
6	0	1	1	0	0	1	0	1
7	0	1	1	1	0	1	0	0
8	1	0	0	0	1	1	0	0
9	1	0	0	1	1	1	0	1
10	1	0	1	0	1	1	1	1
11	1	0	1	1	1	1	1	0
12	1	1	0	0	1	0	1	0
13	1	1	0	1	1	0	1	1
14	1	1	1	0	1	0	0	1
15	1	1	1	1	1	0	0	0

对这个问题进行综合的话，存在两种方法：

(1) 按通常的组合逻辑函数的方法进行综合。依据真值表，纵向地自上而下，分别找出那些使输出函数值为 1 的各个最小项，再把它们"或"起来。如对表中的输出函数 G_3，有八组输入变量的取值组合使其值为 1，所以 G_3 的输出表达式为

$$G_3 = \sum m(8,9,10,11,12,13,14,15)$$

然后根据 G_3 的要求来设计 ROM 中同一个"或"门的各个输入端。若为 1，则使输入端与相应的输入线接通；若为 0，则不接通。这种综合方法，也被称为布尔函数综合法。

(2) 从存储器的观点进行综合。因为对于二进制码到格雷码的转换，我们可以理解输入的二进制码为存储器的地址码，按地址码去选中一个对应存储单

元(字),这个存储单元的内容就是相应的格雷码。所以它可以横向地按字综合,一次综合一个字。因此有人称此种综合方法为字方法。

不难发现,ROM 的上述两种综合方法,其实质是相同的,只是看问题的角度不同而已。

最后得到用 ROM 实现的二进制码到格雷码代码转换阵列逻辑图如图 7.50 所示。

图 7.50　用 ROM 实现二进制码到格雷码的代码转换

从这个例子可以看到,用 ROM 实现组合逻辑电路的主要优点是设计规整、方便,因为它可以直接从真值表出发,不需进行化简,只要把描述给定逻辑函数的真值表放入存储体中即可。可以说,ROM 存储体的存储内容就是真值表的一个翻版。同时我们也看到,在 ROM 中不管某一个最小项是否需要都要把它们列出来,这在半导体材料的利用上是不经济的。但在主要考虑设计的简便和布线整齐,次要考虑半导体材料面积的情况下,还是可行的。

为了克服 ROM 的上述缺点,出现了可编程逻辑阵列 PLA(programmable logic array)。

7.7.3　可编程逻辑阵列 PLA

在上面讨论的 ROM 中,我们注意到,它的地址译码器是根据 n 个输入变量产生 2^n 个最小项来设计的,而存储体各单元的存储内容又是与真值表一一对应的。这样就带来一定的缺点,即对于 n 个输入变量,译码器要把 2^n 个最小项都列出来。而译码器的输出与存储单元是一一对应的关系,因此即使有许多存储单元的内容是完全一样的,也无法节省一些存储单元,存储体中的字数仍需 2^n 个(n 为输入地址的位数)。也就是说,在 ROM 中给定一个地址码只能读一个存储单元,或者说一个存储单元只被一个地址码选中。即使有些存储单元的内容一样,在制作 ROM 时,也需在半导体材料上把它们重复地制作出来。这样就没有充分节省半导体材料的面积。

针对 ROM 的上述缺点,产生了 PLA 的设计思想。按照 PLA 设计思想进行逻辑设计时,首先要依据给定的逻辑功能列出真值表,并运用有效方法化简而得到最简的"与或"表达式,然后再用相应的"与阵列"和"或阵列"实现。也就是说,PLA 的"与阵列"和"或阵列"都是可编的。

例 7.20 用 PLA 实现二进制码到格雷码的代码转换。

解 列出二进制码到格雷码的代码转换关系表,如前面所列表 7-15。依据此表,运用卡诺图法化简得到各输出函数的逻辑表达式为

$$G_3 = B_3 \qquad G_2 = B_3\overline{B}_2 + \overline{B}_3 B_2$$
$$G_1 = \overline{B}_2 B_1 + B_2 \overline{B}_1 \qquad G_0 = B_1 \overline{B}_0 + \overline{B}_1 B_0$$

根据所得表达式,用 PLA 实现二进制码到格雷码的代码转换阵列逻辑图如图 7.51 所示。

图 7.51 用 PLA 实现二进制码到格雷码的代码转换

现在,可以比较一下图 7.50 和图 7.51,前者是用 ROM 实现,后者是用 PLA 实现,两者的逻辑功能相同,即都是实现二进制码到格雷码的代码转换,并

且从总的逻辑结构上说,它们均由"与阵列"和"或阵列"所组成。但不同的是,用 PLA 实现时的"与阵列"不是像 ROM 那样提供全部最小项,而是仅提供根据实际逻辑函数的真值表(或最小项表达式)化简所产生的各个"与项",这个"与项"的数目总比全部最小项的数目要小。所以用 PLA 实现组合逻辑电路比用 ROM 实现所用器件更节约,因而也就更经济。而且仍保持了阵列化的优点,所以也特别适合于中、大规模集成电路的技术实现。

在制作实际 PLA 产品时,用户可将一张经化简而得到的"与阵列"和"或阵列"的编码表交给厂方,厂方再按合适的工艺(熔丝的或掩膜的等)制成所需要的大规模集成电路产品。

通过上面的介绍可以看到,用 PLA 可以方便地实现各种组合逻辑函数。实际上,如再增加一些具有记忆功能的触发器电路,则还可以实现各种时序逻辑函数。

7.8 组合逻辑电路中的竞争与险象

任何逻辑信号都可以划分为处于两种状态,一种是稳定状态,简称稳态,它表征着信号的逻辑值;另一种是过渡状态,也称瞬时状态,简称瞬态,它表征着信号由 0 过渡到 1,或由 1 过渡到 0 的情形。前面讨论的组合逻辑电路的分析与设计,着重研究了信号在稳定状态时电路的输入输出之间的逻辑关系,而没有专门研究信号在非稳定状态或瞬时状态期间电路的输入输出逻辑关系。

另外,我们已经知道,信号通过门电路时总是存在时间延迟,而且各级门电路的传输延迟也并不完全相同。而我们在前面的讨论中,往往忽略门电路对信号传输延迟的影响,或即使考虑到这种传输延迟影响,也常常是假定各级门的传输延迟完全相同。其实,那样处理并不完全符合实际情况。或者说,以前的讨论是不全面的。本节专门讨论组合逻辑电路在信号的瞬态变化过程中,由于传输延迟所产生的问题及相应的处理方法。

7.8.1 竞争现象

在信号的传输过程中,一个信号可能经过几个不同的路径,最后又汇合到某个门电路的不同输入端上。由于不同的路径上传输时延可能不一样,于是信号到达会合点的时刻可能有先有后,这种现象称之为竞争现象(race)。竞争现象在逻辑电路中是时时处处都可能出现的。

产生竞争之后,有可能在电路的输出端瞬时出现非预期的错误输出。当然,也并不是所有存在竞争的地方都会出现不应该有的错误输出。一般称不会产生错误输出的竞争现象为非临界竞争,而把会产生错误输出的竞争现象称为临界竞争。

7.8.2 险象的产生

由于临界竞争会导致逻辑电路出现错误的输出信号,以至于对后级电路产生危害,因此形象地称临界竞争为冒险现象,或简称险象(hazard)。

两个具有时延差异的逻辑信号加到同一个门的输入端,在门的输出端上得到稳定输出以前,有可能出现一个非预期的短暂错误输出。这种错误输出就是由于竞争而引起的一次险象。例如,一个 2 输入端"与非"门,如图 7.52(a)所示,其真值表说明的是输入信号 A、B 和输出信号 F 均为稳态时的输入输出逻辑关系,如图 7.52(b)所示。

图 7.52 险象产生非预期的窄脉冲

但是,现在要讨论的是瞬态的情况。如果 A、B 信号作相反方向的变化,并且具有一定的时延差异,则会在输出端上瞬时出现一个非预期的窄脉冲,也称毛刺或尖峰脉冲,如图 7.52(c)所示。这种非预期的尖峰脉冲就是由于竞争而引起的一次险象。

一般地,具有险象的组合逻辑电路可用图 7.53 所示的模型来描述。这里有一个逻辑信号 A,它馈入一个逻辑电路(可以是"与"门,也可以是"或"门,或者是其他类型一种逻辑电路),这个逻辑电路的另一个输入信号为 $B=\overline{A}$,$\overline{A}$ 和 A 之间有一定的时间延迟。凡属这种模型的组合逻辑电路都是具有险象的电路。

图 7.54 所示的逻辑电路是产生险象的另一个例子。该电路有三个输入变量 A、B、C,输出函数表达式为

图 7.53 具有险象的组合逻辑电路模型

图 7.54 险象电路实例

$$F = AB + \overline{A}C$$

在稳态情况下,若 $B=C=1$,则当 $A=0$ 时,输出 $F=1$;当 $A=1$ 时,也有输出 $F=1$。即在 $B=C=1$ 时,不论 A 为 0 还是为 1,输出 F 都应为 1 不变。

现在要讨论的是信号 A 在瞬态时电路的输出情况。假设 B 和 C 均已为稳定的 1 状态,即我们是在 $B=C=1$ 的情况下讨论信号 A 在瞬态过程中的电路输出响应。我们用图 7.55 所示的时间图来说明。为了讨论问题的方便,这里仍假定每个门的延迟时间均为 t_{pd}。

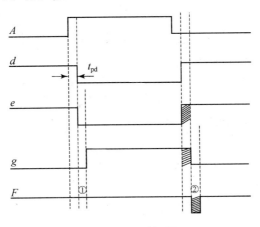

图 7.55　时间图

在 A 由低变高以后,经过 $1t_{pd}$ 之后,"与非"门 1 的输出 d 由高变低,同时"与非"门 2 的输出 e 也由高变低;但是,要再经过 $1t_{pd}$ 之后,"与非"门 3 的输出 g 才能由低变高。最后到达门 4 的是由一个 A 信号经不同的路径传输而得到的两个输入信号 e 和 g。e 和 g 的变化方向相反,并具有时延差异 $1t_{pd}$。从图 7.55 可以看出,在①处确定存在一次竞争,但因门 4 是一个"与非"门,e 和 g 竞争的结果,使门 4 的输出 F 保持为高未变,没有出现尖峰脉冲,即这里没有险象发生,所以这次竞争属于一次非临界竞争。

当 A 由高变低时,情况就不同了。e 和 g 同样要在门 4 上发生竞争,并出现了 e 和 g 在同一瞬间均为高电平的情况(图中用斜线标出)。根据门 4 的"与非"逻辑特性,输出 F 必然会出现一个负跳变的尖峰脉冲,如图中的②处所示。显然这里发生了一次险象。

险象有 0 型险象和 1 型险象之分。在图 7.55 中所出现的险象是在输出 F 应当为 1 的情况下,却出现了瞬时 0 状态,即呈现 1→0→1 型式的输出,这称做偏 1 型险象,或称 1 型险象;而如果在输出应当为 0 的情况下,却出现瞬时 1 状态,则称为偏 0 型险象,或称 0 型险象(有的书上对此作了相反的名称叫法,前者称为 0 型险象,后者称为 1 型险象)。

如果在图 7.54 中的门 4 是一个"或非"门,那么可分析出在图 7.55 的①处将发生一次险象,而在②处则会产生一次非临界竞争。从上面的例子可以具体看到,竞争可能出现险象,也可能不出现险象而仅是一次非临界竞争。

7.8.3 险象的判别

1. 代数法

代数法是从逻辑函数式的结构来判断是否具有产生险象的条件。方法如下:

消去函数表达式中的其他变量而仅留下被研究的变量,若得到下列两种形式的表达式,则说明存在险象:

$$F = X + \overline{X} \quad (1\text{型险象})$$
$$F = X\overline{X} \quad (0\text{型险象})$$

消去其他变量的方法,是将这些变量的各种取值组合分别代入式中,就可以把它们从式中消去。

例 7.21 判断下列逻辑电路是否存在险象:
$$F = AC + \overline{A}B + \overline{A}\overline{C}$$

解 先研究 A,为此将 B 和 C 的各种取值组合分别代入式中,即得如下结果:

$$BC = 00, F = \overline{A}$$
$$BC = 01, F = A$$
$$BC = 10, F = \overline{A}$$
$$BC = 11, F = A + \overline{A}$$

由此可以看出,在 $B=C=1$ 的条件下,A 变化时将可能产生 1 型险象;用同样的方法可以判断出,变量 C 变化时不会产生险象;另外变量 B 只以一种形式出现在式中,可以直接得出 B 的变化不会产生险象。

例 7.22 判断下列逻辑电路是否存在险象:
$$F = (A+C)(\overline{A}+B)(B+\overline{C})$$

解 先研究 A,所以将 B 和 C 的各种取值组合分别代入式中,得到:

$$BC = 00, F = \overline{A}A$$
$$BC = 01, F = 0$$
$$BC = 10, F = A$$
$$BC = 11, F = 1$$

可见,在 $B=C=0$ 的条件下,A 变化时将可能产生 0 型险象;同样可以判断出,在 $A=B=0$ 的条件下,C 变化时也将可能产生 0 型险象。

2. 卡诺图法

用卡诺图判断险象的方法与用代数法判断的实质相同,但它更具有直观性。方法如下:

作出逻辑函数的卡诺图,如果两个必要的卡诺圈(即为覆盖逻辑函数的最小项而必选的卡诺圈)存在"相切"关系,则该电路存在险象。

所谓两个卡诺圈相切,从卡诺图的直观图形上看,是指两个卡诺圈彼此靠近且没有公共部分(即不相交),而其实际的逻辑含义在于两个卡诺圈所代表的乘积项彼此包含着相邻的最小项。例如,在图 7.56(a)中,卡诺圈(4,5,12,13)和(3,7)彼此靠近且没有公共部分,它们彼此之间包含着相邻的最小项 m_5 和 m_7,所以说这两个卡诺圈为相切关系,说明该电路存在险象。我们可以用上述代数法验证之。图 7.56(a)的函数表达式为

$$F = A\overline{C} + B\overline{C} + \overline{A}CD$$

当 $A=0,B=D=1$ 时,得 $F=C+\overline{C}$,可见它确实存在 1 型险象。而图 7.56(b)的三个卡诺圈均互不相切,因此无险象存在。这一判断也可用代数法加以验证,此处从略。因此也可以说,如果卡诺图上的两个必要卡诺圈相交或相互错开,则不会由此带来险象。

图 7.56 用卡诺图法判断险象

7.8.4 险象的消除

险象尖峰脉冲将给数字系统带来危害,因此在设计出逻辑电路后,还应检查它是否存在险象。一旦判别出它存在险象,必须设法加以消除才能使设计出的电路得到可靠使用。这是逻辑设计的最后一步工作。下面介绍三种消除险象的方法。

1. 代数法

在原函数中加上多余项或乘上多余因子,就可将原函数中存在的险象消除。加上多余项或乘上多余因子的目的,是使原函数不可能在某种条件下出现 $X+\overline{X}$ 或 $X\overline{X}$ 的形式,于是险象也就不存在了。

例 7.23 加上多余项消除下列函数中的险象：
$$F = AB + \overline{A}C$$

解 由逻辑代数的包含律可知：
$$F = AB + \overline{A}C = AB + \overline{A}C + BC$$

其中乘积项 BC 为多余项。将变量 B 和 C 的各种取值组合代入 $F=AB+\overline{A}C+BC$ 中，可得

$$BC = 00, F = 0$$
$$BC = 01, F = \overline{A}$$
$$BC = 10, F = A$$
$$BC = 11, F = 1$$

可见，加上多余项后，原函数中存在的 1 型险象（当 $B=C=1$ 时，$F=A+\overline{A}$）被消除了。加上多余项以后的逻辑图如图 7.57 所示。

例 7.24 乘上多余因子消除下列函数中的险象：
$$F = (A+B)(\overline{A}+C)$$

解 将 F 的原表达式乘上多余因子 $(B+C)$，得
$$F = (A+B)(\overline{A}+C)(B+C)$$

将变量 B 和 C 的各种取值组合代入上式，可得

$$BC = 00, F = 0$$
$$BC = 01, F = A$$
$$BC = 10, F = \overline{A}$$
$$BC = 11, F = 1$$

可见，乘上多余因子后，原函数中存在的 0 型险象（当 $B=C=0$ 时，$F=A\overline{A}$）被消除了。乘上多余因子以后的逻辑电路图如图 7.58 所示。

图 7.57 例 7.23 逻辑图

图 7.58 例 7.24 逻辑图

2. 卡诺图法

在卡诺图上增加一个多余圈，该多余圈应能够将原来存在的两个相切的必

要卡诺圈连接起来,即可消除原存在的险象。我们知道,卡诺图上的多余圈在逻辑函数表达式中就是多余项,因此卡诺图法与代数法在实质上是相同的,并且都以增加设备为代价。

如图 7.59 所示,卡诺圈 $(4,5,12,13)$ 和 $(3,7)$ 相切,相切处的两个小方格为 m_5 和 m_7,用虚线将它们圈起来,形成 $(5,7)$ 多余圈。这样由图中的四个卡诺圈组成的逻辑函数就没有险象存在了。

从上面介绍的代数法和卡诺图法可以看到,为了消除险象而增加了多余项或多余圈以

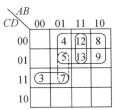

图 7.59 用卡诺图法消除险象

后,逻辑函数式就不是最简式了。以前我们曾讨论了许多简化逻辑函数的办法,现在为了消除险象,又回到了非最简函数的情况,然而这是必要的。另外,一般不容易一开始就得到不存在险象的逻辑函数表达式。可行的作法是,首先获得不考虑险象因素的最简表达式,然后再判断检查可能存在的险象,再增加一些可选择的多余项来消除险象。

例 7.25 用卡诺图法化简下列逻辑函数并消除可能存在的险象:
$$F = \overline{A}\,\overline{B}\,\overline{C}\,\overline{D} + ABC + A\overline{B}C + ACD + \overline{A}\,\overline{B}CD + \overline{A}BCD + AB\overline{C}D$$

解 先用卡诺图法化简逻辑函数,如图 7.60(a)所示。所以,F 的最简式为
$$F = AC + B\overline{C}D + \overline{A}CD$$

从卡诺图 7.60(a)可以看出,其中的卡诺圈 $(0,4)$ 和 $(5,13)$ 之间存在相切关系,卡诺圈 $(5,13)$ 和 $(15,14,11,10)$ 之间也存在相切关系,所以该逻辑函数存在险象。按前述办法增加两个多余卡诺圈 $(4,5)$ 和 $(13,15)$,如图 7.60(b)中的虚线所示,从而得到消除了险象的逻辑函数简化式为
$$F = AC + B\overline{C}D + \overline{A}CD + ABD + \overline{A}B\overline{C}$$

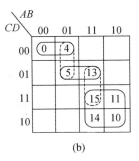

图 7.60 用卡诺图法消除险象

3. 选通法

上述增加多余项的办法可以有效的消除险象,但它的缺点是要增加相应的设备,使电路变得复杂化,而选通法则不必增加设备,只是利用选通脉冲的作用,从时间上加以控制,使险象尖峰脉冲无法输出,从而避免对后级电路的危害。

我们知道,组合逻辑电路的险象总是发生在输入信号发生变化的过程中,即瞬态过程中,而险象的输出形式总是多余的"毛刺"脉冲。如果我们对输出波形从时间上加以选择和控制,即只选择输出波形的稳定可靠部分,而有意避开毛刺脉冲,即可获得正确的输出。这就是通常所说的选通法或取样法。

选通法的原理图如图7.61所示。图中用虚线画出的窄脉冲为左边组合逻辑电路产生的险象脉冲,与它在时间上错开的较宽的脉冲为选通脉冲。选通脉冲同时控制着组合逻辑电路的输出门和右边的时序电路,它对时序电路起同步控制脉冲(后续章节将介绍)的作用。在选通脉冲到来之前,该输入信号线上为低电平,门4被封锁,使险象脉冲不能输出;而在选通脉冲到来之后,该输入信号线上变为高电平,门4开启,组合逻辑电路的正常输出信号才能加到后级时序电路上去。这是采取了在时间上让信号有选择地通过的办法,这里的选通脉冲也叫"时间采样"脉冲。

图7.61 用选通法抑制险象脉冲

本 章 小 结

本章主要介绍组合逻辑电路。首先讨论了组合逻辑电路的几个基本概念,然后重点介绍了组合逻辑电路的分析与设计方法。另外,还专门讨论了几种常用的组合逻辑电路以及采用中、大规模集成电路进行逻辑设计的方法和实例。

1. 逻辑函数的最小项及最小项表达式的概念,是研究组合逻辑电路分析与设计问题的基本概念。任何一个组合逻辑函数都可以化为最小项表达式的形式,而且这种表达式的形式是唯一的。化成最小项表达式的方法可采用真值表法或公式法。

2. 卡诺图是组合逻辑函数的几何直观表示形式。卡诺图与真值表的逻辑本质是相同的。卡诺图化简法是组合逻辑函数的基本化简方法之一,它比公式法更具有几何直观性。但卡诺图法一般只适合于 6 个以下变量的逻辑函数的化简。

3. 组合逻辑电路的分析与设计是两个相反的过程。一个是由给定的逻辑电路,求出相应的逻辑函数表达式,指出其逻辑功能;一个是由给定的逻辑功能或要求,求出逻辑电路。本章虽对两者都给出了基本的处理过程和步骤,但实际运用时可依具体问题而灵活掌握。

4. 随着中、大规模集成电路技术的不断发展及价格的不断下降,采用中、大规模集成电路以及可编程逻辑电路进行逻辑设计已经成为今后进行数字系统逻辑设计的方向。这就要求设计者应很好地熟悉和掌握各种中、大规模集成电路特别是可编程逻辑电路的逻辑功能和特点,并会正确使用它们,以方便、灵活地实现所要求的功能。本章就此给出了一些设计实例。

习 题 7

7.1 简述组合逻辑电路和特点。

7.2 什么叫最小项?最小项有哪些性质?简述最小项的编号方法。

7.3 逻辑函数的最小项表达式与一般的"与或"表达式有什么区别?如何用真值表法或公式法将逻辑函数化成最小项表达式形式?

7.4 化下列函数为最小项表达式形式:

(1) $F = AB + \bar{A}\bar{B} + C\bar{D}$

(2) $F = A(\bar{B} + C\bar{D}) + \bar{A}BCD$

(3) $F = \overline{\bar{A}(B + \bar{C})}$

7.5 什么叫卡诺图?卡诺图小方格的编号原则是什么?

7.6 用卡诺图法化简逻辑函数主要分哪几步进行?主要应注意哪几点?

7.7 迄今为止,你已经掌握了哪几种逻辑函数的化简方法?各自的主要特点是什么?

7.8 什么叫无关最小项?怎样进行包含无关最小项逻辑函数的化简?

7.9 多输出逻辑函数的化简主要应注意什么问题?

7.10 用卡诺图判断下列各题中逻辑函数 F 和 G 有何关系:

(1) $F = \bar{A}\bar{B} + ABC + \bar{B}\bar{C}$

$G = \overline{\bar{A}B + AB\bar{C} + A\bar{B}C}$

(2) $F = AB\bar{C} + \bar{A}BC$

$G = A\bar{B} + BC + \bar{C}\bar{A}$

7.11 用卡诺图化简下列逻辑函数:

(1) $F(A,B,C,D) = \sum m(0,1,4,6,9,13,14,15)$

(2) $F(A,B,C,D,E) = \sum m(3,4,6,9,11,13,15,18,25,26,27,29,31)$

(3) $F(A,B,C,D) = \sum m(2,9,10,12,13) + \sum d(1,5,14)$

(4) $F(A,B,C,D,E) = \sum m(3,11,12,19,23,29) + \sum d(5,7,13,27,28)$

7.12 用最少的"与非"门实现如下逻辑函数：
$$F(A,B,C,D) = (A+B)(A+\overline{C})BD + ABC\overline{D} + A\overline{B}D$$

7.13 什么叫组合逻辑电路的分析？什么叫组合逻辑电路的设计？组合逻辑电路的分析与设计各分哪几个主要步骤？

7.14 试分析和比较图 7.62 所示两个电路的逻辑功能。

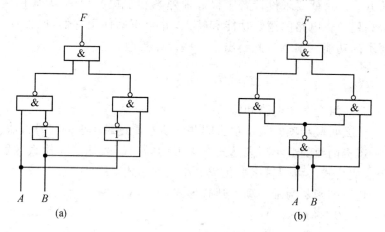

图 7.62 习题 7.14 图示

7.15 设计一个组合逻辑电路，其输入 $ABCD$ 表示一位 8421 码十进制数，输出为 Z。当输入的十进制数能被 3 整除时 Z 为 1，否则为 0。

7.16 简述译码器和编码器的功能。

7.17 简述多路分配器和多路选择器的逻辑功能。

7.18 分别用 ROM 和 PLA 实现 8421 码到余 3 码的代码转换，并结合本题说明这两种实现方法各自的特点。

7.19 采用中、大规模集成电路进行逻辑设计与传统的数字系统设计方法相比，有何不同？

7.20 画出一个用"与非"门组成的四位二进制译码器逻辑图。

7.21 设计一个余 3 码编码器。

7.22 用多路选择器实现下列逻辑函数：

(1) $F = \sum m(0,3,12,13,14)$

(2) $F = \sum m(2,3,4,5,8,9,10,11,14,15)$

7.23 什么叫竞争?什么叫险象?常用的消除险象的措施有哪几种?

7.24 用卡诺图化简下列函数,并使所得函数不产生险象。

(1) $F = \sum m(0,1,2,6,7)$

(2) $F = \sum m(3,4,7,8,9,10,11,12,15)$

第8章 时序电路的基本单元——触发器

时序电路与前面介绍的组合电路不同。它在任何时刻的输出不仅与电路的当前输入状态有关,而且还与先前的输入状态有关。也可以说,时序电路在任何时刻产生的稳定输出信号,不仅取决于电路当前时刻的输入信号,而且也取决于电路过去时刻的输入信号。所以,为实现时序电路的逻辑功能,就必须在电路内部包含具有存储或记忆功能的器件,用以保存与过去输入信号有关的信息。

具有存储或记忆功能的器件很多。在数字系统中通常是采用称为触发器(flip-flop)的电子器件来实现这种存储或记忆功能。触发器也称双稳态电路,它是具有两种稳定状态的电路,用于保存二进制信息。在某一时间内,它只能处于一种稳定状态;只有在一定的触发信号作用下,才能从一种稳定状态翻转到另一种稳定状态。

本章着重介绍几种典型的触发器,它们是:RS 触发器、D 触发器、JK 触发器及 T 触发器。

8.1 RS 触发器

8.1.1 基本 RS 触发器

如图 8.1 所示,用两个"与非"门相互交叉耦合,就可构成一个具有存储或记忆功能的最简单的 RS 触发器。由于这种触发器是构成其他各种触发器的基本组成部分,所以称之为基本 RS 触发器。

图 8.1 基本 RS 触发器

在图 8.1 中,R 和 S 为触发器的两个输入端,其中 R 为复位(reset)端,又称置 0 端;S 为置位(set)端,又称置 1 端。Q 和 $\bar{Q}$ 为触发器的两个输出端,这两个输出端的逻辑电平总是相反的,即若 $Q=0$,则 $\bar{Q}=1$;若 $Q=1$,则 $\bar{Q}=0$。可见,这个电路有两种稳定状态。容易想到，可以用它来"记忆"或存储一位二进制代码。习惯上，当 $Q=1,\bar{Q}=0$ 时，称触发器处于 1 状态，或者说触发器中寄存了 1 信息；而当 $Q=0,\bar{Q}=1$ 时，称触发器处于 0 状态，或者说触发器中寄存了 0 信息。

触发器的两种稳定状态，在一定的输入条件下可以相互转化，即可以从一种稳定状态翻转到另一种稳定状态。下面具体分析一下基本 RS 触发器输入与输出之间的逻辑关系。

当 R 输入为 0，S 输入为 1 时，无论触发器原来处于哪种状态，因为有 $R=0$，就必有"与非"门 A 的输出 $\bar{Q}=1$；$\bar{Q}$ 端的 1 电平又反馈到"与非"门 B 的左输入端，而由于此时 B 门的右输入端 S 为 1，从而使 B 门输出 $Q=0$。Q 端输出的 0 电平又反馈到 A 门的输入端，使 A 门输出的 1 保持不变。最后使该触发器置成稳定的 0 状态（$Q=0,\bar{Q}=1$）。

同样可以分析出，当 R 输入为 1，S 输入为 0 时，无论该触发器原来处于哪种状态，最终将使触发器置成稳定的 1 状态（$Q=1,\bar{Q}=0$）。

当 R 和 S 均为 1 时，触发器的两个输出端的电平将由 A 门和 B 门各自的反馈输入条件来确定，即此时触发器的状态不能由输入条件 R 和 S 来确定，而是保持原来状态不变。

当 R 和 S 均为 0 时，两个"与非"门的输出端 Q 和 $\bar{Q}$ 均为 1 时，这就破坏了触发器应具有相反输出的正常逻辑特性。即对于由两个"与非"门构成的基本 RS 触发器，两个输入均为 0 的条件是不允许的。

归纳上述的分析，可以得到基本 RS 触发器输入、输出逻辑关系真值表，如表 8-1 所示。

基本 RS 触发器的图形符号如图 8-2 所示，图中的 R 和 S 输入端带有小圆圈，表示该触发器为低电平触发。

表 8-1　基本 RS 触发器真值表

R	S	$\bar{Q}$	Q
0	1	1	0
1	0	0	1
1	1	保持原状	
0	0	不允许	

另外需要说明的是，这种触发器对触发信号的宽度有严格的要求。我们仍从图 8.1 所示的电路来说明这个问题。以前曾经指出，每一级门电路都存在平均时间延迟，这里假定"与非"门的平均时延为 $1t_{pd}$。设触发器原来的状态为 0 状态，即 $Q=0,\bar{Q}=1$，此时 S 端输入一个负触发脉冲，即 S 端电平由 1 变 0，经过

$1t_{pd}$ 的延迟时间后，Q 端输出电平才开始由 0 变 1，Q 端的这个正跳变反馈到 A 门输入，再经过 $1t_{pd}$ 的时间延迟，$\bar{Q}$ 端输出电平才开始由 1 变 0，并又反馈到 B 门输入。也就是说，Q 端输出信号的变化要比 S 端输入信号的变化延迟 $1t_{pd}$ 时间，而 $\bar{Q}$ 端的变化要比 S 端延迟 $2t_{pd}$ 时间，如图 8.3 所示。

图 8.2　基本 RS 触发器图形符号

图 8.3　基本 RS 触发器翻转时间图

这就告诉我们，在 S 端的负脉冲消失后，Q 端的 1 状态是靠 $\bar{Q}$ 端反馈的低电平来保持的。所以，在 $\bar{Q}$ 端的负跳产生之前，S 端的负脉冲不能撤消，否则触发器就要翻回到原来状态去，即没能达到使它稳定触发翻转的目的。R 端输入负脉冲时，情况与此类似。由此可见，这种触发器要求输入触发脉冲的宽度必须大于 $2t_{pd}$，否则将不能稳定工作。

8.1.2　钟控 RS 触发器

前面讨论的 RS 触发器的特点是，触发器的翻转动作发生在输入 R、S 产生变化的时刻。但在实际使用中，有时要求触发器不是直接在 R、S 输入变化的时刻就动作，而希望对触发器的翻转时刻进行控制，或者说要求触发器按一定的时间节拍进行动作，这就需要有一个时钟脉冲来控制。在相应的输入条件下，触发器只有在时钟脉冲到来时才翻转，而在其他时间触发器只能保持原来状态不变。

所谓时钟脉冲（clock pulse，CP），是由时钟电路产生的周期性的脉冲信号，用于对电路的同步控制。

在前面图 8.1 所示的基本 RS 触发器的基础上，再增加两块"与非"门，并用一个时钟脉冲 CP 来控制触发器翻转动作，则形成图 8.4 所示的触发器电路，称为钟控 RS 触发器，也叫有同步脉冲控制的 RS 触发器或同步式 RS 触发器。

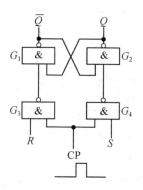

图 8.4　钟控 RS 触发器

钟控 RS 触发器的 CP 脉冲为正脉冲。在 CP 脉冲没有到来时，由于 CP 输入端总是处于低电平，G_3 和 G_4 门被封锁，此时，无论 R、S 端输入什么信号，G_3

和 G_4 的输出都是 1，使上面的基本 RS 触发器的状态保持不变；当 CP 脉冲到来时，CP 端为高电平，这时 R、S 端的输入信号就能通过 G_3 和 G_4 门去触发基本 RS 触发器，使它置 1 或置 0。也就是说，对于钟控 RS 触发器，时钟脉冲 CP 只控制触发器的翻转时间，而触发器到底被置成什么状态，是由 R、S 输入条件决定的。

钟控 RS 触发器的输入、输出逻辑关系真值表如表 8-2 所示。从表中可以看到，对于钟控 RS 触发器，在 R 和 S 均为 0 时，其状态保持不变；在 R 和 S 均为 1 时，是不允许的情况。

需要指出的是，钟控 RS 触发器虽然能按一定的时间节拍进行翻转动作，但它在 CP 脉冲期间，输入条件的变化会导至输出状态的变化，即如果在 CP＝1 时，输入条件 R 和 S 发生跳变，将会使触发器发生一次以上的翻转，也就是所谓发生"空翻"现象。"空翻"会造成系统工作的混乱和不稳定。这就要求这种触发器在 CP 脉冲期间输入信号严格保持不变。

另外，与前面介绍的基本 RS 触发器类似，这种钟控 RS 触发器也要求 CP 脉冲的宽度不能小于 $2t_{pd}$，否则会造成"触而不翻"即不能达到使它稳定翻转的目的。

由于钟控 RS 触发器的这些缺点，使它的应用受到很大的限制。一般只用它作数码寄存而不宜用来构成具有移位和计数功能的逻辑部件。

表 8-2　钟控 RS 触发器真值表

R	S	$\bar{Q}$	Q
0	1	0	1
1	0	1	0
0	0	保持原状	
1	1	不允许	

8.1.3　数据锁存器

如果在图 8.4 所示的钟控 RS 触发器的输入端 R 和 S 之间增加一个反相器（"非"门），并将 CP 输入端改作选通控制条件，即可得到一个如图 8.5 所示的电路，称为带选通控制的数据锁存器，简称数据锁存器（data latch）。

该电路的工作特点是：当选通信号为高电平（逻辑 1）时，输出 Q 总是与 D 相同，或者说 Q 总是跟随着 D；而当选通信号为低电平（逻辑 0）时，不管 D 为 1 或 0，输出 Q 总是保持原来的状态不变，或者说原来的数据输入（D）被锁存在触发器之中。其真值表如表 8-3 所示。

图 8.5 数据锁存器

表 8-3 数据锁存器的真值表

选通	D	Q
1	0	0
1	1	1
0	0	保持原状
0	1	

用图 8.6 所示的时间图可以进一步说明数据锁存器的工作特性。为简明起见,图中假设门电路的延迟时间 $t_{pd}=0$。

图 8.6 锁存器工作时间图

由图 8.6 可见,在 $t_0 \sim t_1$ 期间,锁存器的选通输入为 0,所以不管输入 D 怎样变化,输出 Q 总是保持着原来的状态 0 不变;在 t_1 时刻,选通信号由 0 变 1,并一直延续到 t_2 时刻,在此期间内,Q 跟随 D 的变化而变化,有人也称此时的 Q 对 D 是透明的(transparent);在 t_2 时刻,选通信号由 1 变 0,从此刻开始,输出 Q 一直保持着 t_2 时 D 的锁存值不变。不难想到,如果选通信号在 t_2 之后的某一时刻再次由 0 变 1,那么输出 Q 将从那一时刻开始再次跟随 D 的变化而变化。

由于锁存器所具有的上述功能特性,它经常被应用于数据总线的传输与控制之中。如图 8.7 所示,将 n 个数据锁存器的每个数据输入端分别与 n 位数据总线的每条线相连,并将各个锁存器的选通输入端接在一起,形成公共的选通信号端。通过系统提供的选通信号,即可有效地实现数据的锁存与传送功能。

图 8.7 锁存器的应用

8.2 触发器外部逻辑特性的描述

在对触发器的工作原理有了一定了解的基础上,下面对它的外部逻辑特性给以系统的描述。

针对触发器的一次翻转,把触发器翻转前的状态叫触发器的现状(present state),通常用 $Q^{(n)}$ 表示;把翻转后的状态叫触发器的次态(next state),通常用 $Q^{(n+1)}$ 表示。在后续章节中,为了书写简便,现态用 Q 表示,次态用 Q^{n+1} 表示。触发器的次态取决于它的现态和输入,即触发器的次态是触发器的现态和输入的函数,但需注意这里反映的是触发器翻转前和翻转后不同时刻的变量之间的函数关系。这种函数关系可以用真值表的形式来描述,称为次态真值表。也可以用逻辑方程的形式来描述,称为次态方程,也有的书上称为特性方程。根据触发器工作时的输入输出逻辑关系可以归纳出次态真值表,再利用卡诺图的方法进行化简,即可得到次态方程。这里所用的卡诺图,称之为次态卡诺图。

例如,对于图 8.4 所示的钟控 RS 触发器,其次态真值表如表 8-4 所示。这里需要注意的是,R 和 S 不允许同时处于 1 状态(高电平),这是该触发器使用中的约束条件或不允许出现的条件。但在次态真值表中仍把这些输入条件列出,并把相应的次态记为无关项 d,以便在用次态卡诺图化简时利用之。根据图 8.8 所示的次态卡诺图,可得钟控 RS 触发器的次态方程如下:

$$Q^{n+1} = S + \bar{R}Q$$

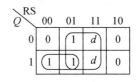

图 8.8 次态卡诺图

表 8-4 钟控 RS 触发器的次态真值表

输	入	现 态	次 态
R	S	Q	Q^{n+1}
0	0	0	0
0	0	1	1
0	1	0	1
0	1	1	1
1	0	0	0
1	0	1	0
1	1	0	d
1	1	1	d

8.3 维阻 D 触发器

针对前面讨论的 RS 触发器的缺点,加以改进,出现了称之为"维持阻塞"结构的触发器。目前被广泛使用的 D 触发器,就是典型的"维持阻塞"结构的触发器,简称维阻 D 触发器。

维阻 D 触发器的逻辑结构如图 8.9 所示。图中的 D 输入端称为数据输入端(简称 D 端),R_D 和 S_D 分别称为直接置 0 端和直接置 1 端,它们均为低电平有效,即在不作直接置 0 和置 1 操作时,保持为高电平。我们可以先抛开 R_D 和 S_D 的信号连线不管,而主要围绕该触发器的基本工作原理进行分析。

图 8.9 维阻 D 触发器的逻辑结构

在时钟脉冲没有到来(CP=0)时,G_3、G_4 均输出高电平。在这种情况下,无论 D 端状态怎样变化,都不会改变触发器的原有状态。

当时钟脉冲到来(CP=1)时,可分为两种情况讨论:

(1) 设 CP 到来之前 D=0,则 G_5 输出一定为 1,进而可以推出 G_6 输出为 0。当 CP 脉冲到来(CP 由 0 变 1),此时 G_3 的全部输入变为 1,因此 G_3 的输出由 1 变为 0,将触发器置成 0 状态,即触发器的次态 $Q^{n+1}=0=D$;同时 G_3 输出的 0 电平又反馈到 G_5 的输入端,将 G_5 门封锁,使得在 CP=1 期间,无论 D 端输入状态怎样变化都能保持 G_5 输出为 1 不变,进而保持 G_3 输出的 0 信号不变。由于这条反馈线起到了置 0 维持的作用,所以称之为置 0 维持线。另外,由于 G_5 输出的 1 信号又反馈到 G_6 的输入,使 G_6 输出为 0,进而使 G_4 输出保持为 1 不变,这就起到了阻止置 1 的作用,因而称这条反馈线为置 1 阻塞线。

也可以用另一种说法,即由于置 0 维持线和置 1 阻塞线的存在,在 CP 脉冲到来之前若 D=0,则不管在 CP 脉冲期间 D 端输入条件是否发生变化,都将使 CP 脉冲能够完整地从 G_3 门通过,而不会从 G_4 门漏发出"窄脉冲",从而保证了触发器置 0 动作的可靠完成。

(2) 设 CP 脉冲到来之前 D=1,则 G_5 输出为 0,G_6 输出为 1。当 CP 由 0 变 1 后,由于 G_4 的全部输入均为 1,使得 G_4 输出由 1 变 0,将触发器置 1,即触发器的次态 $Q^{n+1}=1=D$;同时 G_4 输出的 0 信号又反馈到 G_6 门的输入端,维持 G_6 输出为 1 不变,进而维持 G_4 输出的 0 信号不变。由于这条反馈线起到了对触发器的置 1 维持的作用,所以称之为置 1 维持线。另外,G_4 输出的 0 信号又反馈到 G_3 的输入,封锁 G_3 门,以阻止置 0 信号的产生,因此称这条反馈线为置 0 阻塞线。所以在 CP=1 期间,D 端输入条件的变化只能引起 G_5 输出的变化,但不能通过 G_3 门和 G_6 门去影响触发器的可靠置 1 动作。换句话说,由于置 1 维持线和置 0 阻塞线的存在,在 CP 脉冲到来前 D=1 时,则无论在 CP 脉冲期间 D 端输入条件是否发生变化,都能确保 CP 脉冲完整通过 G_4 门反相输出,而不会从 G_3 门漏发,从而保证了触发器置 1 动作的可靠完成。

维阻结构 D 触发器的工作时间图如图 8.10 所示(为了画图简洁,假定每级门的时延 $t_{pd}=0$)。

在图 8.10 所示的时间图中,触发器原来处于 1 状态($Q=1,\bar{Q}=0$),D 输入为 0。在第一个 CP 脉冲上升沿到来的时刻(t_1 时刻),触发器被置为 0 态($Q=0,\bar{Q}=1$);在 t_2 时刻,尽管 D 端由 0 变为 1,但由于此时 CP 脉冲还没有到来(CP=0),所以触发器并不翻转,直到第二个 CP 脉冲的上升沿到来的时刻(t_3 时刻),触发器才翻转为 1 态。图中的 t_4 和 t_5 时刻表明的是,尽管输入信号 D 在 CP 脉冲期间发生了跳变,但触发器并不由此而发生翻转,它仍保持 CP 脉冲前沿到来时被置成的状态不变。

图 8.10　维阻 D 触发器工作时间图

从上面的介绍中可以看到，维阻 D 触发器是在时钟脉冲的上升沿将 D 输入端的数据可靠地置入，并且在上升沿过后的时钟脉冲期间内，D 输入值可以随意改变，触发器的输出状态仍以时钟脉冲上升沿时所采样的值为准。通常称这种触发器为边沿触发的触发器。

现在再来分析一下关于 R_D 和 S_D 信号线的正确接法问题。在前面已经提到过可以通过 R_D 和 S_D 端直接对触发器置 0 或置 1。但实际上，R_D 和 S_D 不是仅加到 G_1 和 G_2 门的输入端上。原因是，如果仅加到这两个门的输入端上，则只能在 CP＝0 时，直接置 1、置 0 才有效。而在 CP＝1 时，由于 G_3 和 G_4 输出总是相反，若 G_3 输出为 0，则通过 S_D 端直接置 1 的最后效果将不确定；若 G_4 输出为 0，则通过 R_D 端直接置 0 的最后效果将不确定。所以，在图 8.9 所示的维阻 D 触发器逻辑原理图中，将 R_D 同时加在 G_1、G_4、G_5 门的输入端，将 S_D 同时加在 G_2、G_6 门的输入端。这样做的好处是，无论时钟脉冲为 0 还是 1，都能有效地通过 R_D 和 S_D 直接置 0 和置 1。

维阻 D 触发器的逻辑符号、次态真值表及次态卡诺图如图 8.11 所示。

输入	现态	次态
D	Q	Q^{n+1}
0	0	0
0	1	0
1	0	1
1	1	1

(a) 逻辑符号　　　(b) 次态真值表　　　(c) 次态卡诺图

图 8.11　D 触发器的三种表示形式

由次态卡诺图可得维阻 D 触发器的次态方程为
$$Q^{n+1} = D$$
实际使用的维阻 D 触发器还可具有几个 D 输入条件,那么这些 D 输入条件是"与"的关系,而此时的次态方程为
$$Q^{n+1} = D_1 \cdot D_2 \cdot D_3$$

8.4 主从 JK 触发器

实现触发器可靠翻转的另一种办法是采用具有存储作用的导引电路,并采用主从触发的方式。这类触发器叫主从结构的触发器,或简称主从触发器,目前广泛使用的是主从结构 JK 触发器。

在本节中,先分别介绍主从触发器和 JK 触发器的工作原理,然后讨论主从结构的 JK 触发器。

8.4.1 主从触发器

主从触发器一般是由两个钟控 RS 触发器构成,如图 8.12 所示。其中下面的四个"与非"门($G_5 \sim G_8$)构成主触发器,上面的四个"与非"门($G_1 \sim G_4$)构成从触发器。加在主触发器上的时钟脉冲经过 G_9 门反相后再加到从触发器上去,即主、从两个触发器所要求的时钟脉冲彼此反相。

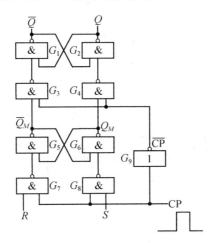

图 8.12 主从触发器

下面具体说明它的工作原理:

当 $R=0, S=1$,在 CP 脉冲的前沿到达时,主触发器就被置 1,即 $Q_M^{n+1}=1$,$\overline{Q}_M^{n+1}=0$。但主触发器的这种输出状态在 CP 脉冲期间并不能传送到从触发器

去,因为此时$\overline{CP}=0$,封锁了G_3和G_4门,从而把从触发器和主触发器隔离开来。只有当时钟脉冲的后沿到达后(CP=0,$\overline{CP}=1$),G_3和G_4门开启,才把从触发器和主触发器接通,此时主触发器存储的信息就被传送到从触发器去,即有$Q^{n+1}=1,\overline{Q}^{n+1}=0$。

可见,在CP脉冲期间,主触发器接收输入信号并把它暂存起来,而从触发器在此期间被$\overline{CP}=0$所封锁,保持原状态不变。只有在时钟脉冲的后沿出现后,从触发器才依据主触发器的输出状态而被置成相应的状态,而这时主触发器被CP=0所封锁,保持着刚才接受的信息不会再发生变化。所以,就主从触发器的整体来说,其输出状态在时钟脉冲期间是不会发生变化的,以这种逻辑特性为基础,可以构成移位寄存器或计数器等逻辑部件,并能可靠地工作。

应该说明的是,在这种触发器中,主触发器的状态在CP脉冲期间内仍受R、S输入变化的影响,即在CP期间内,如果R、S有变化,会导至主触发器的翻转,并在CP脉冲后沿到达后,造成从触发器接受不正确的信息。所以对于这种触发器,在CP脉冲期间仍应保持R、S信号稳定不变。为了做到这一点,只要在作系统级联时,考虑把另一个主从触发器的输出作为这个主从触发器的输入即可。

8.4.2 JK触发器

前面讨论的钟控RS触发器,对输入R、S有一个明确的限制,即R、S不能同时为1,否则输出状态将不确定。

我们在钟控RS触发器的基础上加上两条交叉反馈线,如图8.13所示。它利用Q和$\overline{Q}$不可能同时为1的特点,将它们交叉反馈到下面的输入门G_3和G_4,以此对CP脉冲起导引作用,从而避免输出状态不定的现象,并将原来钟控RS触发器的输入端S改用J表示,输入端R改用K表示,故称JK触发器。

图 8.13 JK触发器

下面分析一下JK触发器的逻辑功能。对于J、K的四种取值可能的前三种（即当$J=0,K=0;J=0,K=1;J=1,K=0$时），其逻辑功能与钟控RS触发器完全相同，对于第四种，即当$J=1,K=1$时，如果该触发器现态为1（$Q=1,\overline{Q}=0$），那么当CP脉冲到来，则G_3门因输入均为1而输出为0，使触发器翻转为0，即次态为0。如果现态为0，则当CP脉冲到来，G_4门因输入均为1而输出为0，使触发器翻转为1，即次态为1。这就是说，JK触发器由于导引电路的作用，当输入条件J、K同时为1时，在CP脉冲的作用下总要翻转成相反的状态，即：

$$Q^{n+1} = \overline{Q}$$

需要指出的是，这种JK触发器对CP脉冲宽度的要求极其苛刻，即触发器可靠工作的CP脉冲宽度必须大于$2t_{pd}$而小于$3t_{pd}$。如果小于$2t_{pd}$则会"触而不翻"，而如果大于$3t_{pd}$则会发生空翻现象。由于这些苛刻的要求，使得它不可能具有实际使用的价值。

8.4.3 主从JK触发器

将图8.12所示的主从触发器改接成图8.14的形式，即构成主从JK触发器。主从JK触发器的逻辑符号、次态真值表和次态卡诺图如图8.15所示。

根据次态卡诺图可得主从JK触发器的次态方程为

$$Q^{n+1} = J\overline{Q} + \overline{K}Q$$

在图8.15所示的主从触发器的逻辑符号中，S_D和R_D输入端的小圆圈表示低电平有效。而CP端的小圆圈表示在CP脉冲的上升沿将输入数据接收并暂存在主触发器中，在CP脉冲的下降沿才将主触发器的状态传送到从触发器，并置定输出状态。通常称这种触发器为负边沿触发的触发器，也有人称它为"上升沿采样，下降沿定局"。

图8.14 主从JK触发器的逻辑结构

(a) 逻辑符号

(b) 次态真值表

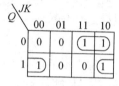
(c) 次态卡诺图

图 8.15　主从 JK 触发器的三种表示形式

8.5　T 触发器

把 JK 触发器的 J、K 输入端接在一起成为一个输入端,并称之为 T 输入端,就可构成 T 触发器。如图 8.16 所示。

图 8.16　T 触发器的逻辑结构

可以想到,若 $T=1$,即相当于 JK 触发器的 $J=1$,$K=1$,那么每来一个 CP 脉冲,触发器必定翻转一次;若 $T=0$,即相当于 JK 触发器的 $J=0$,$K=0$,则每来一个 CP 脉冲,触发器的状态总是保持不变。

T 触发器的逻辑符号、次态真值表和次态卡诺图如图 8.17 所示。

由图 8.17(c) 的次态卡诺图容易得到次态方程为

$$Q^{n+1} = \overline{Q}T + Q\overline{T}$$

(a) 逻辑符号

输入	现态	次态
T	Q	Q^{n+1}
0	0	0
0	1	1
1	0	1
1	1	0

(b) 次态真值表

Q \ T	0	1
0	0	1
1	1	0

(c) 次态卡诺图

图 8.17　T 触发器的三种表示形式

T 触发器由于在 T=1 时总是反复翻转的特点而被称为反复电路(toggle)，也有人因它有计数功能，而称之为计数触发器。后面将会看到，用 T 触发器可以很方便地构成计数器。

8.6 触发器的主要参数

触发器的主要参数分为直流参数和时间参数两大类。直流参数包括电源电流 I_E、低电平输入电流 I_{IL}、高电平输入电流 I_{IH}、输出高电平 V_{OH}、输出低电平 V_{OL} 以及扇出系数 N_O 等。时间参数有触发器的建立时间 t_{set}、保持时间 t_h、时钟高电平宽度 t_{WH}、时钟低电平宽度 t_{WL}、最高工作频率 f_{max} 以及传输延迟时间 t_{PLH} 和 t_{PHL} 等。

8.6.1 触发器的直流参数

1. 电源电流 I_E

一个触发器由多个逻辑门电路组成，无论触发器处于 0 状态还是 1 状态，总有一部分门电路处于导通状态，另一部分处于截止状态，因此，电源电流大体上处于某个数值范围之内。为了明确起见，一些生产厂商规定，所有输入端和输出端悬空时电源向触发器提供的电流为电源电流 I_E，它反映了该电路的空载功耗。

2. 低电平输入电流 I_{IL}

当触发器某个输入端接地，其他各输入、输出端悬空时，从接地输入端流向地的电流为低电平输入电流 I_{IL}，它反映了对前级驱动电路输出为低电平时的加载情况。

3. 高电平输入电流 I_{IH}

将触发器各输入端分别接高电平时流入这个输入端的电流就是其高电平输入电流 I_{IH}，它反映了对前级驱动电路输出为高电平时的加载情况。

4. 输出高电平 V_{OH} 和输出低电平 V_{OL}

触发器输出端(Q 和 $\bar{Q}$)输出高电平时的电平值为 V_{OH}，输出低电平时的电平值为 V_{OL}。

8.6.2 触发器的时间参数

为了使触发器能够正确工作，不仅需了解触发器的逻辑功能，而且要掌握触发器的脉冲工作特性，即触发器对数据输入信号、时钟脉冲以及它们之间互相配合的时序关系。

下面以维阻 D 触发器为例，具体介绍它的几个主要时间参数。维阻 D 触发器的数据输入信号(D)、时钟脉冲信号(CP)以及输出信号(Q 和 $\bar{Q}$)之间的时间关系如图 8.18 所示。

图 8.18 维阻 D 触发器的时间参数

图 8.18 表明,输入数据信号 D 在时钟有效边沿之前和之后都要有一段稳定不变的时间,否则,这个数据信号就不能可靠置入触发器。相应的两个时间参数的定义是:

(1) 建立时间 t_{set}:输入数据信号必须在时钟有效边沿之前提前到来的时间。

(2) 保持时间 t_h:输入数据信号在时钟有效边沿之后继续保持不变的时间。

时钟脉冲信号的时间参数也有两个,分别是:

(1) 时钟高电平宽度 t_{WH}:时钟信号保持为高电平的最小持续时间。

(2) 时钟低电平宽度 t_{WL}:时钟信号保持为低电平的最小持续时间。

t_{WH} 与 t_{WL} 之和是保证触发器能正常工作的最小时钟周期,进而可以确定触发器的最高工作频率:

$$f_{max} \leqslant \frac{1}{t_{WH} + t_{WL}}$$

另外,从时钟信号 CP 前沿到达时算起,直至触发器翻转完毕,或者说直到新的输出状态稳定下来,也需要有一段时间,称之为触发器的传输延迟时间。通常将输出端由低电平变为高电平的传输延迟时间记为 t_{PLH},将输出端高电平变为低电平的传输延迟时间记为 t_{PHL}。图 8.18 中分别表示了这两个时间参数。通过分析维阻 D 触发器的工作过程可以发现,t_{PHL} 大于 t_{PLH}。

8.7 不同类型触发器间的转换

在数字电路的实际使用中,可能要用到各种不同类型的触发器,但是市售产品多为 JK 触发器和 D 触发器。为此,可以依据前面介绍的这些触发器的逻辑特性,外接适当的逻辑电路,把 JK 触发器或 D 触发器转换成所需逻辑功能的触发器。其转换方法是：先联解两种触发器（已有触发器和待求触发器）的次态方程，求出转换电路的逻辑表达式，再画出转换逻辑图即可。这种转换方法具有普遍性，可适用于任何两种类型触发器间的相互转换。转换的一般结构示意图如图 8.19 所示。下面以 D 触发器和 JK 触发器转换成其他类型的触发器为例，具体说明这种转换方法。

图 8.19　触发器转换示意图

8.7.1　D 触发器转换成其他类型的触发器

1. D→RS

D 触发器和 RS 触发器的次态方程为

$$Q^{n+1} = D \quad \text{（D 触发器）}$$
$$Q^{n+1} = S + \bar{R}Q \quad \text{（RS 触发器）}$$

联解以上两式，可得转换电路的逻辑表达式为

$$D = S + \bar{R}Q = \overline{\overline{S + \bar{R}Q}} = \overline{\bar{S} \cdot \overline{\bar{R}Q}}$$

可得 D 触发器转换为 RS 触发器的逻辑图，如图 8.20 所示。

2. D→JK

联解 D 触发器和 JK 触发器的次态方程：

$$\begin{cases} Q^{n+1} = D & \text{（D 触发器）} \\ Q^{n+1} = J\bar{Q} + \bar{K}Q & \text{（JK 触发器）} \end{cases}$$

可得转换电路的逻辑表达式为

$$D = J\bar{Q} + \bar{K}Q = \overline{\overline{J\bar{Q} + \bar{K}Q}} = \overline{\overline{J\bar{Q}} \cdot \overline{\bar{K}Q}}$$

D 触发器转换成 JK 触发器的逻辑图如图 8.21 所示。

图 8.20 D 触发器转换成 RS 触发器

图 8.21 D 触发器转换成 JK 触发器

3. D→T

联解 D 触发器和 T 触发器的次态方程:

$$\begin{cases} Q^{n+1} = D & \text{(D 触发器)} \\ Q^{n+1} = T\bar{Q} + \bar{T}Q & \text{(T 触发器)} \end{cases}$$

可得转换电路的逻辑表达式为:

$$D = T\bar{Q} + \bar{T}Q = \overline{\overline{T\bar{Q}} \cdot \overline{\bar{T}Q}}$$

D 触发器转换成 T 触发器的逻辑图如图 8.22 所示。

图 8.22 D 触发器转换成 T 触发器

8.7.2 JK 触发器转换成其他类型的触发器

JK 触发器的次态方程为:

$$Q^{n+1} = J\bar{Q} + \bar{K}Q \tag{8-1}$$

1. JK→RS

RS 触发器的次态方程为

$$\begin{cases} Q^{n+1} = S + \bar{R}Q \\ RS = 0 \end{cases} \quad \text{(约束条件)} \tag{8-2}$$

现将式(8-2)进行逻辑变换：

$$\begin{aligned} Q^{n+1} &= S(Q+\bar{Q}) + \bar{R}Q \\ &= S\bar{Q} + (S+\bar{R})Q \\ &= S\bar{Q} + (\overline{\bar{S}\cdot R})Q \end{aligned} \tag{8-3}$$

对比式(8-3)与式(8-1)可知，只要取 $J=S, K=\bar{S}R$ 即可实现 RS 触发器的功能。再利用约束条件 $RS=0$ 可进一步得到：$K=\bar{S}R+RS=R$，所以只要令 $J=S, K=R$ 即可将 JK 触发器转换成 RS 触发器，如图 8.23 所示。

2. JK→D

联解 JK 触发器和 D 触发器的次态方程：

$$\begin{cases} Q^{n+1} = D = D(Q+\bar{Q}) & \text{(D 触发器)} \\ Q^{n+1} = J\bar{Q} + \bar{K}Q & \text{(JK 触发器)} \end{cases}$$

可得

$$D\bar{Q} + DQ = J\bar{Q} + \bar{K}Q$$

所以只要令 $J=D, K=\bar{D}$ 即可将 JK 触发器转换为 D 触发器，如图 8.24 所示。

图 8.23 JK 触发器转换成 RS 触发器

图 8.24 JK 触发器转换成 D 触发器

3. JK→T

T 触发器的次态方程为

$$Q^{n+1} = T\bar{Q} + \bar{T}Q \tag{8-4}$$

比较式(8-4)和式(8-1)可知，只要令 $J=T, K=T$ 即把 JK 触发器的 J、K 控制端联在一起作为 T 控制端，就可将 JK 触发器转换成 T 触发器。如图 8.25 所示。关于这一点，在前面介绍 T 触发器时就已经提到了。

图 8.25　JK 触发器转换成 T 触发器

8.8　触发器的激励表

触发器的激励表(excitation table)与次态真值表的表示形式有所不同,它是把触发器的现态和次态作为自变量,把输入作为因变量的一种真值表。也可以说,激励表说明的是触发器从现态转换到次态时,对输入条件的要求,因此,也称激励表为输入表。各类触发器的激励表可以从前面介绍的次态真值表直接推出。下面具体给出四类触发器(钟控 RS 触发器、D 触发器、T 触发器和 JK 触发器)的激励表,如表 8-5(a)、(b)、(c)、(d)所示。

表 8-5(a)　钟控 RS 触发器激励表

现态	次态	输	入
Q	Q^{n+1}	R	S
0	0	d	0
0	1	0	1
1	0	1	0
1	1	0	d

表 8-5(b)　D 触发器激励表

现态	次态	输入
Q	Q^{n+1}	D
0	0	0
0	1	1
1	0	0
1	1	1

表 8-5(c) T 触发器激励表

现态	次态	输入
Q	Q^{n+1}	T
0	0	0
0	1	1
1	0	1
1	1	0

表 8-5(d) JK 触发器激励表

现态	次态	输入	
Q	Q^{n+1}	J	K
0	0	0	d
0	1	1	d
1	0	d	1
1	1	d	0

钟控 RS 触发器的激励表(表 8-5(a))是从前面给出的钟控 RS 触发器的次态真值表(见表 8-4)导出的。表 8-5(a)的第一行说明：当触发器现态为 0，要使次态也为 0，则要求输入 R 可为 0，也可为 1(记为 d)，而 S 为 0；第二行说明：当现态为 0，要使次态为 1，则要求输入 R 为 0，而 S 为 1；第三行和第四行表示的意义，由表中明确可见。

其他三类触发器激励表的含义如表中所示，此处不再赘述。

需要说明的是，触发器激励表的主要用途是用于同步时序电路的设计之中，关于这一点，在后续内容的介绍中将会具体看到。

8.9 触发器集成电路

当前数字系统中使用的触发器几乎全部采用集成电路(integrated circuit，IC)触发器。下面介绍几种典型的触发器集成电路。

图 8.26 所示为双"维阻 D 触发器"集成电路(SN7474)。它采用正边沿触发，电路内部采用与前述图 8.9 完全相同的维持阻塞逻辑结构，S_D 和 R_D 分别为低电平有效的置位和复位输入端，D 是数据输入端。该电路要求 D 输入电平应比时钟脉冲的正边沿提前 20nS 稳定建立。图中输入输出端上标识的数字，即为集成电路芯片上相应引脚(Pin)的编号，在图的下部分别标出了电源(V_{cc})和地(GND)的引脚号。

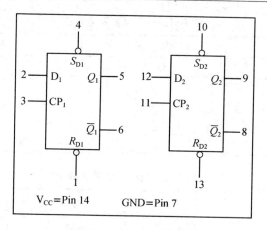

图 8.26 双 D 触发器

图 8.27 所示为双"主从 JK 触发器"集成电路(SN7473)。它采用负边沿触发,仅有低电平有效的复位输入端 R_D。图 8.28 所示为"四位 D 锁存器"集成电路(SN7475),其中每两位锁存器由一个高电平有效的"允许信号"E(也称选通信号)控制。关于锁存器的功能特点,在前面介绍数据锁存器(D-Latch)时已详细讨论过(见图 8.6 所示锁存器工作时间图),这里仅再强调一下:当允许信号(E_{0-1} 及 E_{2-3})为有效高电平时,数据(D)进入锁存器并出现在输出端 Q,在允许信号的整个高电平期间,输出 Q 一直跟随着数据输入 D;而当允许信号为低电平时,锁存器的输出状态则保持着原来的锁存值不变。

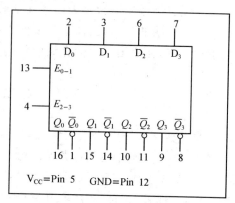

图 8.27 双 JK 触发器 IC(SN7473)　　图 8.28 锁存器 IC(SN7475)

关于上述触发器集成电路的更详细技术参数(如工作波形图,温度特性等),实际使用时可查阅有关的集成电路器件手册,此处不再列出。

本 章 小 结

本章主要介绍触发器电路。首先介绍了几种典型触发器的电路组成及逻辑功能,然后讨论了不同类型触发器之间的相互转换。此外,还分别给出了几种触发器的激励表,在下一章讨论时序电路设计时将要用到。

1. 触发器是属于具有存储或记忆功能的逻辑电路。它具有两种稳定状态,在一定的输入条件下,可以从一种稳定状态翻转成另一种稳定状态。触发器可用于存储或记忆二进制信息,它是时序电路的基本组成单元。

2. 几种典型触发器(钟控 RS 触发器、维阻 D 触发器、主从 JK 触发器及 T 触发器等)各自具有不同的电路结构和逻辑功能特性。通过次态真值表和次态方程可以清楚地表达它们的逻辑功能特性,并且可以依此来实现不同功能触发器的相互转换,因此,确切了解和掌握几种典型触发器的次态真值表和次态方程是正确使用这些触发器的基础和依据。

3. 触发器的激励表与次态真值表的表示形式有所不同。它是把触发器的现态和次态作为自变量,把输入作为因变量的一种真值表。各类触发器的激励表可从次态真值表直接导出。激励表主要用于时序电路的设计之中。

习 题 8

8.1 触发器的基本逻辑特性是什么?

8.2 触发器有哪些基本类型?每种类型的主要特点是什么?

8.3 以钟控 RS 触发器为例,解释触发器的空翻现象。为解决空翻问题,怎样改进触发器的结构?

8.4 简要说明"维持—阻塞"逻辑结构的工作原理。

8.5 分别画出 D 触发器、JK 触发器及 T 触发器的图形符号,并写出它们的次态真值表和次态方程。

8.6 有三个触发器 A、B、C,在同一个 CP 脉冲作用下,将 A 所存代码传送到 B,B 所存代码传送到 C。试画图实现之。

8.7 有两个触发器 A 和 B,在同一个 CP 脉冲作用下,将 A 所存代码传送到 B,B 所存代码传送到 A。试画图实现之。

8.8 举例说明不同类型触发器相互转换的方法。

8.9 触发器的激励表与次态真值表有何不同?触发器的激励表是如何导出的?它主要用在何处?

第 9 章 时序逻辑电路

本章着重介绍时序逻辑电路。首先介绍时序电路的基本组成及描述方法,然后介绍时序电路的分析与设计方法。

9.1 时序电路的基本组成

图 9.1 是用框图表示的时序电路的基本组成情况。从总体上说,它由组合电路及存储电路两部分组成,其中 $x_1,\cdots,x_n$ 称为时序电路的输入,$Z_1,\cdots,Z_m$ 称为时序电路的输出;$Y_1,\cdots,Y_r$ 为时序电路的内部输出,同时又是其存储电路的输入;$y_1,\cdots,y_r$ 为时序电路的内部输入,同时又是其存储电路的输出。这些变量之间的关系可用逻辑关系式表示为

$$Z_i = g_i(x_1,\cdots,x_n;y_1,\cdots,y_r), i = 1,\cdots,m \tag{9-1}$$

$$Y_i = h_i(x_1,\cdots,x_n;y_1,\cdots,y_r), i = 1,\cdots,r \tag{9-2}$$

把(9-1)式称做输出函数,(9-2)式称做控制函数或激励函数。时序电路中的存储电路可以是第 8 章中介绍过的各类触发器,也可以是其他类型的存储器件。

图 9.1 时序电路的组成

时序电路可分为两类:同步时序电路和异步时序电路。有统一时钟控制的时序电路称为同步时序电路,没有统一时钟控制的时序电路称为异步时序电路。对于同步时序电路,只有在时钟脉冲到来时,电路的状态才发生变化;而对于异步时序电路,其状态改变是由输入信号的变化直接引起的。

下面将主要讨论同步时序电路的分析与设计方法,关于异步时序电路,可查阅相关参考文献。

9.2 时序电路的描述方法

在时序电路中,针对电路状态的一次改变,把改变之前的状态叫时序电路的现态,把改变之后的状态叫时序电路的次态。

时序电路的输入、输出、现态和次态之间的函数关系可以用状态图、状态表或时间图清晰地加以描述和说明。

9.2.1 状态图

状态图也叫状态转换图,它是反映时序电路状态转换规律及相应输入、输出取值情况的几何图形表示。在这种表示中,将时序电路所有独立可能的状态用若干圆圈来表示,圈内标记不同的字母或数字,用以表示各种不同的状态。圆圈之间用带箭头的直线或弧线连接起来,用以表示状态跳变的方向(指出由现态到次态的路径),箭头尾端圆圈内标注的是电路的现态,箭头指向圆圈内标注的是电路的次态。带箭头的直线或弧线旁都记有输入变量 x 和相应的输出 Z,用 x/Z 表示,如图 9.2 所示。

图 9.2 时序电路的状态图

9.2.2 状态表

状态表也叫状态转换表,它是用表格的形式来描述时序电路。在这种表示中,时序电路的全部输入列在表的顶部,表的左边列出现态,表的内部列出次态和输出。状态表的一般列法如表 9-1 所示。

表 9-1 时序电路的状态表

现态＼输入	x
y	Y/Z

次态/输出

表 9-1 所示的状态表的读法是：处在现态 y 的时序电路，当输入为 x 时，该电路将进入输出为 Z 的次态 Y。

9.2.3 时间图

时间图又叫工作波形图。它用波形图的形式，形象地描述了时序电路的输入信号、输出信号以及电路的状态转换等在时间上的对应关系。

在后面的介绍中，将会进一步利用状态图、状态表以及时间图来描述具体的时序电路。

例 9.1 研究具有一个输入变量 x、一个输出变量 Z 和两个状态变量 $y_1 y_2$ 的时序电路，其中有：

输入：$x=0, x=1$
状态：$[y_1 y_2]=[00] \equiv A$，$[y_1 y_2]=[01] \equiv B$
$[y_1 y_2]=[10] \equiv C$，$[y_1 y_2]=[11] \equiv D$
输出：$Z=0, Z=1$

该时序电路的状态图如图 9.3 所示，状态表如表 9-2 所示。

表 9-2 状态表

现态＼输入	0	1
A	D/0	C/1
B	B/1	A/0
C	C/1	D/0
D	A/0	B/1

次态/输出

图 9.3 状态图

从状态表和状态图可以看到，假设初始状态处于 A（即 $y_1 y_2 = 00$），如果这时加入输入 $x=0$，则电路就进入次态 D，且输出 $Z=0$；在处于状态 D 时，如果又加入输入 $x=1$，则电路又进入状态 B，且输出 $Z=1$，等等。所以，如果加到这个电路的输入为如下序列：

$$x = 0110101100$$

那么，若电路的初始状态为 A，则与每个输入对应的状态转换如下：

输入：0 1 1 0 1 0 1 1 0 0
现态：A D B A D B B A C C
次态：D B A D B B A C C C
输出：0 1 0 0 1 1 0 1 1 1

可见，若这个电路的初始状态为 A，当加入如上的输入序列之后，所引起的输出序列为

$$Z = 0100110111$$

电路最后停留在终态 C。

9.3 时序电路的分析

时序电路的分析就是根据给定的时序电路,求出它的状态表、状态图或时间图,从而确定其逻辑功能和工作特性的过程。或者说,时序电路的分析,就是找出给定电路对特定的输入序列产生什么样的输出响应的过程。

我们着重讨论同步时序的分析方法。下面先给出同步时序电路分析的大致步骤,然后通过具体例子加以说明。

(1) 根据给定的电路结构,列出电路的输出函数表达式和各触发器的激励函数表达式。

(2) 根据触发器的次态方程和激励函数式,求出各触发器的状态表达式。

(3) 根据状态表达式和输出函数表达式,列出时序电路的状态表和状态图。

(4) 用时间图或文字描述的方式对电路特性进行表述。

例 9.2 分析如图 9.4 所示的同步时序电路,其中 x 为外部输入信号,Z 为电路的输出信号。

第一步,根据图 9.4 所给的电路结构,列出触发器的激励函数表达式和输出函数表达式为

$$D = x\bar{y} + \bar{x}y \tag{9-3}$$

$$Z = xy \tag{9-4}$$

图 9.4 例 9-2 逻辑图

第二步,把第一步得到的激励函数表达式代入 D 触发器的次态方程 $y^{n+1} = D$ 中,得到该触发器的状态表达式为

$$y^{n+1} = x\bar{y} + \bar{x}y \tag{9-5}$$

第三步,根据状态表达式和输出函数表达式列出该电路的状态表和状态图,如表 9-3 和图 9.5 所示。

表 9-3 状态表

现态 y \ 输入 x	0	1
0	0/0	1/0
1	1/0	0/1

次态 y^{n+1}/输出 Z

图 9.5 状态图

也可以用符号 A 和 B 分别表示状态 0 和 1,则上述的状态表和状态图又可改写成表 9-4 和图 9.6 的形式。

表 9-4 状态表

现态 y \ 输入 x	0	1
A	A/0	B/0
B	B/0	A/1

次态 y^{n+1}/输出 Z

图 9.6 状态图

第四步,作时间图对电路特性进行描述,如图 9.7 所示。

图 9.7 时间图

从该时间图容易看出,在同样输入信号作用下,电路的初始状态不同,相应

的输出也不相同。如图中，初始状态为 A，则产生的状态序列为③行，相应的输出为④行；初始状态为 B，则产生的状态序列为⑤行，相应的输出为⑥行。

在本例中，只有当电路出现状态 B，且输入 $x=1$ 时，才有输出 $Z=1$。

例 9.3 分析如图 9.8 所示的同步时序电路。

图 9.8 例 9.3 逻辑图

第一步，根据图 9.8 所示逻辑图，列出两个触发器的激励函数表达式和电路的输出函数表达式：

$$J_0 = K_0 = 1 \tag{9-6}$$

$$J_1 = K_1 = X \oplus Q_0 = X\overline{Q}_0 + \overline{X}Q_0 \tag{9-7}$$

$$Z = Q_1 Q_0 \tag{9-8}$$

第二步，把式(9-6)和式(9-7)分别代入两个触发器的次态方程得

$$Q_0^{n+1} = J_0 \overline{Q}_0 + \overline{K}_0 Q_0 = \overline{Q}_0$$

$$Q_1^{n+1} = J_1 \overline{Q}_1 + \overline{K}_1 Q_1 = \overline{X}\,\overline{Q}_0 Q_1 + \overline{X} Q_0 \overline{Q}_1 + X\overline{Q}_0 Q_1 + X Q_0 Q_1$$

第三步，列出状态表和状态图如表 9-5 和图 9.9 所示。

表 9-5 例 9.3 状态表

现态 $Q_1 Q_0$	输入 X 0	1
0 0	01/0	11/0
0 1	10/0	00/0
1 0	11/0	01/0
1 1	00/1	10/1

次态/输出($Q_1^{n+1} Q_0^{n+1}/Z$)

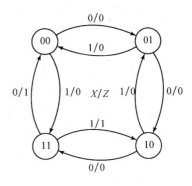

图 9.9 例 9.3 状态图

第四步,对电路逻辑特性的文字描述:该电路是一个模 4 可逆计数器,当 $X=0$ 时,进行加 1 计数;当 $X=1$ 时,进行减 1 计算。

另外,对于本例所给电路,也可不按上述方法而直接就电路本身的结构特点进行分析。由图 9.8 可见,触发器 FF_0 和 FF_1 的 J、K 端均分别连接在一起,所以实际上它们是两个 T 触发器。T 触发器的功能特点前面已经介绍过,即当 T 端为 1 时,CP 脉冲到来触发器一定翻转;当 T 端为 0 时,CP 脉冲到来触发器保持原状态不变。在该电路中,由于触发器 FF_0 的 J_0 和 K_0 连接在一起并固定接 1(即相当于 T_0 固定为 1),所以每来一个 CP 脉冲,FF_0 一定翻转;而触发器 FF_1 的 J_1 和 K_1 连接一起并与"异或"门的输出相连,所以只有在该"异或"门的输出为 1 时,CP 脉冲到来 FF_1 才翻转。据此,容易推出:

当 $X=0$ 时,进行二进制加 1 计数,状态转换是:

$$00 \rightarrow 01 \rightarrow 10 \rightarrow 11$$

当 $X=1$ 时,进行二进制减 1 计数,状态转换是:

$$00 \rightarrow 11 \rightarrow 10 \rightarrow 01$$

对于该电路输出的分析则更为简单,即只有当现态 Q_0 和 Q_1 均为 1 时,电路的输出才为 1;否则,皆为 0。

根据这样的分析,容易列出该电路的状态表和状态图(见表 9-5 和图 9.9)。同样,也容易分析出该电路是一个模 4 可逆计数器。

下面结合例 9.2 和例 9.3 的具体电路,简单介绍一下关于时序电路中的"Mealy 型"和"Moore 型"概念。

从例 9.2 的电路(图 9.4)容易看出,其输出不仅与电路的现态有关,而且与输入也有关,即电路的输出与现态和输入都有关。通常称这种形式的时序电路为 Mealy 型时序电路。Mealy 型电路的状态表和状态图应该反映出:电路输出与它的现态和输入都有关。例 9.2 的状态表(表 9-3)和状态图(图 9.5)正是反映了这种特征。

而例 9.3 的电路(图 9.8)则与例 9.2 有所不同。它的输出仅与电路的现态有关,或者说该电路的输出仅由现态所决定。通常称这种形式的时序电路为 Moore 型时序电路。对于这类电路,如果仍按 Mealy 型电路的规定作状态图,那么在所得到的状态图中,从每一个圆圈出发的箭头线一定有相同的输出(见图 9.9)。由此可以把输出不标在箭头线旁边的"输入/输出"标注上,而标在仅与该输出有关的圆圈内,即圆圈内的标注应改为"现态/输出"。在状态表中,每一行也一定有相同的输出(见表 9-5),所以可以把输出从这种状态表的"次态/输出"栏内提出来,并单开一列。也就是说,Moore 型时序电路的状态图和状态表可以作成与 Mealy 型不同的形式。根据这样的思想,我们将例 9.3 中所得到的状态图(图 9.9)和状态表(表 9-5)改画成如图 9.10 和表 9-6 所示的形式,即为 Moore 型时序电路的状态图和状态表的形式。

表 9-6 Moore 型状态表

现态 $Q_1 Q_0$	输入 X	0	1	输出 Z
0	0	01	11	0
0	1	10	00	0
1	0	11	01	0
1	1	00	10	1

次态/$(Q_1^{n+1} Q_0^{n+1})$

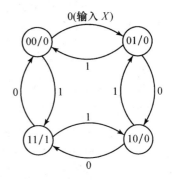

图 9.10 Moore 型状态图

9.4 时序电路的设计

时序电路的设计,也称时序电路的综合。它是时序电路分析的逆过程。同步时序电路设计的一般步骤为:

(1) 根据电路的设计要求,作出状态表或状态图;
(2) 进行状态化简;
(3) 进行状态分配,即对每一个状态指定一个二进制代码;
(4) 选定触发器,并根据所选触发器的激励表及简化后的状态表求出各触发器的激励函数表达式和时序电路的输出函数表达式;
(5) 根据上面求得的表达式,画出时序电路的逻辑图。

我们先就上述各步的实现方法进行一般讨论,以了解必要的基本概念和方法,然后再通过设计实例进一步加以说明。

9.4.1 根据设计要求形成原始状态表

状态表就是把用语言文字描述的对时序电路的要求通过表格的形式表示出来。显然,它是整个设计过程的基础和依据,后面的设计步骤都要在状态表的基础上进行。最初形成的状态表,称为原始状态表。它不一定是最简的,即允许其中存在多余的状态,但必须保证不能有状态遗漏或错误。也就是说,在确定状态数目时,应按"宁多勿漏"的原则来进行,以确保逻辑功能的正确和完备性。下面通过例子来说明。

例 9.4 设计一个二进制序列检测器,要求当输入连续三个 1 或三个以上 1 时,电路输出为 1,否则输出为 0。作出这个时序电路的原始状态表。

由上面的设计要求可知,要设计的电路有一个输入 x 和一个输出 Z,输入 x 为一个二进制序列,每当其中出现连续三个 1 时,该检测电路能够识别并输出 1;当有连续三个以上 1 时,则在第三个以及相继的连续 1 出现时,电路也输出 1,直到输入转为 0 时,输出才变为 0。

例如:

输入 x 序列:1101111110010

输出 Z 序列:0000011110000

由上面的分析可知,检测电路要判断是否连续输入三个 1,至少应将输入的前两位二进制数码"记忆"下来。前两位二制数码形成四种不同的状态组合,即 00,01,10,11,我们用 A,B,C,D 分别代表这四种状态组合。如果采用两位具有左移功能的存储器件来"记忆"输入的历史情况,则电路的状态转移情况及相应的输出应该是:

当电路记忆的输入历史情况为 01,如果此时输入为 0,则电路的下一状态按左移规律应为 10,输出为 0;如果输入为 1,电路的下一状态则变为 11,输出仍为 0。

当电路记忆的输入历史情况为 10,如果此时输入为 0,则下一状态为 00,输出为 0;如果输入为 1,则下一状态为 01,输出也为 0。其余可依此类推。只有在当前的记忆的历史情况为 11,而此时的输入为 1 时,电路的下一状态仍为 11,此时电路的输出才为 1。

至此可以得到表征所要设计电路特性的状态表和相应的状态图,如表 9-7 和图 9.11 所示,图 9.11 中的字母 A、B、C、D 分别代表状态组合 00、01、10、11。

表 9-7 状态表

现态		输入 0	1
0	0	00/0	01/0
0	1	10/0	11/0
1	0	00/0	01/0
1	1	10/0	11/1

次态/输出

图 9.11 状态图

9.4.2 状态化简

前面已经提到,根据时序电路的设计要求作出的原始状态表不一定是最简的,很可能包含有多余的状态,因此需要进行状态化简,以求出最小化状态表。

最小化状态表是一个包含状态数目最少的状态表,它与原始状态表相比,虽然代表了内部结构不同的电路,但是表现于电路的外部性能却是完全一样的。也就是说,对于任意的输入,它们对应的输出总是一样的。

下面说明关于状态化简的基本概念和方法。

1. 状态等价的概念

所谓状态等价,是指在完全给定的状态表(即不含有无关项 d 的状态表)中,如果在所有输入条件下,两个状态(设为 S_1,S_2)所对应的输出相同,而且转移效果也一致,则称 S_1 和 S_2 为等价,记作 $S_1 \Leftrightarrow S_2$。例如表 9-8 中的状态 C 和 E,无论输入 x 为 0 或为 1,C 和 E 对应的输出都相同(均为 0,1),而且它们的次态也相同(均为 D,E),所以 C 和 E 等价,即有 $C \Leftrightarrow E$;再看表 9-8 中的状态 A 和 B,它们对应的输出相同,而且从转移效果上看,当 $x=0$ 时,它们的次态仍为 A 和 B;当 $x=1$ 时,它们的对应次态为 E 和 C,而上面已经分析出 E 和 C 等价,这就是说,在任何输入条件下,A 和 B 的转移效果是一致的。所以 A 和 B 也等价,即有 $A \Leftrightarrow B$。

表 9-8 原始状态表

现态 \ 输入 x	0	1
A	A/0	E/0
B	B/0	C/0
C	D/0	E/1
D	C/0	F/0
E	D/0	E/1
F	A/0	F/1

次态/输出

所谓状态不等价,是指在完全给定的状态表中,如果两个状态的对应输出不同,或者对应的输出虽然相同但转移效果不一致,则称这两个状态为不等价,记作 $S_1 \not\Leftrightarrow S_2$。例如在表 9-8 中的状态 B 和 C。明显看出输入 $x=1$ 时,它们的输出不同,所以 $B \not\Leftrightarrow C$。而状态 E 和 F,它们的对应输出虽然相同,但注意

到在 $x=0$ 时,它们分别转移到 D 和 A,尽管 D 和 A 的对应输出相同,但当 $x=0$ 时,D、A 分别转移到 C、A,而 C、A 对应的输出不同。这就是说,E 和 F 的转移效果并不一致(或说它们的次态并不等价),因此 E 和 F 并不等价,记作 $E \not\Leftrightarrow F$。

凡是等价的状态都可以合并。例如可以把表 9-8 中的 A、B 两个状态合并为一个状态,令它为 A;把 C、E 两个状态合并为一个状态,令它为 C。同时将表中的 B 行和 E 行全部划掉,并把其他各行中所有的 B 改为 A,E 改为 C。这样就可以得到一个新的状态表,如表 9-9 所示。仔细考察表 9-9,任意两状态之间均不再具备等价的条件,即不能再进一步合并化简了。因此可以说,表 9-9 是一个最简化状态表。

等价的状态具有传递性,即如果有 $A \Leftrightarrow B$,$B \Leftrightarrow C$,则有 $A \Leftrightarrow C$。

表 9-9 最简化状态表

现态 \ 输入 x	0	1
A	$A/0$	$C/0$
C	$D/0$	$C/1$
D	$C/0$	$F/0$
F	$A/0$	$F/1$

次态/输出

上面是用直观观察的方法来寻找等价状态,进而对状态表进行合并化简的。采用这种方法,首先要观察状态表的输出部分,如果两个状态的相应输出不同,就可以肯定这两个状态不等价,也就不能合并。如果对应输出相同,则有合并的可能,然后进一步考查它们的转移效果是否一致,如一致则可判定这两状态可以合并,如不一致则不能合并。采用这种合并方法,在每次得到一个新的状态表后,还要考查是否有进一步化简的可能,直至剩下的状态不能再行合并即得到一个最简化状态表为止。

这种直接观察的方法适合于简单状态表的化简,而对于那些较复杂的状态表,等价状态的判断和寻找往往也较复杂。通常可采用称为"蕴涵表法"的方法进行化简,对此方法有兴趣的读者可查阅相关参考文献,此处不再具体介绍。

9.4.3 状态分配与电路实现

所谓状态分配,是指在得到一个简化的状态表之后,对每一个状态指定一个二进制代码,因此也称状态分配为状态编码,编码方案不同,电路的结构也不同。

下面以同步时序电路设计中的状态分配为例,来说明不同的编码方案对电路结构的影响。

例 9.5 一个同步时序电路的简化状态表如表 9-10 所示。

表 9-10 简化状态表

现态＼输入 X	0	1
A	C/0	D/0
B	C/0	A/0
C	B/0	D/0
D	A/1	B/1

次态/输出

表 9-10 中有四种状态,需用两个触发器的四种代码组合(00,01,10,11)来表示。这四种代码组合分配给四种状态可有多种分配方案,假如分别选用表 9-11 给出的两种分配方案,然后比较一下它们的电路实现情况。

表 9-11 状态分配

状 态	分配 1	分配 2
A	0　0	0　0
B	0　1	1　0
C	1　1	0　1
D	1　0	1　1

如果采用状态分配 1,则可将表 9-10 改写成表 9-12。

表 9-12 采用状态分配 1 所得的状态表

现态＼输入 X	0	1
0　0	11/0	10/0
0　1	11/0	00/0
1　1	01/0	10/0
1　0	00/1	01/1

次态/输出

选用 D 触发器实现该电路,可根据表 9-12 及 D 触发器的激励表导出表 9-13。该表中将输入 X 与 Q_1Q_2 并列在一起,以便用卡诺图化简时看起来方便。

表 9-13 导出表

X	Q_1	Q_2	Q_1^{n+1}	Q_2^{n+1}	D_1	D_2	Z
0	0	0	1	1	1	1	0
0	0	1	1	1	1	1	0
0	1	1	0	1	0	1	0
0	1	0	0	0	0	0	1
1	0	0	1	0	1	0	0
1	0	1	0	0	0	0	0
1	1	1	1	0	1	0	0
1	1	0	0	1	0	1	1

利用卡诺图化简法，容易从表 9-13 得到两个 D 触发器的激励函数表达式及电路输出函数表达式，如图 9.12 所示。

图 9.12 用卡诺图化简

所以在状态分配 1 时有：
$$D_1 = \overline{X}\,\overline{Q_1} + \overline{Q_1}\,\overline{Q_2} + XQ_1Q_2, \quad D_2 = \overline{X}Q_2 + \overline{X}\,\overline{Q_1} + XQ_1\overline{Q_2}, \quad Z = Q_1\overline{Q_2}$$

如果采用状态分配 2，则按上述同样的步骤和方法，可导出表 9-14。

表 9-14 导出表

X	Q_1	Q_2	Q_1^{n+1}	Q_2^{n+1}	D_1	D_2	Z
0	0	0	0	1	0	1	0
0	1	0	0	1	0	1	0
0	0	1	1	0	1	0	0
0	1	1	0	0	0	0	1
1	0	0	1	1	1	1	0
1	1	0	0	0	0	0	0
1	0	1	1	1	1	1	0
1	1	1	1	0	1	0	1

用图 9.13 所示的卡诺图化简,可得两个 D 触发器的激励函数表达式及电路的输出函数表达式。

图 9.13 用卡诺图化简

所以在状态分配 2 时有

$$D_1 = X\overline{Q}_1 + XQ_2 + \overline{Q}_1 Q_2, \quad D_2 = \overline{X}\,\overline{Q}_2 + X\overline{Q}_1, \quad Z = Q_1 Q_2$$

由上述两种分配方案所得结果可以看到,由于编码方案不同,所得实现电路的逻辑表达式也不相同。显然,分配 2 比分配 1 的实现电路要简单。

在时序电路的设计中,怎样选择状态分配是一个重要的问题,同时也是一个涉及多方面因素的较复杂的问题。单就简化电路结构这一个方面来说,选取的编码方案应该有利于所选触发器的激励函数以及电路输出函数的简化。也就是说,应该使激励函数和输出函数在卡诺图上呈现较好的 0、1 分布,即要使出现的 1 在卡诺图上尽可能相邻,以便构成较大的组块,进而得到较简单的逻辑表达式。例如,上述图 9.13 卡诺图比图 9.12 卡诺图上的 0、1 分布要好,所以相应的实现电路也就简单。

9.4.4 时序电路设计举例

前面已经介绍了时序电路设计的一般步骤和方法,下面通过设计实例来进一步熟悉和运用上面介绍的基本方法。

例 9.6 本例的设计要求可用语言描述如下:设计一个能识别输入序列 01 的同步时序电路。该电路具有一个输入 x 和一个输出 Z,不论什么时候,只要输入中出现 $x=01$ 序列时,所设计的电路就应该产生输出 1 信号,对于其他任何输入,输出皆为 0。例如,如果输入序列为

$$x = 0010000010011101$$

那么输出序列应该是:

$$Z = 0010000010010001$$

设计的第一步是构造满足上述要求的状态图和状态表。首先,假定要设计的电路处在某一起始状态 A。若输入为 1,因为 1 不是要识别的输入序列"01"的第一个符号,所以输出 $Z=0$,并且电路仍停留在状态 A,如图 9.14(a)所示。但是,如果电路处于初始状态 A,且输入为 0 时,那么由于它是要识别的输入序

列的第一个符号,电路应将这个情况记下,因此电路进入新的状态 B,但此时的输出仍应为 0,如图 9.14(b)所示。现在假设电路处在状态 B,并且输入为 0,因为 0 不是识别序列"01"的第二个符号,所以电路仍停在状态 B,得到输出 $Z=0$,如图 9.14(c)所示。最后,如果电路处在状态 B,输入符号是 1,这是要识别的输入序列"01"的第二个符号,此时电路已检测到"01"序列,产生输出 $Z=1$,并可以回到初始状态 A。图 9.14(d)是最后得到的状态图。

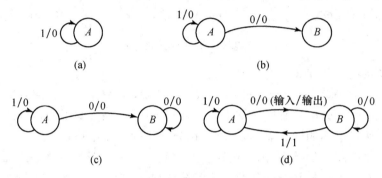

图 9.14 状态图

与图 9.14(d)所示的状态图相对应的状态表如表 9-15 所示。通过观察即可容易看出,该状态表已经是最简化状态表。现在进行状态分配,因共有两个状态,故只需一位二进制代码即可表示,这里选分配为 $A=0,B=1$(当然也可选相反的分配,即 $A=1,B=0$)。因此表 9-15 又可改写为表 9-16。

表 9-15 状态表

输入 x 现态	0	1
A	$B/0$	$A/0$
B	$B/0$	$A/1$

次态/输出

表 9-16 改写后的状态表

输入 x 现态	0	1
0	1/0	0/0
1	1/0	0/1

次态/输出

如果选用钟控 RS 触发器实现此时序电路,那么问题就变成,如何根据表 9-16 及钟控 RS 触发器的激励表,来确定复位端 R 和置位端 S 应该加什么样的信号(即求出触发器的激励函数表达式)。为此,可导出表 9-17。

表 9-17 导出表

x	Q	Q^{n+1}	R	S	Z
0	0	1	0	1	0
0	1	1	0	d	0
1	0	0	d	0	0
1	1	0	1	0	1

用图 9.15 所示的卡诺图化简,可得所设计电路的触发器激励函数表达式及电路输出函数表达式:

$$R = x, \quad S = \overline{x}, \quad Z = xQ$$

由所得表达式,容易作出逻辑电路图,如图 9.16 所示。

(a) R 的卡诺图　　(b) S 的卡诺图　　(c) Z 的卡诺图

图 9.15　R、S 和 Z 的卡诺图

图 9.16　逻辑图

本 章 小 结

本章主要讨论时序电路的分析与设计。首先介绍了时序电路的一般组成结构及描述方法。然后介绍了时序电路的分析与设计方法及实例。

1. 与组合电路不同,时序电路在任何时刻的输出不仅与电路当时的输入状态有关,而且还与先前的输入状态有关。时序电路通常包括组合电路及存储电路两部分,而存储电路可以由触发器或寄存器、计数器等构成。

2. 状态表、状态图及时间图是描述时序电路的三种基本形式和方法。为进行时序电路的分析与设计,应很好熟悉和掌握这几种描述形式和方法。

3. 与组合逻辑电路的分析与设计类似,时序电路的分析与设计也是两个相

反的过程。即时序电路的分析是由给定的时序电路,求出状态表、状态图或时间图的过程;而时序电路的设计则是根据对电路的功能要求,求出具体的时序电路的过程。对于时序电路的设计,具体地说,首先要根据对电路的功能要求,作出状态图或状态表,然后进行状态化简和状态分配。再求出所选触发器的激励函数表达式和电路的输出表达式,最后画出逻辑电路图。在这几个设计步骤中,如同组合逻辑电路的设计首要要正确无误地列出真值表是整个设计过程的关键一样,时序电路的设计也要首先列出正确的状态表或状态图,因为它是后面几个设计步骤的基础和关键。

习 题 9

9.1 什么是时序电路?它和组合电路有何区别?时序电路由哪几部分组成?时序电路分哪两大类?

9.2 怎样描述时序电路?状态表和状态图怎样构成?它们有何关系?

9.3 同步时序电路的分析大致分哪几步进行?

9.4 Mealy 型和 Moore 型时序电路有何区别?

9.5 同步时序电路的综合大致分哪几步进行?

9.6 什么叫原始状态表和原始状态图?建立原始状态表和原始状态图的原则是什么?为什么?

9.7 什么叫状态化简?状态化简有哪几种方法?

9.8 已知时序电路的状态表如表 9-18 所示,作出相应的状态图。

表 9-18 状态表

现态 y \ 输入 x	0	1
A	D/1	B/0
B	D/1	C/0
C	D/1	A/0
D	B/1	C/0

y^{n+1}/Z(次态/输出)

9.9 试分析图 9.17 所示的同步时序电路,作出状态图和状态表,并指出该电路属 Mealy 型还是 Moore 型。当输入序列 x 为 10110111 且电路的初始状态为 0 时,画出它的时序波形图。

9.10 试分析图 9.18 所示的同步时序电路,作出状态表和状态图,当输入序列 x 为 01110100 且电路的初始状态为 0 时,画出它的时序波形图。

图 9.17 9.9 题图

图 9.18 9.10 题图

9.11 根据图 9.19 所示的状态图,用 D 触发器设计此同步时序电路。

图 9.19 9.11 题图

9.12 按表 9-19 所示的最简化状态表和表 9-20 所示的状态分配,用 JK 触发器设计此同步时序电路。

表 9-19 最简化状态表

现态 y	输入 x	
	0	1
A	B/0	D/0
B	C/0	A/0
C	D/0	B/0
D	A/1	C/1

y^{n+1}/Z(次态/输出)

表 9-20 状态分配

状态	Q_1	Q_2
A	0	0
B	0	1
C	1	0
D	1	1

第 10 章 时序逻辑电路的应用

第 7 章曾结合组合逻辑电路的分析与设计,介绍了几种典型的组合逻辑电路,如加法器、译码器、多路分配器和多路选择器等。

本章将结合时序逻辑电路的特点及其在数字系统和计算机中的典型应用,介绍几种常用的时序逻辑电路。首先介绍寄存器,然后介绍计数器。

10.1 寄 存 器

寄存器(registers)是数字系统和计算机中用来存放数据或代码的一种基本逻辑部件,它由多个触发器连接而成。

我们已经知道,一个触发器可以存储一位二进制信息。所以要存放 n 位二进制信息,寄存器就需要用 n 位触发器构成。

从寄存器的具体用途来分,它有多种类型,如数码寄存器、地址寄存器、状态寄存器等。但从基本功能上来分,它主要可分为没有移位功能的代码寄存器和具有移位功能的移位寄存器两类。

10.1.1 代码寄存器

代码寄存器主要用来接收、寄存、传送数据或代码。由 D 触发器构成的 4 位代码寄存器如图 10.1 所示。

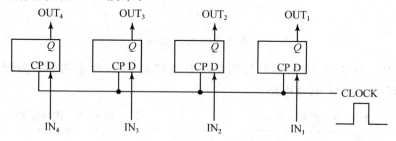

图 10.1 由 D 触发器构成的 4 位代码寄存器

由图 10.1 可见,该寄存器有 4 条输入线 IN_1、IN_2、IN_3、IN_4,每条输入线分别与对应触发器的 D 输入端相连。当时钟脉冲 CP 到来时,数据从输入线 IN_1~IN_4 输入到寄存器中。由于 4 位数据同时进入寄存器,因此称之为并行输入。另外,4 位触发器的 Q 输出端分别与输出线 OUT_1~OUT_4 相连,所以 4 位数据在输出线上是同时有效的,因此称这种寄存器为"并行输入并行输出"寄存器。

代码寄存器常常要有接收控制和清 0 功能，如图 10.2 所示。LOAD 是接收控制信号，容易看出，只有当 LOAD 为 1 时，数据才能进入寄存器。CLEAR 是清 0 信号，当它为 1 时，时钟脉冲到来将使整个寄存器清 0。当 CLEAR 信号为 0 时，寄存器可以进行正常的数据输入操作。

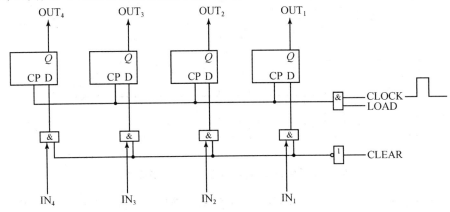

图 10.2　带有清 0 和接收控制的代码寄存器

在图 10.3 所示的代码寄存器中，其清 0 操作是通过触发器的复位端 R_D 来实现的，通常也称之为异步清 0 方式。在这种方式下，清 0 操作是独立于时钟 CLOCK 的。它与上述图 10.2 的清 0 方式有所不同，那里是靠时钟脉冲本身将 D 端的 0 置入触发器的。

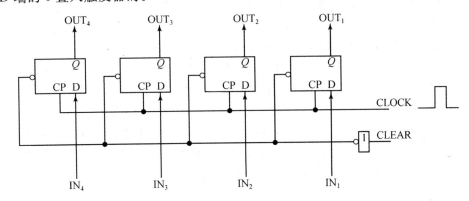

图 10.3　异步清 0 的代码寄存器

图 10.4 是一个由 JK 触发器组成的 4 位代码寄存器，其工作原理请读者自行分析，此处不再赘述。

上面给出的几种代码寄存器全部是"并行输入并行输出"（并入-并出）寄存器，即在接收代码时，各位代码同时置入寄存器，输出时也是各位代码同时输出。在介绍了移位寄存器后将会看到，还有"并行输入串行输出"（并入-串出）寄存

图 10.4 由 JK 触发器组成的 4 位代码寄存器

器、"串行输入并行输出"(串入-并出)寄存器以及"串行输入串行输出"(串入-串出)寄存器。

10.1.2 移位寄存器

1. 移位寄存器的构成

具有使代码或数据移位功能的寄存器称为移位寄存器。计算机在进行算术和逻辑运算时，常常需要把代码向左或向右移位。例如作乘法运算时，需要把每次所得的部分积向右移位；在作除法运算时，需要把每次所得的余数向左移位。因此，移位寄存器是数字电子装置和计算机中一种常用的逻辑部件。图 10.5 所示的是由 D 触发器构成的 4 位移位寄存器。

在图 10.5 所示的移位寄存器中，移位脉冲直接加在各触发器的 CP 端。相邻两位触发器中，左边一位的 Q 端输出接到右边一位的 D 端输入，每来一个时钟脉冲(即移位脉冲)，同时地将 d_4 的内容移入 d_3，d_3 的内容移入 d_2，d_2 的内容移入 d_1，所以它是一个右移寄存器。代码是从最左边一位触发器(d_4)的 D 端送入，从最右边一位触发器(d_1)的 Q 端输出，即输出总是 d_1 的内容，因此该右移寄存器是一个"串行输入串行输出"(串入-串出)的寄存器。

图 10.5 移位寄存器

将图 10.5 的连接方式改换一下方向,即可变成"串入串出"的左移寄存器。这时输入代码将从最右边一位触发器的 D 端送入,相邻两位触发器右边一位的 Q 端输出接到左边一位的 D 端输入,其工作原理和上面介绍的"串入串出"的右移寄存器类似,只不过移位的方向相反。

既能左移又能右移的移位寄存器称为双向移位寄存器。图 10.6 表示了一个由 3 位 D 触发器和相应的控制电路构成的双向移位寄存器,表 10-1 说明了它的操作功能。

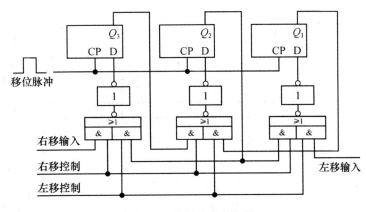

图 10.6 双向移位寄存器

表 10-1 双向移位寄存器的操作

左移控制	右移控制	操　作
0	0	把寄存器清除为 0
0	1	右移
1	0	左移
1	1	不允许

2. 移位寄存器的应用

根据移位寄存器的特点,可以产生多种巧妙的实际应用。在这里,仅举几个简单的应用实例予以说明。

(1) 利用移位寄存器进行代码在两个寄存器间的串行传送。

如图 10.7 所示,两个 8 位的"串入-串出"右移寄存器 A 与 B 首尾相接,经过 8 个移位脉冲之后,将寄存器 A 的内容(即 A 中所存代码)送到 B,同时寄存器 B 的内容送到 A,即实现 $(A) \longleftrightarrow (B)$。

若要实现 $(A) \rightarrow (B)$,并且要求 A 的内容不变,则可按图 10.8 所示的连接方法实现。其中 A_0 的 Q 端除接到 B_7 的 D 端外,还要接到 A_7 的 D 端,以形成

A 寄存器的自身循环移位。这样经过 8 个移位脉冲之后，A 的内容送到 B 中，而且 A 的内容保持不变。

图 10.7　(A)⟷(B)的实现

图 10.8　(A)→(B)的实现

（2）利用移位寄存器实现串行通信接口中的"串-并"转换。

在现代计算机的联网通信中，总要进行两个或多个计算机系统之间的数据传送，而由于通信线路价格较贵，所以在远距离的系统与系统之间一般不采用并行传送方式。而总是采用串行传送方式。但在一个计算机系统内部数据的处理和传送又多采用并行方式，于是就必然要求在并行的计算机系统和串行的外部数据通信之间进行并行和串行之间的相互转换，移位寄存器刚好胜任此任务。图 10.9 表示了在两个并行的数字系统之间进行远程的串行数据传输的工作示意图，图中表示的是将系统 A 中的数据传给系统 B。移位寄存器 A 此时需采用

"并入-串出"的工作方式,即它并行接收系统 A 中的数据,然后逐位移出数据到通信线路上;移位寄存器 B 则需采用"串入-并出"的工作方式,即它是逐位串行接收由通信线路上传来的数据,每接收一位,移位一次。当移位寄存器 B 被装满之后,再并行输出到系统 B 中去。

图 10.9 移位寄存器在数据通信系统中的应用

(3) 利用移位寄存器实现码序列检测器。

关于串行输入码序列的检测,在前面时序电路设计举例("01"序列检测电路)中曾详细介绍过。那里是按时序电路的分步设计过程一步一步地设计完成的。实际上,利用移位寄存器也可以实现码序列检测功能。并且无需按照前面那样的分步设计过程即可实现。例如,图 10.10 所示的就是一个利用 4 位右移寄存器构成的 1011 序列检测器。其中,x 为输入,Z 为输出。串行代码 1011 是从左到右依次进入移位寄存器(即先进入 1,然后进入 0,……),所以当移位寄存器中的内容(从左到右)为 1101 时,Z_1 为 1,再经时钟脉冲 CLOCK 的选通控制,使输出 Z 为 1,表示已从串行输入码中检测到指定的码序列。另外,组成该移位寄存器的 4 位触发器为上升沿触发,并且在检测开始时,应先将整个寄存器清 0。

图 10.10 所示电路用了 4 位触发器,它比按时序电路分步设计过程的实现方案所需触发器位数要多,但该电路的组合电路部分比较简单,整个电路的逻辑结构也较直观明了。

图 10.10 利用移位寄存器实现 1011 序列检测器

10.2 串行加法器

在前面第 7 章中介绍的加法器称为并行加法器,即两个二进制数相加时,各位的加法操作是并行进行的。也就是说,在这种加法器中,相加的二进制数有多少位就相应需要有多少位全加器电路。

除了并行加法器以外,对于一些速度要求不高的应用场合,还可采用串行加法器。串行加法器的逻辑原理图如图 10.11 所示。

图 10.11 串行加法器

由图 10.11 可见,串行加法器由一个全加器(FA)、两个移位寄存器(R_A 和 R_B)和一个进位触发器(C_y)组成。R_A 用于存放被加数以及相加之后的和数,并且具有右移的功能;R_B 用于存放加数,从图中的连接方式可以看出它具有循环右移的功能;C_y 为进位触发器,用于存放进位位;只需一个全加器 FA,其输入、输出接法如图所示。另外,图中虚线框内是一个典型的时序电路组成结构,在此特意将其标出。不难看出,其中的全加器 FA 为整个时序电路组成结构中的组合逻辑网络,C_y 为存储电路。

串行加法器的操作过程简单明确,容易理解,下面给以简要说明。

在 R_A 和 R_B 中存放的两个二进制数相加之前,进位触发器应被清除为 0,因为两个二进制数最低位相加时,给它们的进位信号总是为 0。两数的相加操作在 CP 脉冲的控制下,从最低位开始逐位串行完成,即每来一个 CP 脉冲,R_A 和 R_B 各右移一位,同时通过全加器 FA 完成一位加法操作,并把相加所得和数存放到 R_A 中。例如,第一个 CP 脉冲到来,R_A 和 R_B 都右移一位,同时 FA 的输出

S(两个最低位相加之和)送进 R_A 的最高位。R_B 的最低位循环移位到它自己的最高位。两个最低位相加产生的进位 Cout 置入 C_y 触发器中,以作次低位相加时的进位信号。第一个 CP 脉冲过后,R_A 和 R_B 最低位存放的内容现已经变成了两个二进制数的次低位,并通过 FA 又形成了新的 S 及 Cout,以下依此类推。若相加的二进制数有 n 位,那么经过 n 个 CP 脉冲之后,R_A 的内容为两个 n 位的二进制数之和,R_B 的内容则循环移了一周,保持原来内容不变。

从上面的讨论可以看出,串行加法器的结构比并行加法器简单,所用设备较省。但很明显,它的操作速度比并行加法器慢得多。例如,同样实现两个 n 位的二进制数相加,用串行操作的加法器需用 n 个 CP 脉冲时间才能完成,而并行操作的加法器只需一个 CP 脉冲时间即可完成。

10.3 计 数 器

10.3.1 概述

计数器是计算机和其他各种数字设备中常用的逻辑部件。例如计算机在执行指令过程中,要对指令地址进行计数,以便在执行完一条指令后,再从下一个地址取出一条新的指令。在各种数控设备中,要对现场发生的某种事件进行计数,以便及时地做出处理或响应。完成上述计数功能的逻辑部件称为计数器。

下面先就有关的几个问题作些必要的说明。

1. 计数时序的概念

在时序电路中,计数型时序是一种最简单的周期时序,它的状态转移表现出十分明显的规律性,即总是周而复始地进行循环操作,而且是单向的。这就启发我们可以利用各种不同的状态代表自然数,用状态的转移来模拟数值的递增或递减,达到计数的目的。

计数器的状态转移如图 10.12 所示。运行时总是从某个起始状态出发,依次经过所有状态后完成一次循环。我们把一次循环所包括的状态数,称为计数器的"模"。例如,模 8 计数器要求有 8 个状态。

图 10.12 状态循环

2. 计数器的构成

计数器是由具有记忆作用的触发器和相应的组合控制逻辑所构成,其中的组合控制逻辑为各个触发器提供所需要的激励函数。触发器的位数 n 可由计数

器的模数 M 来决定,它由下列不等式给出:
$$2^{n-1} < M \leqslant 2^n$$

依据给定的模数 M,总可以找到一个满足上列不等式的触发器位数 n,n 为正整数。

3. 计数器的分类

计数器的种类很多,按进位制可分为二进制计数器、十进制计数器及任意进制计数器;按功能可分为加法计数器、减法计数器及可逆计数器;按操作方式可分为异步计数器及同步计数器等。

下面,讨论几种常用的计数器。

10.3.2 二进制异步计数器

在异步计数器中,各位触发器的翻转是从低位到高位依次进行的,其进位信号也是从低位向高位逐级发出。也就是说,在计数脉冲的作用下,各触发器的状态翻转不同步,所以称异步计数器。

图 10.13 是由 D 触发器组成的三位二进制异步计数器。该计数器的状态转换表如表 10-2 所示。

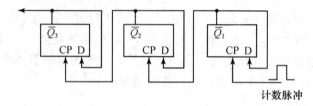

图 10.13 三位二进制异步计数器

表 10-2 状态转换表

计数脉冲序号	现态			次态		
	Q_3	Q_2	Q_1	Q_3^{n+1}	Q_2^{n+1}	Q_1^{n+1}
0	0	0	0	0	0	1
1	0	0	1	0	1	0
2	0	1	0	0	1	1
3	0	1	1	1	0	0
4	1	0	0	1	0	1
5	1	0	1	1	1	0
6	1	1	0	1	1	1
7	1	1	1	0	0	0

从表 10-2 可以看出,任一时刻计数器的状态将取决于过去输入计数脉冲的数目,因此计数器属于时序电路是明显的。在图 10.13 所示的计数器中,各触发

器没有统一的同步时钟脉冲控制,各触发器的状态翻转不是同时的,所以,该计数器属于异步工作方式,其各级触发器的翻转要依靠前一位触发器从 1 到 0 的跳变。图 10.14 是该计数器的工作波形。

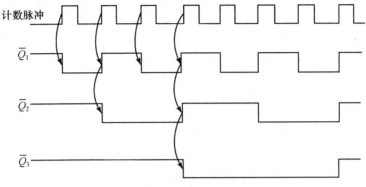

图 10.14　工作波形

从图 10.14 所示的工作波形可以看出,其逐级波形都是二分频的,$\bar{Q}_1$ 是计数脉冲的二分频,$\bar{Q}_2$ 是 $\bar{Q}_1$ 的二分频,$\bar{Q}_3$ 是 $\bar{Q}_2$ 的二分频。也就是说,$\bar{Q}_1$ 是每输入一个计数脉冲就改变一次状态,$\bar{Q}_2$ 是每输入两个计数脉冲就改变一次状态,$\bar{Q}_3$ 是每输入四个计数脉冲就改变一次状态。我们还可以看到,高位触发器的状态翻转必须在低位触发器的状态翻转之后才能实现,即这种异步工作的计数器的进位信号是从低位到高位逐位产生的,或者说是串行的,因此异步计数器也称串行计数器。

很明显,当这种类型的计数器位数较多时,各级触发器的进位时延将会积累起来,总的时延就会很长,所以它的工作速度不可能很高。一般快速计数器不采用异步工作方式,而采用同步操作方式,这样,可以避免上述各级进位时延积累问题。

10.3.3　二进制同步计数器

同步计数器的特点是,计数脉冲同时作用到各位触发器的 CP 端,当计数脉冲到来后,应该翻转的触发器都同时翻转,因此同步计数器也称并行计数器。

1. 二进制同步加 1 计数器

3 位二进制同步加 1 计数器的状态转换表如表 10-3 所示,相应的状态转换图如图 10.15 所示。

表 10-3　状态表

CP	现　态			次　态		
	Q_3	Q_2	Q_1	Q_3^{n+1}	Q_2^{n+1}	Q_1^{n+1}
0	0	0	0	0	0	1
1	0	0	1	0	1	0
2	0	1	0	0	1	1

续表

CP	现态			次态		
	Q_3	Q_2	Q_1	Q_3^{n+1}	Q_2^{n+1}	Q_1^{n+1}
3	0	1	1	1	0	0
4	1	0	0	1	0	1
5	1	0	1	1	1	0
6	1	1	0	1	1	1
7	1	1	1	0	0	0

图 10.15 状态图

下面具体讨论用 D 触发器构成的 3 位二进制同步加 1 计数器的设计步骤和方法。

第一步，列出 3 位二进制加 1 计数器状态表，如表 10-3 所示。

第二步，列出触发器的激励函数表，以求出各触发器的 D 端激励函数表达式，所列激励函数表如表 10-4 所示。

由于 D 触发器的次态方程为 $Q^{n+1}=D$，所以从表 10-4 可以看到，激励函数栏和次态栏的内容完全相同。

表 10-4 激励函数表

现态			次态			激励函数		
Q_3	Q_2	Q_1	Q_3^{n+1}	Q_2^{n+1}	Q_1^{n+1}	D_3	D_2	D_1
0	0	0	0	0	1	0	0	1
0	0	1	0	1	0	0	1	0
0	1	0	0	1	1	0	1	1
0	1	1	1	0	0	1	0	0
1	0	0	1	0	1	1	0	1
1	0	1	1	1	0	1	1	0
1	1	0	1	1	1	1	1	1
1	1	1	0	0	0	0	0	0

第三步，根据激励函数表作出 D_1、D_2、D_3 的卡诺图，如图 10.16 所示。利用卡诺图化简可得 D_1、D_2、D_3 的激励函数表达式为

$$D_3 = Q_3\bar{Q}_1 + Q_3\bar{Q}_2 + \bar{Q}_3 Q_2 Q_1, \qquad D_2 = Q_2\bar{Q}_1 + \bar{Q}_2 Q_1, \qquad D_1 = \bar{Q}_1$$

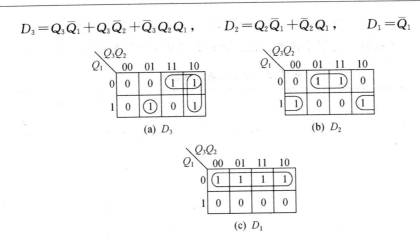

图 10.16 利用卡诺图化简

第四步,根据求得的激励函数表达式,画出计数器的逻辑图,如图 10.17 所示。

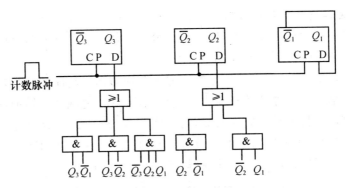

图 10.17 逻辑图

2. 二进制同步减 1 计数器

减 1 计数器与加 1 计数器的状态图相似,仅流向相反。一个 3 位二进制同步减 1 计数器的状态图如图 10.18 所示,其相应的状态表如表 10-5 所示。

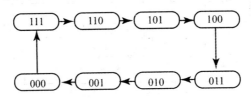

图 10.18 减 1 计数器状态图

可以用与前述二进制同步加 1 计数器完全相同的步骤和方法,设计出二进制同步减 1 计数器。这里请读者自己列出设计步骤,画出逻辑图。

表 10-5 减 1 计数器状态表

CP	现 态			次 态		
	Q_3	Q_2	Q_1	Q_3^{n+1}	Q_2^{n+1}	Q_1^{n+1}
0	1	1	1	1	1	0
1	1	1	0	1	0	1
2	1	0	1	1	0	0
3	1	0	0	0	1	1
4	0	1	1	0	1	0
5	0	1	0	0	0	1
6	0	0	1	0	0	0
7	0	0	0	1	1	1

3. 可逆二进制同步计数器

关于可逆计数器,在第 9 章时序电路分析实例中已经遇到过,现在再通过一个具体的电路进一步了解它的功能和特点。

我们已经知道,可逆计数器是兼有递加和递减两种功能的计数器,它能按照给定的控制信号从递加计数转换成递减计数,或者从递减计数转换成递加计数,所以也称可逆计数器为双向计数器,为了实现加、减计数功能,可逆计数器应设"加 1 控制"和"减 1 控制",有的还设有"计数控制"。一个由 T 触发器及有关控制电路构成的可逆二进制同步计数器如图 10.19 所示。

图 10.19 可逆计数器

由图 10.19 可以看出：当计数控制为 1 时，若加 1 控制为 1，减 1 控制为 0，则该计数器具有加 1 计数功能；当计数控制为 1，若加 1 控制为 0，而减 1 控制为 1 时，则该计数器具有减 1 计数功能；当计数控制为 0 时，计数器不计数。显然，在计数控制为 1 时，加 1 控制和减 1 控制不允许同时为 1。

当然，还可以由其他类型的触发器（如维阻 D 触发器、主从 JK 触发器等）构成可逆计数器。此处不再一一列举。

10.3.4 非二进制计数器

非二进制计数器的类型很多，如十进制计数器、八进制计数器、循环码计数器等，在此并不对它们进行一一讨论，而着重介绍十进制计数器。

十进制计数器是非二进制计数器中最重要最常用的一种。有各种类型的十进制计数器，如十进制异步计数器、十进制同步计数器、十进制递加计数器、十进制递减计数器以及十进制可逆计数器等。在这里，主要讨论 8421 编码的十进制同步计数器的设计问题。在掌握了前面介绍的二进制同步计数器的基本工作原理和设计方法之后，十进制同步计数器的设计就显得十分容易。

例 10.1 采用 D 触发器设计 8421 编码的十进制加 1 计数器。

第一步，列状态转换表，如表 10-6 所示。

1 位十进制计数器至少需要 4 位触发器构成，而我们知道，4 位触发器共有 16 种状态，我们用其中的 10 种状态（0000～1001）分别代表一位十进制数 0～9，那么还剩下 6 种状态（1010～1111），它们是在 8421 码十进制计数器中不可能出现的状态。但在状态转换表中仍将这 6 种状态列出。并将对应的次态输出全部标以无关项"d"，以便在函数化简时利用之。

表 10-6 状态转换表

现态				次态			
Q_4	Q_3	Q_2	Q_1	Q_4^{n+1}	Q_3^{n+1}	Q_2^{n+1}	Q_1^{n+1}
0	0	0	0	0	0	0	1
0	0	0	1	0	0	1	0
0	0	1	0	0	0	1	1
0	0	1	1	0	1	0	0
0	1	0	0	0	1	0	1
0	1	0	1	0	1	1	0
0	1	1	0	0	1	1	1
0	1	1	1	1	0	0	0
1	0	0	0	1	0	0	1
1	0	0	1	0	0	0	0

续表

现态				次态			
Q_4	Q_3	Q_2	Q_1	Q_4^{n+1}	Q_3^{n+1}	Q_2^{n+1}	Q_1^{n+1}
1	0	1	0	d	d	d	d
1	0	1	1	d	d	d	d
1	1	0	0	d	d	d	d
1	1	0	1	d	d	d	d
1	1	1	0	d	d	d	d
1	1	1	1	d	d	d	d

第二步,用卡诺图法化简,求出各位 D 触发器的激励函数表达式,如图 10.20 所示。

由卡诺图得到:

$$Q_4^{n+1} = D_4 = Q_4\overline{Q_1} + Q_3Q_2Q_1$$

$$Q_3^{n+1} = D_3 = Q_3\overline{Q_1} + Q_3\overline{Q_2} + \overline{Q_3}Q_2Q_1$$

$$Q_2^{n+1} = D_2 = Q_2\overline{Q_1} + \overline{Q_4}\overline{Q_2}Q_1$$

$$Q_1^{n+1} = D_1 = \overline{Q_1}$$

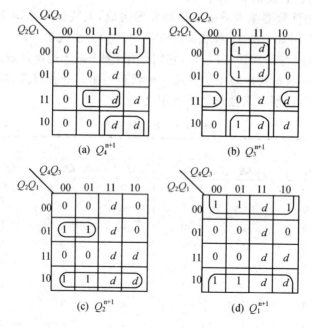

图 10.20 利用卡诺图化简

第三步,画出该计数器的逻辑图,如图 10.21 所示。

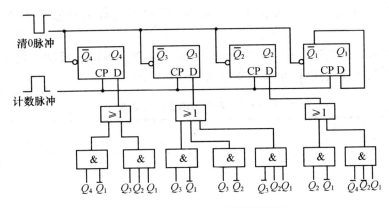

图 10.21 8421 码十进制计数器

第四步,检查所设计的计数器是否有"挂起"现象。

对于非二进制计数器,当有效状态数 S 和所用触发器的位数 n 之间存在 $S < 2^n$ 关系时,则该计数器电路还存在着未用到的多余状态,也称偏离状态。如本例中就有 6 种偏离状态,它们是 1010、1011、1100、1101、1110、1111。而在计数器的实际工作中,可能由于某种因素(如刚一加电或有其他干扰信号等),使计数器进入到某个偏离状态中去。因此,在计数器设计完毕后,还应该检查一下,如果由于某种原因而使计数器进入偏离状态后,还能否自动返回到有效状态循环中去。若一个计数器能够从偏离状态返回到有效状态,就称该计数器有自启动能力,否则就称无自启动能力或存在"挂起"现象。一旦出现"挂起"现象,计数器将"死"在某个状态或某几个状态的循环中无法解脱出来,除非断电重新启动,否则是没有办法使系统离开这些状态的。

下面结合本例介绍一种检查是否存在"挂起"现象的方法。

在由卡诺图求激励函数表达式时,被圈起的 d 当做了 1,未被圈的 d 当做了 0,于是,可将状态转换表 10-6 改画成表 10-7 的形式,相应的状态图如图 10.22 所示,称为计数器的完整状态图,其中既包含有效状态序列也包含偏离状态序列。从本例的完整状态图可以看出,偏离状态经过几次

图 10.22 完整状态图

状态转换后都会自动进入有效状态序列,因此所设计的计数器没有"挂起"现象。

如果检查的结果存在"挂起"现象,则在卡诺图上画圈求激励函数表达式时可作适当调整或改换,使偏离状态序列不自身循环。

表 10-7 改画后的状态转换表

现态				次态			
Q_4	Q_3	Q_2	Q_1	Q_4^{n+1}	Q_3^{n+1}	Q_2^{n+1}	Q_1^{n+1}
0	0	0	0	0	0	0	1
0	0	0	1	0	0	1	0
0	0	1	0	0	0	1	1
0	0	1	1	0	1	0	0
0	1	0	0	0	1	0	1
0	1	0	1	0	1	1	0
0	1	1	0	0	1	1	1
0	1	1	1	1	0	0	0
1	0	0	0	1	0	0	1
1	0	0	1	0	0	0	0
1	0	1	0	1	0	1	1
1	0	1	1	0	1	0	0
1	1	0	0	1	1	0	0
1	1	0	1	0	1	0	0
1	1	1	0	1	1	1	1
1	1	1	1	1	0	0	0

10.3.5 组合计数器

如果将两个或几个独立的计数器串接起来,让低位计数器的进位输出作为高位计数器的计数输入,这样的计数器称之为组合计数器,或叫计数器的串接级联。不管原来的计数器是同步型还是异步型,一经这样的连接后,从整体上来说就属于串行计数器之列。

组合计数器的模,等于被串接的两个或多个计数器的模数之积。如图 10.23 所示,整个组合计数器由低位计数器和高位计数器串接而成。低位计数器的进位输出作为高位计数器的计数脉冲输入,低位计数器的模为 M,高位计数器的模为 N,整个计数器的模为 $M \times N$。

图 10.23　组合计数器示意图

组合计数器的优点是设计起来很方便。例如要设计一个六十进制的串行计数器,可将一个十进制计数器和一个六进制计数器串接而成,或者用一个十二进制计数器和一个五进制计数器串接而成。这样对于所用的模数较小的计数器,就可以采用一些设计结构合理的计数器方案,也可以用一些现成的集成电路计数器模块搭接而成。即使是自己设计,模数较小的计数器,设计起来也容易得多。

本 章 小 结

本章结合时序逻辑电路的应用,介绍了代码寄存器、移位寄存器及计数器等几种典型的时序逻辑电路。

1. 寄存器是数字系统与计算机中存放数据信息的基本逻辑部件。如何实现数据在寄存器间的传送控制,是数字系统逻辑设计中的一个重要问题。它也是数字电路的典型应用问题。

2. 计数型时序是一种最简单的周期时序。所以在时序电路的设计与应用中,计数器的设计属较简单容易的一种。但由于计数器是一种十分常用的数字逻辑电路,因此应认真理解和掌握各类计数器的设计与使用方法。

习　题　10

10.1　在第 8 章介绍过的各类触发器中,哪些能构成移位寄存器?哪些不行?试说明理由。

10.2　计数器可分为哪几种类型?异步计数器和同步计数器各有何特点?

10.3　什么是组合计数器?它是怎样构成的?

10.4　计数器所用触发器的位数 n 与计数器的模数 M 之间应满足什么样的关系式?

10.5　简述二进制同步计数器的主要设计步骤。

10.6 如何检查具有偏离状态的计数器是否存在"挂起"现象？

10.7 画一个3位移位寄存器，在"左移"、"右移"和"接收"3个控制电位的控制下，既可以左移，又可以右移，也可以接收代码，在左移时最低位补0，右移时最高位保持原状态不变。

10.8 设计一个8421码十进制同步减1计数器。

第 11 章　可编程逻辑器件及其开发工具

可编程逻辑器件(programmable logic device, PLD)是 20 世纪 70 年代发展起来的新型逻辑器件,可以完全由用户配置以完成某种特定逻辑功能。经过几十年的发展,今天 PLD 技术已经成为逻辑电路设计的基本技术,PLD 行业已初步形成,PLD 产品已成为半导体领域中发展最快的产品之一。

本章首先介绍 PLD 的发展过程及主要特点,然后介绍现场可编程门阵列(field programmable gate array, FPGA)的工作原理与基本结构,最后介绍 PLD 的开发工具 MAX+Plus II。

11.1　可编程逻辑器件(PLD)概述

11.1.1　PLD 的产生

传统的硬件电路设计方法一般是先选用标准通用集成电路芯片,再由这些芯片"自下而上"地构成电路、子系统和系统。采用这种设计方法,对系统进行设计并调试完毕后,所形成的设计文件主要是由若干张电原理图构成的文件。设计者在电原理图中详细标注各逻辑单元、器件名称及互相间的连接关系。该文件是用户使用和维护系统的依据。对于小系统,这种电原理图可能有几十张至几百张就可以了;但对于大系统,由于电路系统十分复杂,所以其电原理图可能需要成千上万张,这给阅读、归档、修改和使用均带来极大的麻烦。

随着计算机技术和大规模集成电路技术的发展,这种传统的设计方法已不能适应现代电子技术发展的需要。一种崭新的、采用硬件描述语言的硬件电路设计方法已经兴起,并给硬件电路的设计带来一次重大的变革。

近年来发展起来的电子设计自动化(electronic design automation, EDA)技术,采用"自上而下"的设计方法来进行逻辑电路的设计。在这种崭新的设计方法中,可以由用户对整个电路系统进行方案设计和功能划分,系统的关键电路由一片或几片专用集成电路(application specific integrated circuits, ASIC)构成。ASIC 的设计与制造,已不再完全由半导体厂家独立承担,用户本身就可以在自己的实验室里设计出合适的 ASIC 器件,并且可以立即投入实际使用之中。这种电子技术设计领域中的重大变革,主要得益于可编程逻辑器件 PLD 的产生与应用。

采用 PLD 技术，用户利用专门的硬件描述语言，根据自己的应用需求来定义和构造逻辑电路，描述其逻辑功能，利用 EDA 工具软件，经过特定的编译或转换程序，生成相应的目标文件，再由编程器和下载电缆将设计文件配置到 PLD 器件中，即可得到满足用户要求的专用集成电路了。

PLD 的产生与应用，不仅简化了电路设计，降低了成本，提高了系统的可靠性，而且还有力地推动了数字电路设计方法的革新。

11.1.2 PLD 的发展

1. 可编程只读存储器(PROM)

最早出现的 PLD 是 20 世纪 70 年代初期推出的熔丝工艺可编程只读存储器(programmable read only memory, PROM)，后来又相继出现紫外线可擦除的只读存储器(erasable PROM, EPROM)及电可擦除的只读存储器(electrically erasable PROM, E^2PROM)。由于这类器件的阵列规模大，价格便宜，易于编程，适合于储存计算机程序和数据表格，因此，主要用作存储器。典型的芯片如应用广泛的 Intel 2716、2732 等。

2. 可编程逻辑阵列(PLA)

针对 PROM 器件的存储单元内容利用率不高，没能充分节省芯片面积的缺点，20 世纪 70 年代中期出现了可编程逻辑阵列(programmable logic array, PLA)，PLA 是由可编程的"与阵列"和可编程的"或阵列"组成，即它的"与阵列"和"或阵列"均是可编程的，最终实现的是逻辑函数的最简"与或"表达式，所以电路的阵列结构相对简单。但由于编程复杂，价格较贵，支持 PLA 的开发软件较少，因而没有得到广泛应用。

3. 可编程阵列逻辑(PAL)

1977 年推出的可编程阵列逻辑(programmable array logic, PAL)器件由可编程的与阵列和不可编程的(固定的)或阵列组成，采用熔丝方式编程，双极型工艺制造，器件的工作速度很高。由于它的输出结构种类很多，设计灵活，因而成为第一个得到普遍应用的可编程逻辑器件。

4. 通用阵列逻辑(GAL)

1985 年 Lattice 公司发明了通用阵列逻辑(generic array logic, GAL)器件，GAL 在 PAL 器件基础上采用了输出逻辑宏单元结构，具有电可擦写、重复编程、设置加密位和重新组合结构等优点。GAL 所具有的优秀性能使它几乎可以完全取代 PAL 器件，并可以取代大部分小规模和中规模数字集成电路，如标准的 54/74 系列器件，因而得到广泛应用。

上述 PROM、PLA、PAL 和 GAL 器件结构简单，对开发软件的要求低，但它们的电路规模小,难以实现复杂的逻辑功能,所以均属简单可编程器件(simple programmable logical device,SPLD)。随着技术的发展,包括 CPLD(complex programmable logic device)和 FPGA 在内的复杂 PLD 器件迅速发展起来。

5. 现场可编程门阵列(FPGA)

1985 年,Xilinx 公司推出世界上第一片现场可编程门阵列(field programmable gate array,FPGA)。它是一种新型高密度的 PLD 器件,采用 CMOS-SRAM 工艺制作,其内部由许多独立的可配置逻辑模块组成,逻辑模块之间可以灵活地互连起来。FPGA 结构通常包括三种逻辑模块:可配置逻辑模块(configurable logic block,CLB)、可编程输入/输出模块(input output block,IOB)和可编程连线资源(programmable interconnect,PI)。较复杂的 FPGA 结构中还有其他一些功能模块,这里先不做介绍。CLB 的功能很强,不仅能实现逻辑函数,还可以配置成移位寄存器或 RAM 等复杂形式。配置数据存放在片内的 SRAM 或者熔丝图上,基于 SRAM 的 FPGA 器件工作前需要从芯片外部加载配置数据。加载的配置数据可以存储在片外的 E^2PROM 或者计算机上,设计人员可以控制加载过程,在现场修改器件的逻辑功能,即所谓现场可编程。

FPGA 出现后受到了电子工程设计人员的广泛关注与普遍欢迎,并有力地推动了电子设计技术的改革与进步。经过 20 余年的发展,许多公司都推出了各种不同的 FPGA 器件,比较典型的是 Xilinx 公司的 FPGA 器件系列和 Altera 公司的 CPLD 器件,它们开发较早,占据了较大的 FPGA 市场。

11.1.3 PLD 的主要特点

1. 高密度

PLD 的电路规模已达几百万门,逻辑宏单元近 10 万或更多,不仅能实现单元电路,而且可以实现子系统,甚至全系统,可包括一个或多个嵌入式系统处理器、各类通信接口、控制模块和数字信号处理器(digital signal processor,DSP)模块等。

2. 低功耗

由于制造工艺的改进,PLD 的功耗越来越低。例如有 Lattice 公司推出的 ispMACH 4000Z 系列芯片的静态电流仅为 20 μA,达到前所未有的低功耗。

3. 高速度

集成电路制造水平的提高,使 PLD 的集成元件尺寸不断减小,从而使元件的寄生电容不断减小,电容量的降低,使器件的工作速度得以大大提高。

4. 高开发效率

各种 PLD 均有相应开发工具软件给予支持,电路设计人员在很短的时间内就可以完成电路输入、编译、仿真、综合和配置(编程),直至最后芯片的制作,从根本上改变了传统的电子电路设计方法。另外,PLD本身可以反复编程、擦除、从而使开发、设计效率得到极大的提高。

11.1.4 PLD 的基本结构

我们已经知道,数字电路分为组合逻辑电路和时序逻辑电路两大类型。时序逻辑电路在结构上是由组合逻辑电路和具有记忆功能的触发器组成的,同时具有输出端至输入端的反馈回路。而组合逻辑电路总可以用一组"与或"表达式来描述,因而可以用一组"与"门和"或"门来实现。所以,PLD的基本结构是由"与阵列"、"或阵列"、输入缓冲电路和输出电路构成,反馈信号通过内部反馈通道馈送到输入端,如图11.1所示。其中"与阵列"和"或阵列"是PLD电路的主体,"与阵列"用来产生乘积项,"或阵列"用来产生乘积项之和。输入缓冲电路可以使输入信号具有足够的驱动能力,并产生输入变量的原变量和反变量。根据电路功能的不同,PLD可以由"或阵列"直接输出(组合电路方式),也可以通过触发器或寄存器输出(时序电路方式)。输出可以是高电平有效,也可以是低电平有效,输出端通常都采用三态门结构。

图 11.1 PLD 的结构框图

11.2 FPGA 的工作原理与基本结构

11.2.1 FPGA 的工作原理[5]

从前面的介绍可以看到,FPGA是在PAL、GAL等可编程器件的基础上发展起来的,由于FPGA可以被反复擦写,因此它所实现的逻辑电路不是通过固定门电路的连接来完成,而是采用一种易于反复配置的结构,查找表可以很好地满足这一要求。目前,主流FPGA都采用了基于SRAM的查找表结构,也有一些高可靠性要求的FPGA产品采用Flash或者熔丝工艺的查找表结构。可通过擦写文件改变查找表内容的方法来实现对 FPGA 的重复配置。

根据数字电路的基本知识可以知道,对于一个具有 n 个输入的逻辑运算,不管是"与"、"或"、"非"运算还是"异或"运算,最多有 2^n 种输出结果(例如对于 3 输入的"与非"门,共有 $2^3=8$ 种输出结果)。所以,如果事先将输入变量的所有取值可能及对应输出结果(即真值表)存放于一个 RAM 存储器中,然后通过查表来由输入找到对应的输出值,就相当于实现了与真值表的内容相对应的逻辑电路的功能。FPGA 的基本原理就是如此,它通过擦写文件去配置查找表的内容,从而在相同的电路情况下实现了不同的逻辑功能。

查找表(look-up-table,LUT),LUT 实际上就是一个 RAM。目前,FPGA 中多数使用 4 输入的 LUT,每一个 LUT 可以看成一个有 4 位地址线的 16×1 的 RAM。当用户通过原理图或硬件描述语言(hardware discription language, HDL)描述了一个逻辑电路以后,FPGA 开发软件就会自动计算逻辑电路的所有可能结果,并把这些计算结果(即逻辑电路的真值表)事先写入 RAM 中,这样,每输入一组逻辑值进行逻辑运算时,就等于输入一个地址进行查表,找到地址对应的内容后进行输出即可。

表 11-1 给出了一个使用 LUT 实现 4 输入"与非"门逻辑功能的具体情况。

表 11-1 4 输入"与非"门的 LUT 实现

逻辑电路(真值表)		LUT 的实现方式	
A,B,C,D(逻辑输入)	逻辑输出	RAM 地址	RAM 单元中存储的内容
0000	1	0000	1
0001	1	0001	1
…	…	…	…
1111	0	1111	0

从表 11-1 中可以清楚地看到,LUT 中的内容与逻辑电路的真值表完全相同,也就是说,LUT 可以实现和逻辑电路完全相同的功能。

基于 SRAM 结构的 FPGA 在使用时需要外接一个片外存储器(常用 E^2PROM)来保存设计文件所生成的配置数据。上电时,FPGA 将片外存储器中的数据读入片内 RAM 中,完成配置后进入工作状态;掉电后,FPGA 恢复为白片,内部逻辑消失。这样,FPGA 可以反复擦写。这种特性非常易于实现设备功能的更新和升级。

11.2.2 FPGA 的基本结构

FPGA 的基本组成结构包括可编程输入/输出模块、可编程逻辑模块、可编程布线资源、内嵌块 RAM、底层内嵌功能单元和内嵌专用硬核模块等,如图

11.2 所示。不同系列的 FPGA,其内部组成结构有所不同。下面简要介绍这几个模块的组成情况。

图 11.2 FPGA 的结构框图

1. 可编程输入/输出模块(IOB)[1]

IOB 是 FPGA 芯片与外界电路的接口部分,用于完成不同电路特性下对输入/输出信号的驱动与配置要求。一种结构比较简单的 FPGA 芯片(Xilinx 公司的 XC2064)的 IOB 结构如图 11.3 所示。由图可见,它由一个输出缓冲器、一个输入缓冲器、一个 D 触发器和两个多路选择器(MUX1 和 MUX2)组成。一个 IOB 与一个外部引脚相连,在 IOB 的控制下,外部引脚可以为输入、输出或者双向信号使用。

图 11.3 可编程输入/输出模块

每个 IOB 中含有一条可编程输入通道和一条可编程输出通道。当多路选择器 MUX1 输出为高电平时,输出缓冲器的输出端处于高阻态,外部 I/O 引脚用作输入端,输入信号经输入缓冲器转换为适合芯片内部工作的信号,同时,缓冲后的输入信号被送到 D 触发器的 D 输入端和多路选择器 MUX2 的一个输入端。用户可编程选择直接输入方式(即不经 D 触发器而直接送入 MUX2)或者寄存器输入方式(即经 D 触发器寄存后再送入 MUX2)。当多路选择器 MUX1 输出为低电平时,外部 I/O 引脚作输出端使用。

2. 可配置逻辑模块(CLB)[1]

CLB 是可配置逻辑的主体,以矩阵形式安排在器件中心,其实际数量和特性依器件不同而不同。在 Xilinx 公司的 XC2064 中有 64 个 CLB,排列成 8×8 的矩阵结构,每个 CLB 中包含组合逻辑电路、存储电路和由一些多路选择器组成的内部控制电路,外有 4 个通用输入端 A、B、C、D,2 个输出端 X、Y 和一个专用的时钟输入端 K,如图 11.4 所示。

组合逻辑电路部分可以根据需要将其编程为 3 种不同的组合逻辑形式,分别产生一个 4 输入变量的函数、两个 3 输入变量的函数和一个 5 输入变量的函数,输入变量可以来自 CLB 的 4 个输入端,也可以来自 CLB 内部触发器的 Q 端输出,使整个控制逻辑具有较强的灵活性。

图 11.4 FPGA(XC2064)的 CLB 结构

3. 可编程布线资源(PI)

FPGA 芯片内部有着丰富的布线资源。根据工艺、连线长度、宽度和布线位置的不同而划分为 4 种类型。第一类是全局布线资源,用于芯片内部全局时钟和全局复位/置位信号的布线;第二类是长线资源,用于完成芯片中各模块间信号的长距离传输,或用于以最短路径将信号传送到多个目的地的情况;第三类是短线资源,它具有连线短、延迟小的特点,例如 CLB 的输出 X 与它上下相邻的 CLB 输入的连接；第四类是分布式的布线资源，用于专有时钟、复位等控制信号线。

需要说明的是，在实际设计中，设计者并不需要直接选择布线资源，布局布线器（软件）可自动地根据输入逻辑网表的拓扑结构和约束条件选择布线资源来连通各个模块单元。

4. 内嵌块 RAM(BRAM)

目前大多数 FPGA 都具有内嵌块 RAM(BLOCK RAM)，这大大拓展了 FPGA 的应用范围和灵活性。FPGA 内嵌的块 RAM 一般可以灵活地配置为单端口 RAM(single port RAM, SPRAM)、双端口 RAM(double ports RAM, DPRAM)、内容地址存储器(content addressable memory, CAM)和 FIFO(first-in first-out)等常用存储结构。

在 CAM 存储器内部的每个存储单元中都有一个比较逻辑，写入 CAM 中的数据会和其内部存储的每一个数据进行比较，并返回与端口数据相同的所有内部数据的地址。这种功能特性在路由的地址交换器中有广泛的应用。

5. 底层内嵌功能单元

底层内嵌功能单元指的是那些通用程度较高的嵌入式功能模块，如 DLL(delay locked loop)、PLL(phase locked loop)、DSP 和 CPU 等。正是由于集成了丰富的内嵌功能单元，才使 FPGA 能够满足各种不同场合的需求。

DLL 和 PLL 具有类似的功能，可以完成时钟高精度、低抖动的倍频和分频，以及占空比调整和移相等功能。

6. 内嵌专用硬核

内嵌专用硬核(hard core)是相对底层嵌入的软核而言的。FPGA 中处理能力强大的硬核，等效于 ASIC 电路。为了提高 FPGA 的乘法速度，主流的 FPGA 都集成了专用乘法器；为了适用通信总线与接口标准，很多高端的 FPGA 内部都集成了串并收发器，可以达到几十吉比特/秒(Gbps)的收发速度。

11.2.3 IP 核简介[5]

IP(Intelligent Property)核是具有知识产权的集成电路芯核的总称，是经过反复验证的、具有特定功能的宏模块，与芯片制造工艺无关，可以移植到不同的半导体工艺中。目前，IP 核已经变成系统设计的基本单元，并作为独立设计成果被交换、转让和销售。

从 IP 核的提供方式上，通常将其分为软核、硬核和固核三种类型。从完成 IP 核所花费的成本来讲，硬核代价最大；从使用灵活性来讲，软核的可复用性最高。

1. 软核

在 EDA 设计领域中，软核指的是综合(synthesis)之前的寄存器传输级(register transmit level, RTL)模型。具体在 FPGA 设计中，指的是对电路的硬件语言描述,包括逻辑描述、网表和帮助文档等。软核只经过功能仿真,需要经过综合以及布局布线后才能使用。其优点是灵活性高,可移植性强,允许用户自己配置。其缺点是对模块的可预测性较低,在后续设计中存在发生错误的可能性,存在一定的设计风险。软核是 IP 核应用最广泛的形式。

2. 固核

在 EDA 设计领域中,固核指的是带有平面规划信息的网表。具体在 FPGA 设计中,可以看做带有布局规划的软核,通常以 RTL 代码和对应具体工艺网表的混合形式提供。将 RTL 描述结合具体标准单元库进行综合优化设计,形成门级网表,再通过布局布线工具即可使用。与软核相比,固核的设计灵活性稍差,但在可预测性上有较大提高。目前,固核也是 IP 核的主流形成之一。

3. 硬核

在 EDA 设计领域中,硬核指的是经过验证的设计版图。具体在 FPGA 设计中,指布局和工艺固定、经过前端和后端的设计,设计人员不能对其修改。硬核的这种不允许修改特点使其复用有一定困难,所以通常用于某些特定应用中,使用范围较窄。

11.3 FPGA 的设计与开发

11.3.1 FPGA 的基本开发流程

FPGA 的基本开发流程主要包括设计输入(design entry)、仿真(simulation)、综合(synthesis)、布局布线(place and route)和下载编程等步骤。FPGA 的一般开发流程如图 11.5 所示。

图 11.5 FPGA 的一般开发流程

1. 设计输入

设计输入是将所设计的电路或系统以开发软件所要求的某种形式表示出来,并输入给 EDA 工具的过程。常用的方法有硬件描述语言(hardware description language,HDL)输入方式和原理图输入方式等。原理图输入方式在可编程器件发展的早期应用比较广泛,它将所需要的器件从元件库中调出来,画出电路原理图,完成输入过程。这种方法的优点是直观、便于理解、元器件资源丰富。但在大型设计中,这种方法的效率较低,且不易维护,不利于模块构造和重用,更主要的缺点是可移植性差,当芯片升级后,所有的原理图都需要作一定的改动。

目前,在实际开发中应用最广的是 HDL 语言输入法,利用文本(程序代码)描述设计,可以分为普通 HDL 和行为 HDL。普通 HDL(如 ABEL-HDL),支持逻辑方程、真值表和状态图等表达方式,主要用于简单的小型设计;在中、大型设计中,主要使用行为 HDL,如 Verilog HDL 和 VHDL。这两种语言(普通 HDL 和行为 HDL)的共同特点是语言与芯片工艺无关,利于自顶向下设计,便于模块的划分与移植,具有很强的逻辑描述功能,而且输入效率很高。

2. 功能仿真

功能仿真也称前仿真或行为仿真,是在综合之前对用户所设计的电路进行逻辑功能验证。这时的仿真没有时延信息,仅对初步的功能进行检测。仿真前,需先利用波形编辑器建立波形文件和测试向量(输入信号序列)。仿真结果将会生成报告文件和输出信号波形,从中可以观察各个节点信号的变化情况是否符合功能要求。如果发现错误,则返回设计输入进行修改。

尽管功能仿真不是 FPGA 开发过程中的必须具有的步骤,但却是整个系统设计中至关重要的一个环节。

3. 综合

综合就是将较高级抽象层次的描述转化成较低层次的描述。它根据设计目标与要求(约束条件)优化所生成的逻辑连接,使层次设计平面化,供 FPGA 布局布线软件来实现。具体而言,综合就是将 HDL 语言描述、原理图等设计输入翻译成由"与"门、"或"门、"非"门、RAM、触发器等基本逻辑单元组成的逻辑连接网表,而并非真实的门级电路。真实、具体的门级电路需要利用 FPGA 制造商的布局布线功能,根据综合后生成的标准门级网表来产生。为了能够转换成标准的门级网表,HDL 程序的编写必须符合特定综合器所要求的风格。

4. 实现与布局布线

实现是将综合生成的逻辑连接网表适配到具体的 FPGA 芯片上,布局布线是其中最重要的过程。布局将逻辑连接网表中的底层单元确定到芯片内部的合理位置上,并且要在速度最优和面积最优之间作出权衡和选择。布线根据布局的拓扑结构、利用芯片内部的各种连线资源,正确地连接各个元件。由于 FPGA 的结构非常复杂,只有 FPGA 芯片生产厂商才对芯片的结构最为了解,所以布局布线必须选择开发商提供的工具。

5. 时序仿真

时序仿真也称后仿真,是指将布局布线的时延信息反标注到设计网表中来检测有无时序违规现象。由于时序仿真含有较为全面、精确的时延信息,所以能较好地反映芯片的实际工作情况。另外,通过时序仿真,检查和清除电路中实际存在的冒险现象是十分必要的。

6. 下载编程与调试

FPGA 设计与开发的最后一步就是下载编程与调试。下载编程是将设计阶段所生成的位流文件装入到可编程器件中。通常,器件编程需要满足一定的条件,如编程电压、编程时序和编程算法等。因此,对于不能进行在系统编程(in system programming,ISP)的 CPLD 器件和不能在线配置的 FPGA 器件,需专用编程器完成器件编程。

逻辑分析仪(logic analyzer)是 FPGA 设计的常用调试工具,但需引出大量的测试管脚,且设备的价格较贵。目前,主流的 FPGA 芯片厂商都提供了内嵌的在线逻辑分析仪来解决上述矛盾,它们只占用芯片的少量逻辑资源,具有很高的使用价值。

11.3.2 FPGA/CPLD 开发工具 MAX+Plus II 简介

FPGA/CPLD 的开发工具很多,Altera 公司的 MAX+Plus 是其中较常用的一种。它集设计输入、编译、仿真、综合、编程(配置)于一体,带有丰富的设计库,并有较详细的联机帮助功能,且许多操作如元器件复制、删除、拖动和文件操作等与 Windows 的操作方法类似,是一个集成化的、易学易用的可编程器件开发环境。

下面分别以原理图输入方式和 VHDL 语言输入方式设计为例,具体介绍利用 MAX+Plus II 进行可编程逻辑器件设计的详细过程。

1. 原理图方式输入

首先需启动 MAX+Plus II,启动后先出现的是 MAX+Plus II 管理器窗口,如图 11.6 所示。一个新项目(project)设计的第一步是为项目指定一个名称,以便管理属于该项目的数据和文件。指定项目名称的方法是:在管理器窗口点击 File→Project→Name,弹出 Project Name 对话框,在 Project Name 对话框中选择适当的驱动器和目录,键入项目名称(例如 add1),单击 OK 按钮,如图

11.7所示。

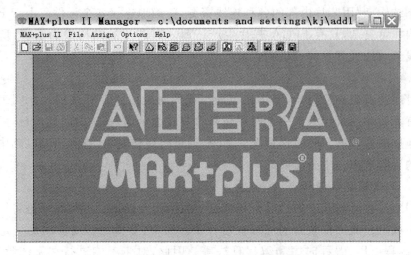

图 11.6　MAX+Pluss II 管理器窗口

图 11.7　项目命名窗口

在 MAX+Plus II 中,用户的每个独立设计都对应一个项目,每个项目可包含一个或多个设计文件。这些文件中必须包含一个顶层文件,而且顶层文件名必须和项目名相同。项目的文件中还包括编译过程中产生的各种中间文件,这些文件的后缀有所不同,如 hif、cnf、mmf 等。

(1) 建立原理图输入文件

① 打开原理图编辑器。在管理器窗口中单击 File→New 或在工具栏上直接点击相应按钮,将出现如图 11.8 所示的新建文件对话框。在该对话框中选择 Graphic Editor File(后缀为.gdf)项,然后单击 OK 按钮,便会出现一个原理图编辑窗口,此时即可输入原理图文件。输入完后单击 File→Save as,则会出现如图 11.9 所示的对话窗口。

图 11.8　新建文件对话框　　　　图 11.9　保存图形输入文件

注意,这里将文件名保存为 add1,与项目名字相同,单击 OK 按钮结束。

② 输入元器件和模块。在原理图编辑窗口空白处双击鼠标左键或在 Symbol 菜单中选择 Enter Symbol,便弹出 Enter Symbol 对话框,如图 11.10 所示。在 Symbol Libraries 框中双击所需的库名(共 4 种库),接着在 Symbol Files 框中点击所选器件名(例如 Prim 库中的 and2、mf 库中的 74138 等),然后点击 OK 按钮。这样所选择器件(模块)就出现在原理图输入编辑器窗口中。重复这一步,直至选中所需的全部器件。相同的模块也可用复制的方法产生。还可用鼠标左键选中器件并按住左键拖动,将元器件拖动到适当的位置。

图 11.10　元器件选择对话框

Enter Symbol 对话框中的符号库位于 Maxplus2 目录下的 Max2lib 子目录中,4 种不同的符号库分别为基本逻辑器件库 Prim、74 系列器件库 mf、基于网表 SNF 的基本逻辑器件库 edif 和参数化的宏模块库 mega_Lpm。其中 Prim 库、mf 库和 edif 库中的元器件是固定不变的,选中后可直接使用。而 mega_Lmp 库中的模块称为参数化的宏模块,其信号及其极性和位数需由用户根据需要设定后才能使用。

③ 放置输入、输出引脚。输入、输出引脚的处理方法与元器件类似。首先打开 Enter Symbol 对话框,然后在其中的 Symbol Name 框中键入 input、output 或 bidir,分别代表输入、输出和双向 I/O 引脚,单击 OK 按钮,相应的输入或输出引脚就会出现在编辑窗口中。重复这一步即可产生所有的输入和输出引脚,也可用复制的方法得到所有引脚。

电源(VCC)和地(GND)与输入、输出引脚类似,也作为较特殊元件,采用上述方法在 Symbol Name 框中键入 VCC 或 GND,即可使它们出现在编辑窗口所选位置上。

④ 连线。将电路中两个端口(即连线端点)连接起来的方法为:将鼠标指向一个端口,鼠标箭头会自动成"+"形状。按住鼠标左键拖至另一端口,放开左键,则会在两个端口间产生一根连线。连线时若需转折,则在转折处松一下左键,再按住继续移动至终点处。连线的粗细可通过单击右键菜单中的 Line Style 来选择,总线通常选用粗线来表示。

⑤ 输入、输出引脚命名。对输入、输出引脚命名的方法是在引脚"PIN-NAME"位置双击,然后键入信号名。

⑥ 保存文件。单击 File→Save as 或 Save,或在工具栏中单击相应按钮,若是第一次保存,需输入文件名。

⑦ 建立一个默认的符号文件。在层次化设计中,如果当前编辑的文件不是顶层文件,则往往需要为其产生一个符号,将其打包成一个模块,以便在上层电路设计时加以引用。建立符号文件的方法是,在 File 菜单中选择 Create Default Symbol 项即可。

图 11.11 所示即为构成一位全加器所需的全部元器件及输入、输出引脚。由图可见,共需 2 个"异或门"、2 个两输入的"与门"和一个两输入的"或门"。此外,还有 3 个"输入引脚"和 2 个"输出引脚"。

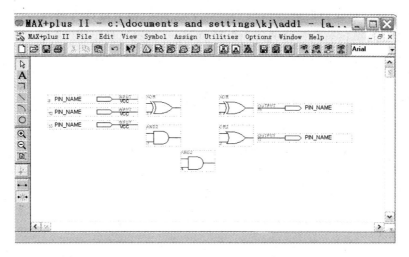

图 11.11　放置元件和引脚到合适位置

双击引脚的"PIN-NAME"位置，将三个输入引脚分别命名为 A、B 和 C_in，两个输出引脚分别命名为 S 和 C_out。其中 A、B 代表相加的两个一位二进制数，C_in 为低位进位输入；S 为全加和，C_out 为全加进位输出。连接元器件之间的相关连线形成的全加器原理图文件如图 11.12 所示。

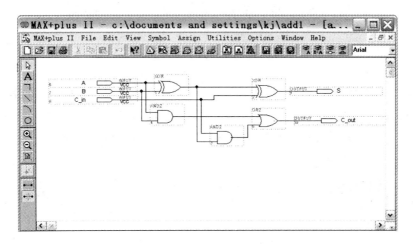

图 11.12　全加器原理图输入

(2) 编译

编译的作用是检查设计输入中有无描述性错误，若无错，则提取出电路网表(netlist)；若有错，则给出出错信息(包含出错信息和出错位置)，并有联机帮助功能帮助用户改正。

在编译之前应当先指定器件,这里的器件是指每个设计所使用的 FPGA 或 EPLD 芯片,Altera 公司具有代表性的 FPGA 芯片系列有 ACEX1K、FLEX10K、FLEX8000 等,具有代表性的 EPLD 芯片系列有 MAX 3000、MAX 7000、MAX 8000 等。指定器件的操作如下:

① 在 Assign 菜单中选择 Device 项,将出现如图 11.13 所示的 Device 对话框。

② 在 Device Family 选项内,选择一个器件系列(如 FLEX10K)。

③ 在 Devices 选项内,选择器件系列中某一器件(如 EPF10K10LC84-3)或选择 AUTO 让 MAX+Plus II 自动选择一个器件。

④ 单击 OK 按钮。

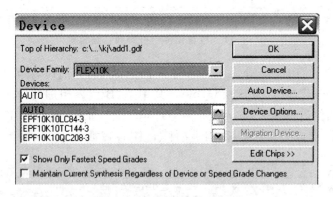

图 11.13　器件选择对话框

运行编译器的方法是,在 MAX+Plus II 菜单中选 Compiler 或直接在工具栏中点击编译器的相应图标,出现如图 11.14 所示的对话框。按 Start 按钮即开始进行编译,如果有错,则输出相应提示信息及出错位置;若编译成功,则显示如图 11.15 所示的编译成功信息。

图 11.14　编译对话框

图 11.15 编译结果

(3) 仿真

仿真可以检查设计的正确性,在仿真之前要建立一个波形输入文件。单击 MAX+Plus II→Waveform Editor,弹出波形图编辑窗口,如图 11.16 所示。

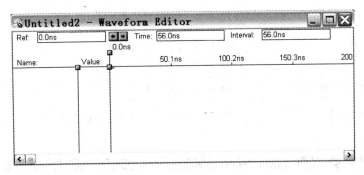

图 11.16 波形图编辑输入窗口

需首先确定仿真时间长度,单击 File→End Time,弹出如图 11.17 所示的对话框,键入仿真结束时间(如 $100\mu s$),单击 OK 按钮结束;单击 Option→Grid Size,键入显示网格间距时间(如 500ns),单击 OK 按钮结束,如图 11.18 所示。

图 11.17 仿真时长设置

图 11.18 仿真显示网格间距时间设置

在波形图编辑窗口空白处单击鼠标右键,选择 Enter Nodes From SNF (SNF 指仿真网表文件),弹出如图 11.19 所示对话框。在该对话框的 Type 框中选择信号类别(Type),常用的是 Inputs 和 Outputs;单击 List 按钮,将所选类别的所有管脚信号均列于 Available Nodes & Groups 框中;然后按⇒箭头,将选出的管脚信号全部送入右边的 Selected Nodes & Groups 框中;单击 OK 按钮,此时,所选信号将出现在波形图编辑窗口中,如图 11.20 所示。

图 11.19　选择输入输出引脚

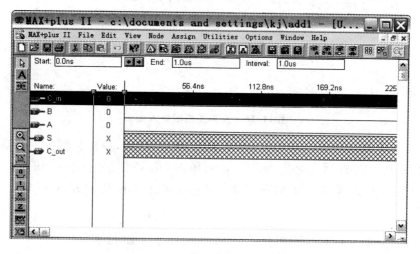

图 11.20　波形图输入文件编辑

在图 11.20 中，A、B 和 C_in 为三个需要编辑的输入激励信号，S 和 C_out 是用来检查设计正确与否的输出响应观测信号，双击要编辑信号所对应的引脚

图 11.21　时钟信号波形编辑

名称，则相应的行变黑，同时在窗口左侧的编辑快捷键被激活。这里可以设置高电平(1)、低电平(0)、任意值(x)及高阻(z)等值。可通过点击快捷键来编辑时钟信号波形，这里将 A 的周期设为 $2\mu s$，即在图 11.21 所示的对话框中将 Multiplied By 设置为 2，类似地，将 B 的周期设为 $5\mu s$，C_in 设为 $10\mu s$。

完成上述设置后,单击 File→Save as 保存波形文件,单击 OK 按钮,对话框如图 11.22 所示。接着单击 MAX+Pluss II→Compiler 编译一次,编译过程同前。完成编译后单击 MAX Plus II→Simulator,弹出如图 11.23 所示的对话框,单击 Start 启动仿真,仿真结束后弹出如图 11.24 所示对话框,单击"确定"按钮。最后按 Open SCF,即可观察如图 11.25 所示的仿真波形。时序分析可由用户人工进行,也可以采用 MAX+Plus II 提供的时序分析功能 (Timing Analyzer)来进行(后面再介绍)。

图 11.22 保存波形文件

图 11.23 仿真窗口

图 11.24 仿真成功

图 11.25 仿真波形图

(4) 下载编程

当用软件仿真验证设计的电路工作正常后,就可将编译产生的位流文件下载编程到 FPGA 或 CPLD 芯片上,与外围电路一起对设计进行硬件验证。下载编程的主要步骤如下:

① 在下载编程前,首先用下载电缆将计算机的打印口连接到接有 FPGA/CPLD 芯片的目标板上,接通目标板电源。

② 选择 MAX+Plus II→Programmer,打开编程窗口。

③ 在编程界面下,从 Options 菜单中选择 Hardware Setup,再在 Hardware Setup 对话框中选择 Byte Blaster 或 Bit Blaster,单击 OK 按钮。

④ 选择编程文件。默认情况下,编程文件已根据当前项目名选好,并显示在编程窗口的右上角。若发现编程文件不对,可在 File 菜单中单击 Select Programming File,进行选择。

⑤ 下载。在下载编程窗口中,CPLD 的下载与 FPGA 的下载有所不同:CPLD 的下载按 Program 按钮(此时文件为 *.POF),软件会对目标板上的芯片进行检测、编程、校验,完成后显示"编译成功";FPGA 的下载要按 Configure 按钮(此时的文件为 *.SOF),软件做相关的操作后,将编程文件下载到目标板芯片中。

2. 硬件描述语言 VHDL 输入

(1) 建立 VHDL 设计文件

启动 MAX+Plus II 开发环境,单击菜单 File→New,出现如图 11.26 所示的对话框。首先应确定建立文件的类型,有 4 种文件类型可选,VHDL 设计应选择第三个选项 Text Editor file。单击 OK 按钮,开发环境生成一空白的文本编辑窗口供用户输入 VHDL 程序文本。

图 11.26 选择文本编辑器

(2) 输入 VHDL 设计描述

在如图 11.27 所示的窗口中输入如下 VHDL 程序文本,程序的功能是实现一个一位全加器。其中,a、b 表示全加器的两个一位二进制数输入,C_in 表示前级进位输入,Sum 表示全加和,C_out 表示全加进位。

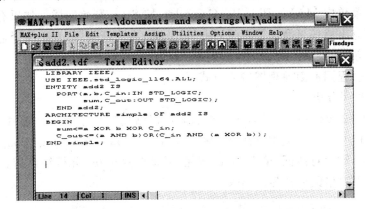

图 11.27 输入 VHDL 程序文本

```
LIBRARY   IEEE;
USE IEEE. std_logic_1164. ALL;
ENTITY   add2   IS
   PORT(a, b, C_in: IN   STD_LOGIC;
      Sum, C_out: OUT STD_LOGIC);
END add2;
ARCHITECTURE simple OF add2 IS
BEGIN
   sum <= a XOR b XOR C_in;
   C_out <= (a AND b) OR (C_in AND (a XOR b));
END Simple;
```

(3) 保存 VHDL 文本

输入 VHDL 程序文本后,单击菜单中 File→Save as,在 File Name 处填写文件名 add2.vhd。单击 OK 确认。

(4) 将当前文件设为项目的主文件

在可编程逻辑器件设计中,一个项目按功能不同或设计层次不同,可以包括很多设计描述文件。设计时,可以按功能分模块来完成。将当前文件设为项目的主文件,使后来所进行的编译、仿真、测试都是以此文件为顶层文件来完成,而此文件的上层文件和并行文件都不受影响。选择菜单 File→Project→Set Project to Current File,可以将当前文件设成项目的主文件。

（5）选择设计所使用的器件

选择过程同前面原理图输入方式，此处不再赘述。

（6）编译设计项目

单击菜单中 MAX＋Plus II→Compiler,按 Start 开始编译。如果有错，程序会提示相应出错信息及出错位置，用户改正后，再重新编译，直至编译通过。

（7）仿真

仿真过程同前面原理图输入方式。

（8）时序分析

MAX＋Plus II 提供的时序分析功能可以帮助用户了解软件仿真中各信号之间的具体时延量。使用方法是：单击 MAX＋Plus II→Timing Analyzer,出现如图 11.28 所示对话框，单击 Start 按钮，启动时序分析，分析结束后，各信号之间的时延以表格的形式显示出来。

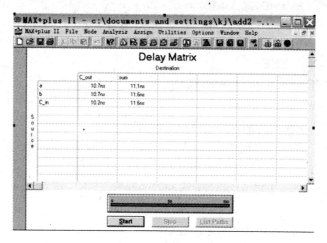

图 11.28　时序分析

（9）芯片的管脚分配

上面所做的只是电路逻辑功能及时序的软件仿真，它与实际硬件的执行不一定完全一致，所以还须做硬件验证。在做硬件验证时，各个输入、输出信号必须锁定到具体芯片的管脚上（即实现芯片的管脚分配），才能将外部信号加进来，将输出信号接出去。

MAX＋Plus II 推荐让编译器自动为项目进行管脚分配。如果用户希望自己分配管脚，可按以下步骤进行：

① 确定已经选择了一种器件。

② 在 Assign 菜单中选择 Pin/Location/Chip 项，出现如图 11.29 所示的信

号与管脚锁定对话框。

③ 在 Node Name 框内填入需要输入、输出的信号名。

④ 在 Pin Type 框内选择该信号的输入、输出类型（Input、Output 或 Bidir），在 Pin 框内选择芯片的管脚序号（1、2、3…）。

⑤ 单击右下角的 Add 按扭将信号与管脚的锁定关系加入 Existing Pin/Location/Chip Assignments 框内。

⑥ 当所有的信号都加入后，单击 OK 确认退出。

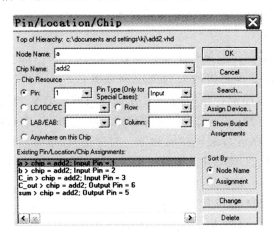

图 11.29　芯片的管脚分配

（10）重新编译设计项目

完成芯片的管脚分配后，需对项目重新进行编译，重新编译产生的数据文件中包含着管脚的定义信息。单击 MAX＋Plus II→Compiler，出现编译窗口，单击窗口内的 Start 按钮，重新编译。

（11）下载编程

下载编程过程同前。

本 章 小 结

本章简要介绍了可编程逻辑器件 PLD 的产生、发展、主要特点及基本结构，重点讨论了 FPGA 的工作原理、组成结构及基本开发过程。本章最后具体介绍了 FPGA/CPLD 开发工具 MAX＋Plus II 的使用方法。

1．与传统的硬件电路设计方法不同，EDA 技术采用"自上而下"的设计方法来进行逻辑电路的设计。在这种新的设计方法中，可以由用户对整个电路系统进行方案设计和功能划分，完成逻辑设计、性能分析、时序测试及电路实现。

2. PLD 的最大特点是用户可通过编程来设定电路的逻辑功能,设计人员在很短的时间内就可以完成电路的输入、编译、仿真和下载编程,直至最后芯片的制作,从根本上改变了传统的电子电路设计方法。

3. FPGA 的基本结构包括可编程输入/输出模块、可配置逻辑模块、可编程布线资源、内嵌块 RAM、底层内嵌功能单元和内嵌专用硬核模块等。不同系列的 FPGA,其内部组成结构有所不同。

4. IP 核是具有知识产权的集成电路芯核的总称。从 IP 核的提供方式上,可分为软核、硬核和固核三种类型。从成本上,硬核代价最大;从使用灵活性上,软核可复用性最高。

5. FPGA 的基本开发流程主要包括设计输入、仿真、综合、布局布线和下载编程等步骤。设计输入是将所设计的电路以开发软件要求的某种形式表达出来,并输入到相应软件中。常用的方法有原理图输入方式和硬件描述语言输入方式。仿真分功能仿真和时序仿真两种类型,功能仿真(也称前仿真)是在综合之前对所设计的电路进行逻辑功能验证。时序仿真(也称后仿真)由于含有时延信息,因此能较好地反映芯片的实际工作情况。下载编程是将设计阶段所生成的位流文件装入到可编程器件中。

6. FPGA/CPLD 的开发工具很多,主要有 Altrea 公司的 MAX+Plus II、Quartus II,Xilinx 公司的 Fundation、ISE,以及 Lattice 公司的 ISP Design Expert 等。本章重点介绍了 MAX+Plus II 的使用方法。

习 题 11

11.1 简述 PLD 的发展与分类。

11.2 说明 PLD 的主要特点及基本结构。

11.3 FPGA 包括哪几个主要组成部分?各部分的基本功能是什么?

11.4 何谓 IP 核?IP 核分哪几种类型?各自的特点是什么?

11.5 FPGA 的基本开发流程分哪几个主要步骤?简述各步骤的基本操作。

11.6 简述用 MAX+Plus II 进行可编程逻辑电路设计的基本过程。

11.7 试用 MAX+Plus II 设计实现一个"二选一"选择器。要求分别采用原理图和 VHDL 语言方式进行输入。

11.8 化简下列逻辑函数式,并用 MAX+Plus II 设计实现。
$$F(A, B, C) = \bar{A}\bar{B}\bar{C} + A\bar{B}C + ABC + AB\bar{C}$$

第 12 章 脉冲信号的产生与整形

在数字系统中,需要各种不同形式的脉冲信号,如在前面已经见到的触发器的时钟脉冲、计数器的计数脉冲、移位寄存器的移位脉冲等,它们在整个电路系统中起着定时与协调控制作用。

本章将简要介绍脉冲信号的产生及整形方面的有关知识。

12.1 脉冲信号波形的特性参数

所谓脉冲信号,是指在短时间内出现的阶跃电压或电流信号。脉冲信号的持续时间可以短到微秒(μs)甚至毫微秒(ns)数量级。在各种类型的脉冲信号中,最常见的是矩形脉冲。理想的矩形脉冲是一种无上升和下降时间,在持续时间内电压(或电流)保持不变的脉冲信号。如图 12.1(a)所示。

(a) 理想矩形脉冲　　　　　　　(b) 矩形脉冲特性参数

图 12.1　矩形脉冲

由于矩形脉冲是一种由开关电路产生的电信号,而实际的开关器件,其接通与断开都需要时间,所以实际的矩形脉冲信号波形,并不像图 12.1(a)所示的理想矩形波形,而是如图 12.1(b)所示具有一定上升和下降时间的脉冲波形。

在电路分析和实际应用中,对脉冲信号波形的主要特性参数(如上升时间、下降时间、脉冲幅度和周期等)都有严格要求。为了定量地说明矩形脉冲信号的特性,通常使用如图 12.1(b)中所示的几个参数(或指标),它们是:

① 脉冲周期 T——周期性重复的脉冲序列中,两个相邻脉冲间的时间间隔。周期 T 的倒数即单位时间内出现的脉冲数称为重复频率 f,即 $f=1/T$。

② 脉冲幅度 V_m——脉冲电压的最大变化幅度。

③ 脉冲宽度 T_w——从脉冲前沿上升到 $0.5V_m$ 开始,到脉冲后沿下降到 $0.5V_m$ 为止的一段时间(即脉冲幅度 50% 处的持续时间)。

④ 上升时间 t_r——脉冲前沿从 $0.1V_m$ 上升到 $0.9V_m$ 所需要的时间。

⑤ 下降时间 t_f——脉冲后沿从 $0.9V_m$ 下降到 $0.1V_m$ 所需要的时间。

通过上述参数,可以把一个矩形脉冲的基本特性大体上表示出来。

12.2 单稳态触发器

我们已经介绍过触发器的基本特性,即它有两种稳定状态,在外界触发信号作用下,可以从一种稳定状态翻转到另一种稳定状态。所以,也称触发器为双稳态电路。触发器之所以具有这种特点,是由触发器电路的内部结构决定的。如果将基本 RS 触发器的两条交叉耦合支路的其中一条改为 RC 耦合(电阻电容耦合),则电路的工作情况就大不一样了。这种电路平时(即触发信号未到来时)总是处于一种稳定状态。在外来触发信号的作用下,它能翻转成新的状态,但这种状态是不稳定的,只能维持一定时间,因而称之为暂稳态(简称暂态)。

暂态时间结束,电路能自动回到原来状态,从而输出一个矩形脉冲。由于这种电路只有一种稳定状态,因而称之为单稳态触发器,简称单稳电路或单稳。单稳电路的暂态时间的长短,与外界触发脉冲无关,仅由电路本身的耦合元件 RC 决定,因此称 RC 为单稳电路的定时元件。这种电路被广泛应用于数字系统中,可用于脉冲信号的宽度调整及延时(将输入信号延迟一定时间之后再输出)等。

按照定时元件的连接方式,单稳电路可分为微分型和积分型两大类,下面分别予以介绍。

12.2.1 微分型单稳电路

1. 电路组成

微分型单稳电路如图 12.2 所示。图中 G_1、G_2 是 CMOS"或非"门。电阻 R 和电容 C 组成微分延时电路。

图 12.2 微分型单稳电路

2. 工作原理

如图 12.2 所示,该电路的输入触发脉冲为正脉冲。

稳态时(即正触发脉冲未到来时),只要恰当选择 R 的阻值,G_2 一定导通,其输出 V_{O2} 为低电平。又由于 V_{I1} 为低电平,所以 G_1 的两个输入端均为低电平,G_1 截止,其输出 V_{O1} 为高电平。

当正触发脉冲到来并使 V_{I1} 由低电平上升至 V_T(即 CMOS"或非"门的开启电压)时,将引起下列正反馈过程:

$$V_{I1}\uparrow \to V_{O1}\downarrow \to V_{I2}\downarrow \to V_{O2}\uparrow$$

该正反馈过程使电路快速翻转到 G_1 导通(输出低电平)、G_2 截止(输出高电平),进入暂稳状态。接着 V_{DD} 通过 R 及 G_1 的输出电阻对电容 C 充电,V_{I2} 按指数规律上升,当 V_{I2} 上升到 V_T 时,又会产生下列正反馈过程(假设此时 V_{I1} 已回到低电平):

$$V_{I2}\uparrow \to V_{O2}\downarrow \to V_{O1}\uparrow$$

这个正反馈过程使电路快速返回到 G_1 截止、G_2 导通的稳定状态。此后电容 C 通过 G_2 输入端保护电路的二极管及 G_1 的输出电阻放电,V_{I2} 基本保持在 V_{DD},V_{O1} 逐渐上升到 V_{DD}。

这种单稳态电路各点工作波形如图 12.3 所示。

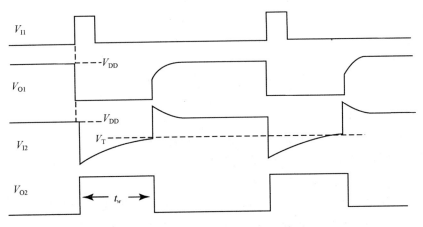

图 12.3 微分型单稳电路工作波形

由上述单稳电路的工作过程,可以得出输出脉冲宽度(即暂稳态时间)t_w 的估算公式如下:

$$t_w = (R+R_\text{o})C\ln\frac{V_\text{DD}}{V_\text{DD}-V_\text{T}}$$

若 $V_\text{T}=1/2V_\text{DD}$,则

$$t_w = (R+R_\text{o})C\ln 2 \approx 0.7(R+R_\text{o})C$$

其中 R_o 为 G_1 门的输出电阻。

例如,若 $R=1\text{ k}\Omega, R_\text{o}=0.2\text{ k}\Omega, C=150\text{ pF}$,则单稳电路的输出脉冲宽度 $t_w=0.7(1\text{ k}\Omega+0.2\text{ k}\Omega)\times150\text{ pF}=126\text{ ns}$。

输出脉冲的幅度近似等于 V_DD。

另外,为使单稳电路可靠工作,应让电容在暂稳态之后能够充分恢复到稳态时的电压。为此,触发脉冲周期应大于 $t_w+3\tau$。τ 称为电容充、放电时间常数。在本电路中,τ 即为 $(R+R_\text{o})C$。

12.2.2 积分型单稳电路

1. 电路组成

积分型单稳电路如图 12.4 所示。G_1、G_2 为 CMOS"或非"门,R、C 构成积分型延时电路,容易看出,与微分型单稳电路相比,其中的 R、C 刚好互易位置。

图 12.4 积分型单稳电路

2. 工作原理

如图 12.4 所示,该电路的输入触发脉冲为负脉冲。

稳态时(即负触发脉冲未到来时),V_I1 为高电平,G_1 和 G_2 导通,所以 V_o1 为低电平,V_I2 为低电平,V_o2 也为低电平。

当负触发脉冲到来时,V_I1 由高电平跳到低电平,G_1 截止,V_O1 由低电平跳到高电平。但由于电容上的电压不能突变,所以此刻 V_I2 仍为低电平,故 G_2 由导通变为截止,V_o2 由低电平跳变到高电平,电路进入暂稳态。此后电容 C 通过 R 和 R_o(G_1 的输出电阻)放电,V_I2 呈指数规律上升,当上升到 V_T 时(假定 V_I1 仍为低电平),G_2 导通,V_o2 跳变到低电平。当 V_I1 跳变到高电平后,G_1 导通,电容 C 开始充电,直至电路恢复到稳定状态。其工作波形如图 12.5 所示。

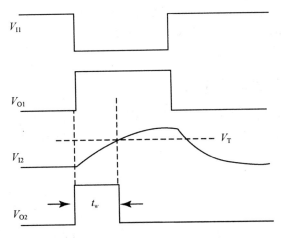

图 12.5 积分型单稳电路工作波形

脉冲宽度 t_w 的估算公式为

$$t_w = (R + R_o)C \ln \frac{V_{DD}}{V_{DD} - V_T}$$

典型情况下 $V_T = 1/2 V_{DD}$,则

$$t_w \approx 0.7(R + R_o)C$$

另外,这种电路要求触发信号 V_{I1} 的脉冲宽度(低电平时间)应大于输出脉冲 V_{O2} 的宽度 t_w,否则该电路就成了反相器,失去了单稳电路的基本特性和功能。

12.3 多谐振荡器

在数字电路中,经常需要有能够自己产生脉冲信号的电路。下面将要介绍的多谐振荡器,就是不需要外加触发信号,自身就可以产生脉冲信号的矩形波发生器。这种自身就可以产生信号的电路称为自激振荡器。又由于矩形波或方波都包含有多次谐波(即矩形波或方波都可以分解为多种不同频率的正弦谐波),所以这种电路又称自激多谐振荡器,简称多谐振荡器。

前面讨论过的双稳态电路具有两个稳定状态,而单稳态电路只有一个稳定状态。但这两种电路有一个共同特点,就是必须在外界触发信号的作用下才能引起电路工作状态的翻转。那么为什么多谐振荡器不需要外加触发信号,自身就能够反复不停地翻转、产生矩形脉冲呢?

从上节开始的讨论中可以看出,单稳电路与基本 RS 触发器的区别在于,两条交叉耦合支路中的一条为 RC 耦合,因而出现一个暂稳态,一次自动翻转。如果把两条耦合支路都改为 RC 耦合,且耦合电阻选择得恰当,这时电路就没有稳态,即只有两个暂稳态。也就是说,在电源接通后,电路就能不停地在两个暂稳态间来回翻转,即电路产生振荡,输出一定脉冲宽度和重复周期的矩形脉冲信号。

多谐振荡器的类型及电路组成形式较多,本节主要介绍环形多谐振荡器及石英晶体多谐振荡器。

12.3.1 环形多谐振荡器

环形多谐振荡器,是一种由奇数个门电路首尾相联而构成的闭环电路多谐振荡器。图12.6所示即为一个由三块TTL"与非"门构成的环形多谐振荡器及各点电压波形。

(a) 电路组成　　　　　　　　(b) 各点电压波形

图12.6　环形多谐振荡器

由于每个门电路都有一定的传输延迟时间,所以在电源接通后,电路的输入输出关系按"1—0—1—0"的规律变化,即这种联结形式的电路一定没有稳定状态。例如当V_{I1}突然跳变到$V_{I1}=1$时,那么经过G_1门延迟t_{pd}以后,$V_{I2}=0$;然后经过G_2门延迟t_{pd},使$V_{I3}=1$;再经过G_3门延迟t_{pd},使$V_O=0=V_{I1}$。即V_{I1}经过$3t_{pd}$之后,又变成了低电平。可以推断,再经过$3t_{pd}$之后,$V_O=V_{I1}$又会变成高电平。如此周而复始,电路形成振荡,输出如图12.6(b)所示的矩形脉冲。由波形图容易看出,振荡周期$T=2\times 3t_{pd}=6t_{pd}$,振荡频率$f$为

$$f=\frac{1}{2\times 3t_{pd}}$$

式中,3为门电路数,t_{pd}为单个门电路的传输延迟时间。

这种振荡器的电路结构虽然简单,但是由于门电路的传输延迟时间t_{pd}很短,所以这种电路的振荡频率很高,而且不可调,因此应用范围有限。为克服这一缺点,容易想到利用RC定时以获得所需频率的矩形脉冲。由于R、C数值可根据需要进行调节,从而改变电路的振荡频率,所以RC环形振荡器在许多场合得到应用。

12.3.2 RC 环形振荡器

由 TTL"与非"门组成的 RC 环形振荡器如图 12.7 所示。其中的 R、C 为主要的定时元件,由它们决定电路的振荡频率,调节 R,可以改变振荡频率。

图 12.7 RC 环形振荡器

由于门电路的传输延迟时间 t_{pd} 相比 RC 电路的延迟时间小得多,所以在下面的分析中忽略 t_{pd}。

当 V_{I1} 跳变到高电平 V_H 时,V_{I2} 将跳变到低电平 V_L,V_{O2} 也随之跳变到 V_H。由于电容 C 上的电压不能突变,所以 V_{I3} 将随 V_{I2} 一起产生负跳变。然后,V_{O2} 的高电平通过电阻 R 向电容 C 充电,并使 V_{I3} 逐渐升高。此时电路处于第一种暂稳状态。

当 V_{I3} 升高到门电路的阈值电压 V_T 时(R_S 很小,V_{I3} 可近似等于 G_3 门的输入电压),G_3 门导通,使 $V_O = V_L = V_{I1}$。由于 V_{I1} 跳变到 V_L,V_{I2} 将跳变到 V_H,V_{O2} 则随之跳变到 V_L。此时,仍由于电容 C 上的电压不能突变,使 V_{I3} 首先要跟随 V_{I2} 一起,产生一个正跳变,然后再随着电容 C 的放电而逐渐降低。这时电路处于第二种暂稳状态。

当 V_{I3} 降低到阈值电压 V_T 时,G_3 门截止,使 $V_O = V_H = V_{I1}$,于是又开始了前述第一种暂态过程。这样,电路将不停地反复振荡,振荡电路中各点电压波如图 12.8 所示。

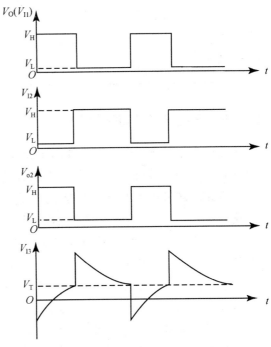

图 12.8 RC 环形振荡器各点电压波形

显然,这种电路的振荡周期 T 为第一个暂稳状态时间 t_1 和第二个暂态时间 t_2 之和。我们省略了具体的推算过程,直接给出 t_1 和 t_2 的估算公式如下:

$$t_1 = 0.98[R /\!/ (R_1 + R_s)]C \approx 0.98(R /\!/ R_1)C$$
$$t_2 = 1.26RC$$

其中 R_1 为 TTL 门电路输入端三极管基极电阻。

所以振荡周期为

$$T = t_1 + t_2 = 0.98(R /\!/ R_1)C + 1.26RC$$

当 $R_1 \geqslant R$ 时,振荡周期的估算公式也可表示为

$$T \approx 2.2RC$$

例如,若 $R=5\ \text{k}\Omega$,$C=4\ \mu\text{F}$,则振荡周期 $T=2.2\times 5\ \text{k}\Omega \times 4\ \mu\text{F} = 44\ \text{ms}$。

另外,这种 RC 环形振荡器的振荡频率调节范围较宽,表 12-1 给出了在不同的电容数值下,调节电阻 R 所测得的频率可调范围。

表 12-1 RC 环形振荡器的频率调节范围

C	f
15 pF	1.4~8 MHz
820 pF	320 kHz~5.6 MHz
0.05 μF	4.3~150 kHz
3 μF	3.3~3.6 kHz
100 μF	1~167 Hz

12.3.3 石英晶体多谐振荡器

从前面介绍的 RC 多谐振荡器的工作原理中可以看到,决定振荡频率的主要因素是电路到达转换电平的时间,亦即到达"与非"门阈值电压的时间。但是,由于门电路的转换电平本身就不够稳定,容易受温度变化等因素的影响。另外,在电路状态快要转换时,电容的充放电已经比较缓慢,此时转换电平的微小变化或者出现干扰,都会严重地影响振荡周期。所以这种电路的频率稳定度较差。在对频率稳定度要求比较高的场合,必须采取稳频措施。

为了得到频率稳定度很高的时钟脉冲,可以采用的一种有效方法是在多谐振荡器电路中接入石英晶体,组成石英晶体多谐振荡器。

石英晶体的频率稳定性很高,而且其选频特性也非常好。图 12.9 给出了石英晶体的符号表示及阻抗频率特性曲线。

第 12 章 脉冲信号的产生与整形

(a) 石英晶体的符号 (b) 阻抗频率特性

图 12.9 石英晶体的符号及阻抗频率特性

一个 TTL "与非" 门石英晶体多谐振荡器电路如图 12.10 所示。其中 V_I 为控制端，$V_I=1$ 时，电路振荡；$V_I=0$ 时，电路不振荡。

图 12.10 石英晶体多谐振荡器

从图 12.9 所示的石英晶体阻抗频率特性曲线不难看出，只有当信号频率为 f_0 时，石英晶体的等效阻抗最小，信号最容易通过。所以这种电路的振荡频率只决定于石英晶体本身的谐振频率 f_0，而与电路中的 R、C 数值无关。

图 12.11 是 CMOS 石英晶体多谐振荡器电路。它的振荡频率主要由石英晶体的谐振频率决定。电容 C 用作频率微调。

图 12.11 CMOS 石英晶体多谐振荡器

12.4 施密特触发器

施密特触发器(也称施密特电路)能够把变化缓慢的输入信号整形成适合数字电路需要的矩形脉冲。因此,施密特触发器在脉冲的产生和整形电路中得到广泛应用。

12.4.1 电路组成

图 12.12 表示了施密特触发器的电路组成及符号表示。容易看出,它是由两级反相器组成的。在耦合方式上,它通过电阻 R_1 和 R_2 分压,将 T_1 管集电极同 T_2 管基极耦合;同时再通过发射极电阻 R_e 完成 T_2 管与 T_1 管的耦合,所以也有人称此电路为射极耦合触发器。

图 12.12 施密特触发器

12.4.2 工作原理

下面通过图 12.13 所示该电路的输入和输出波形来说明它的工作原理。

当输入信号 V_I 为较低电平时(即当 $t < t_1$ 时),电路处于 T_1 截止、T_2 饱和状态;当输入电压 V_I 上升到 V_{T+} 时(即 $t = t_1$ 时刻),T_1 管开始导通,i_{b1} 上升,i_{c1} 上升,V_{c1} 下降,经过电阻 R_1 和 R_2 的分压,V_{b2} 也下降,并使 T_2 管脱离饱和,i_{c2} 下降很多,电阻 R_e 上的电压 V_e 也因 i_{c2} 的下降而下降,T_1 管的发射结电压 V_{be1} 上升,使 T_1 管进一步导通,产生下述正反馈过程:

$$V_I \uparrow \to i_{b1} \uparrow \to i_{c1} \uparrow \to V_{c1} \downarrow \to V_{b2} \downarrow \to i_{c2} \downarrow \to V_e \downarrow \to V_{be1} \uparrow$$

正反馈过程使电路迅速翻转到 T_1 饱和、T_2 截止的状态。电路的输出电压 V_O 产生一正跳变。

当 V_I 达到 V_{T+} 之后,即使输入电压 V_I 进一步增高,电路仍维持 T_1 管饱和、T_2 管截止这一状态。

当 V_I 到达最大值之后再降到 V_{T-} 时(即 $t=t_2$ 时),T_1 管脱离饱和进入放大区,i_{b1} 下降,i_{c1} 下降,V_{c1} 上升,经过电阻 R_1 和 R_2 分压,V_{b2} 也上升,并使 T_2 管脱离截止进入放大区,i_{b2} 上升,i_{c2} 更快地上升,电阻 R_e 上的电压 V_e 则因 i_{c2} 上升而上升,T_1 管发射结电压 V_{be1} 下降,使 i_{b1},i_{c1} 进一步减小,产生下述正反馈过程:

$$V_I \downarrow \to i_{b1} \downarrow \to i_{c1} \downarrow \to V_{c1} \uparrow \to V_{b2} \uparrow \to i_{b2} \uparrow \to i_{c2} \uparrow \to V_e \uparrow \to V_{be1} \downarrow$$

这个正反馈过程又使电路迅速地翻转到 T_1 截止、T_2 导通的状态,输出电压有一负跳变。此后电路将维持这一状态,直到 V_I 再次上升到 V_{T+} 为止。

图 12.13 输入和输出波形关系

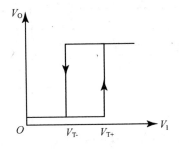

图 12.14 电压传输特性

我们把 V_I 上升过程中，使施密特电路状态翻转、输出电压发生跳变时的输入电压值 V_{T+}，称为上限阈值电压；把 V_I 下降过程中，使施密特电路状态更新、输出电压再次发生跳变时的输入电压值 V_{T-}，称为下限阈值电压。把 V_{T+} 与 V_{T-} 不同的现象称为回差现象（也称"滞后现象"）。V_{T+} 与 V_{T-} 之间的差值 ΔV，叫做回差电压。

图 12.14 表示了施密特触发器的电压传输特性，从图中可以清楚地看到施密特触发器的回差现象。

12.4.3 应用举例

施密特触发器应用很广，下面举例说明。

1. 脉冲整形

图 12.15 所示为施密特触发器用作脉冲整形电路时的输入输出波形，它把不规则的输入电压波形整形为规则的矩形波。

图 12.15　施密特触发器用作脉冲整形

2. 脉冲选择

图 12.16 所示为施密特触发器用作脉冲选择电路时的输入输出波形，当输入电压到达施密特触发器的上限阈值电压 V_{T+} 时，电路就动作，产生输出脉冲，从而可以去除幅度较小的干扰脉冲，保留有用信号脉冲。

图 12.16　施密特触发器用作脉冲选择

3. 组成多谐振荡器

图 12.17 是用施密特触发器组成的多谐振荡器电路。其工作原理为,当施密特触发器输入端为低电平时,输出为高电平,电容 C 充电。随着充电过程的进行,输入端电压不断上升,当输入端电压上升至 V_{T+} 时,施密特触发器状态翻转,输出低电平。此后电容 C 开始放电,随着放电过程的进行,输入端电压又逐渐下降,当下降到 V_{T-} 时,电路的状态又发生翻转,输出高电平。如此反复振荡,在输出端即可得到周期性矩形脉冲波。R、C 数值越大,振荡周期 T 越长,振荡频率 f 就越低。改变 R、C 数值,即可调节输出脉冲频率 f。

图 12.17 组成多谐振荡器

12.5 555 定时器

555 定时器是一种应用十分广泛的多功能集成器件。利用 555 定时器,只要外接少量元件就可以构成单稳态触发器、自激多谐振荡器和施密特触发器等常用脉冲信号的产生与整形电路,还可以组成其他多种控制与测试电路,使用非常灵活。

555 定时器的型号很多,既有双极型器件的 555 定时器,如 NE555、NE556;又有 CMOS 器件的 555 定时器,如 CC7555、CC7556、CH7555 等。它们的外部引脚基本相同,内部电路功能也无本质区别。下面仅以 CMOS 器件的 CH7555 定时器为例,简要介绍这种电路的组成原理及典型应用。

12.5.1 电路结构

CH 7555 是一种典型的 CMOS 集成定时器。其电路结构和外部引脚排列如图 12.18 所示。

由图可见,CH7555 由两个比较器、一个基本 RS 触发器、一个 MOS 管开关、三个等值电阻(约 100 KΩ)分压器及输出缓冲器组成。下面分别予以说明。

1. 比较器

C_1、C_2 是两个 CMOS 比较器。比较器有两个输入端,分别标以"+"和

"—"。如果用 V_+ 和 V_- 表示相应输入端上所加电压,则当 $V_+ > V_-$ 时,比较器输出高电平;$V_+ < V_-$ 时,比较器输出低电平。由于 CMOS 比较器输入电阻接近于无穷大,所以两个输入端基本不向前级信号源索取电流。

2. 基本 RS 触发器

基本 RS 触发器由两个"或非"门组成,其作用是将比较器输出的阶跃电压变成定时器的输出脉冲信号。比较器 C_1 输出的高电平使触发器置 0(在复位端 $\overline{R}$ 为 1,比较器 C_2 输出低电平时),所以比较器 C_1 输出端即触发器复位端用 R 表示;比较器 C_2 输出端即触发器置位端用 S 表示。显然,当触发器为 0 状态(即 $Q=0,\overline{Q}=1$)时,输出 V_O 为 0;触发器为 1 状态(即 $Q=1,\overline{Q}=0$)时,输出 V_O 为 1;在 $R=S=0$ 时,触发器状态不变,因而输出 V_O 也不变。

(a) 电路结构图　　　　　(b) 引脚图

图 12.18　CH 7555 定时器

3. 分压器

三个阻值均为 R 的电阻串联起来构成分压器,为比较器 C_1 和 C_2 提供 $2V_{DD}/3$ 和 $V_{DD}/3$ 的参考电压。C_1 的"—"端接 $2V_{DD}/3$,C_2 的"+"端接 $V_{DD}/3$。如果在电压控制端 V_C 另加控制电压,则可改变 C_1、C_2 的参考电压。

4. MOS 管开关及输出缓冲器

MOS 管 T 构成开关,开关的状态受"或"门输出端控制,当"或"门输出为 0 时 T 截止,为 1 时 T 导通。当复位端 $\overline{R}$ 为 0 时,无论两个比较器输出状态是什么,定时器输出 V_O 变为低电平,MOS 管开关导通。

输出缓冲器就是接在输出端的反相器 1,其作用是提高定时器的负载能力以及隔离负载对定时器的影响。

12.5.2 引脚功能

CH 7555 定时器共有 8 个引出脚,各引脚功能列于表 12-2 中。

表 12-2　CH 7555 引脚功能

符号	功能	符号	功能
$V_{DD}(8)$	电源正端	$V_C(5)$	控制电压
$\overline{V}_{TR}(2)$	低触发端	$V_{TH}(6)$	高触发端
$V_O(3)$	输出	DIS(7)	放电端
$\overline{R}(4)$	复位	$V_{SS}(1)$	电源负端

现对各引脚功能分别解释如下:

1. 输入端

6 脚 V_{TH} 称为高触发端,也称上限阈值输入端,只有该端输入大于 $2V_{DD}/3$ 时,定时器才能置 $0(V_O=0)$。

2 脚 $\overline{V}_{TR}$ 称为低触发端,也称下限阈值输入端,只有该端输入小于 $V_{DD}/3$ 时,定时器才能置 $1(V_O=1)$。

4 脚 $\overline{R}$ 为强迫复位输入端,当该端为低电平时,无论 2、6 脚为何值,定时器复位$(V_O=0)$。

5 脚 V_C 为电压控制端,此端输入控制电压,可改变比较器 C_1、C_2 的参考电压。工作中如果不使用 V_C 端,可以将其通过一个 $0.01\mu F$ 的电容接地,以旁路高频干扰。

2. 输出端

3 脚 V_O 为定时器的输出端,是定时器与负载的连接端。

7 脚 DIS 称为放电端,由图 12.18 所示的电路结构中可以看出,它即为内部电路中的 MOS 开关管的漏极引出端,当该端与外接定时元件(电阻、电容)相连时,通过控制 MOS 开关管的截止与导通,即可控制外接定时电容的充放电。

3. 电源端

8 脚 V_{DD} 接电源正端。

1 脚 V_{SS} 接电源负端(或地端)。

12.5.3 定时器的逻辑功能

通过上面对定时器的电路结构分析和引脚功能的说明,现在可以得出定时器的逻辑功能如下:

(1) 当 $\overline{R}=0$ 时,无论 V_{TH}、$\overline{V}_{TR}$ 为何值,$V_O=0$,DIS 接通;

(2) 当 $\overline{R}=1$ 时,$V_{TH}>2V_{DD}/3$,$\overline{V}_{TR}>V_{DD}/3$ 时,$R=1$,$S=0$,触发器置 0,

$V_O=0$，DIS 接通；

(3) 当 $\bar{R}=1, V_{TH}<2V_{DD}/3, \bar{V}_{TR}<V_{DD}/3$ 时，$R=0, S=1$，触发器置 1，$V_O=1$，DIS 断开；当 $\bar{R}=1, V_{TH}>2V_{DD}/3, \bar{V}_{TR}<V_{DD}/3$ 时，$R=1, S=1$，触发器的 Q 和 $\bar{Q}$ 均为 0，此时"或"门输出仍为 0，故 $V_O=1$，DIS 断开。

(4) 当 $\bar{R}=1, V_{TH}<2V_{DD}/3, \bar{V}_{TR}>V_{DD}/3$ 时，$R=0, S=0$，触发器状态不变，输出 V_O 和 MOS 管 T 的状态也不变。

归纳上述功能，可得 CH 7555 定时器的功能如表 12-3 所示。

表 12-3   CH 7555 定时器功能表

V_{TH}	$\bar{V}_{TR}$	$\bar{R}$	V_O	DIS
×	×	0	0	通
$>2V_{DD}/3$	$>V_{DD}/3$	1	0	通
×	$<V_{DD}/3$	1	1	断
$<2V_{DD}/3$	$>V_{DD}/3$	1	不变	不变

表中"×"表示任意，"不变"表示基本 RS 触发器保持原来状态，因而输出 V_O 和 MOS 管 T 也为原来状态，"通"和"断"指 MOS 管 T 为导通和截止。

12.5.4　555 定时器应用举例

1. 组成单稳态触发器

由 CH 7555 组成的单稳态触发器如图 12.19 所示。图中 R、C 是外接定时元件。输入触发信号 V_I 加在低触发端 $\bar{V}_{TR}$ 上，由输出端 V_O 给出输出信号。电压控制端 V_C 不用，因此将其接 $0.01~\mu f$ 旁路电容。

图 12.19　用 CH 7555 构成单稳态触发器

稳态时，输入触发信号 V_I 为高电平 V_{DD}，基本 RS 触发器处在 0 状态，"或"门输出高电平，MOS 管 T 导通，$V_O \approx 0$ V，DIS$=V_{TH} \approx 0$ V。

当负触发脉冲到来时，只要输入脉冲的低电平小平 $V_{DD}/3$，则比较器 C_2 输出高电平，基本 RS 触发器置 1，$\overline{Q}=0$，"或"门输出低电平，MOS 管 T 截止，输出 V_O 跳变为高电平，电路进入暂稳态。在暂稳态期间电源 V_{DD} 通过电阻 R 对电容 C 充电，随着充电过程的进行，$V_{TH}=$DIS 的电位逐渐升高，当 V_{TH} 上升到 $2V_{DD}/3$ 时，比较器 C_1 输出高水平，基本 RS 触发器置 0，$\overline{Q}=1$，"或"门输出高电平，输出 V_O 跳变为低电平，MOS 管 T 导通，电容 C 放电，电路返回到稳态。工作波形如图 12.20 所示。

图 12.20 工作波形

若忽略 MOS 管 T 的导通压降，则该单稳电路的输出脉冲宽度可用下式估算：

$$T_w \approx RC\ln3 \approx 1.1RC$$

使用这样单稳电路时，要求输入触发脉冲的宽度一定要小于 T_w。当 V_I 的宽度大于 T_w 时，可在输入端加 RC 微分电路。

2. 组成多谐振荡器

由 CH 7555 组成的多谐振荡器电路如图 12.21 所示。R_1、R_2、C 为外接定时元件。

现说明该电路的工作原理。假设电源接通后某时刻电路所处的状态为：输出 $V_O=1$，则此时 MOS 管 T 截止，电源 V_{DD} 通过 R_1、R_2 对电容 C 充电，$V_{TH}=\overline{V}_{TR}$ 的电位逐渐升高。当 V_{TH} 上升到 $2V_{DD}/3$ 时，比较器 C_1 的输出跳变为高水平，基本 RS 触发器置 0，$\overline{Q}=1$，"或"门输出高电平，V_O 跳变到低电平，MOS 管 T

导通,电容 C 通过 R_2 放电,$V_{TH}=\bar{V}_{TR}$ 电位逐渐下降。当 $\bar{V}_{TR}$ 下降到 $V_{DD}/3$ 时,比较器 C_2 的输出跳变为高电平,基本 RS 触发器置 1,$Q=0$,"或"门输出低电平,V_O 跳变成高电平,MOS 管 T 截止,C 充电。如此重复上述过程,电路产生振荡,在其输出端即可得到周期性的矩形脉冲信号。工作波形图如图 12.22 所示。

图 12.21 用 CH 7555 构成多谐振荡器

图 12.22 工作波形

根据上述分析,可求得电容 C 的充放电时间 t_1、t_2 和脉冲周期 T,近似计算公式如下:

$$t_1 \approx (R_1+R_2)C\ln 2 \approx 0.7(R_1+R_2)C$$
$$t_2 \approx R_2 C\ln 2 \approx 0.7 R_2 C$$
$$T = t_1 + t_2 \approx 0.7(R_1+2R_2)C$$

3. 组成施密特触发器

由 CH 7555 组成的施密特触发器如图 12.23 所示。此电路原理比较简单。

显然这个电路的上限阈值电压 $V_{T+}=2V_{DD}/3$，下限阈值电压 $V_{T-}=V_{DD}/3$，其回差电压为 $\Delta V=V_{T+}-V_{T-}=V_{DD}/3$。如果在电压控制端加上电压 V_C，则可通过改变 V_C 来调节 V_{T+}、V_{T-} 和 ΔV。另外，电路的 V_{O2} 输出幅度将随着 E_C 的不同而改变，因而可以用作电平转换。

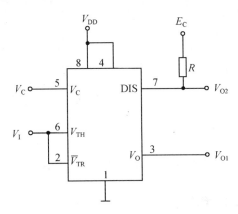

图 12.23　用 CH 7555 构成施密特触发器

12.6　单次脉冲产生电路

在数字系统中，常常需要一个单次脉冲产生电路(简称单脉冲发生器)，以实现系统的单步执行与检测功能。下面简单介绍两种常见的单脉冲发生器，一种是异步单脉冲发生器，另一种是同步单脉冲发生器。

12.6.1　异步单脉冲发生器

图 12.24(a)所示为一个异步单脉冲发生器电路原理图。它是将微动开关的两个定触点分别接至基本 RS 触发器的 R、S 端，将微动开关的动触点接地。平常(即没按动微动开关时)，RS 触发器处于 1 状态。当按下微动开关时，动触点飞离常闭触点撞击到常开触点上；当放开微动开关时，动触点飞离常开触点又撞击到常闭触点上。这里需要说明的是，实际微动开关触点的断开和接通存在着短时间"若离若合"的所谓开关抖动现象。图 12.24(b)所示的时间图上示意性地表示了由于开关抖动现象对 R、S 端电压波形的影响。事实上，该电路中的基本 RS 触发器起着消除抖动的作用，在 $\overline{Q}$ 端最终得到一个正脉冲，其上升边出现的时刻及脉冲的宽度由微动开关按下的时刻及按下后持续的时间所决定。如果要求得到宽度一定的窄脉冲，可将信号经过延迟(假定延迟时间为 50 ns)再反相，然后和 $\overline{Q}$ 相"与"，这样输出 Z 上即可得到一个宽度为延迟时间的窄脉冲。有关波形如图 12.24(b)所示。

(a) 电路原理图　　　　　　　(b) 时间图

图 12.24　异步单脉冲发生器

12.6.2　同步单脉冲发生器

在数字系统与计算机中,有时要求单脉冲发生器发出的脉冲信号能与系统的时钟脉冲同步。图 12.25 所示就是具有这种功能的同步单脉冲发生器的电路原理图及时间图。它是由一个维持阻塞电路以及两个基本 RS 触发器构成的。

(a) 电路原理图　　　　　　　(b) 时间图

图 12.25　同步单脉冲发生器

平常,触发器 FF_2、FF_1 处于 01 状态,按下微动开关可以在触发器 FF_1 的 Q_1 端得到一个负脉冲,其宽度决定于微动开关被按下的持续时间。FF_1 的置 0 将使触发器 FF_2 置 1;当 FF_1 恢复 1 状态后,FF_2、FF_1 的状态成为 11 状态,这时开启维持阻塞电路(a 点呈现高电平),放过此刻之后的下一个时钟脉冲(单脉冲)。这个脉冲又返回来将 FF_2 置 0,触发器 FF_2、FF_1 的状态又回到了 01 状态,关闭维持阻塞电路(a 点呈现低电平)。

如果 FF_1 回到 1 状态的时间正好在某个时钟脉冲期间内,由于维持阻塞电路的功能,这个时钟脉冲将被阻塞,放过的是下一个完整的时钟脉冲。

本 章 小 结

脉冲信号的产生与整形,是数字电子技术的一个重要内容。本章介绍了各种形式的脉冲信号的产生与整形电路,这些电路归纳起来可分为两类。一类不需外加触发信号,在电源接通后,即能自动地产生出矩形脉冲,称之为自激多谐振荡器。本章介绍的由奇数个 TTL"与非"门构成的环形多谐振荡器、RC 环形振荡器以及石英晶体多谐振荡器等都属于这类电路;另一类则不能自动地产生脉冲信号波形,而是要在其他信号(包括变化缓慢的输入信号和脉冲信号)的作用下,才能产生矩形脉冲信号。通常称这一类电路为脉冲波形的整形电路。在这类电路中,我们介绍了单稳态触发器和施密特触发器。

在介绍这些电路的工作过程时,我们采用了波形分析法。即首先根据电路的工作原理,画出电路在变化过程(即暂稳态过程)中关键点的电压波形图,然后找出波形变化的起始值和终了值,最后通过简单的计算,即可求出所需的结果(如脉冲波形的周期和宽度等)。这是在分析这类简单的脉冲电路时常用的一种方法。

本章还介绍了在数字系统中应用很广的 555 定时器及其典型应用电路。由于 555 定时器的特殊结构,所以只需少量外接元件,便可构成各式各样的十分有用的电路。本章介绍了三种应用电路,读者还可以根据实际要求,开发出更多的应用电路来。

本章最后专门介绍了单次脉冲产生电路,并分别介绍了异步单脉冲电路和同步单脉冲电路的组成及工作原理。无论是哪种类型的单脉冲电路,重要的是要在按动一次微动开关后,电路应能够可靠地发出一个且仅发出一个完整的单脉冲信号;相反,若按动一次微动开关后,电路不能发出或虽能发出但却连续发出了多个脉冲信号,则是单脉冲电路设计和使用中所不允许的。本章介绍的同步单脉冲电路,巧妙地利用了"维持—阻塞"电路的原理,读者可通过这个电路的学习,进一步熟悉"维持—阻塞"电路的结构特点及其工作原理。

习 题 12

12.1 画图说明脉冲信号波形的主要特性参数。
12.2 说明单稳态触发器的工作特点及用途。

12.3　简述本章给出的微分型单稳电路(图12.2)及积分型单稳电路(图12.4)的基本工作原理。

12.4　说明多谐振荡器的工作特点及用途,石英晶体多谐振荡器的主要特点是什么?

12.5　说明施密特触发器的特点及用途。

12.6　什么是施密特触发器的回差现象?什么是回差电压?

12.7　说明CH 7555定时器的电路组成及功能特性。

12.8　画图说明如何用CH 7555定时器构成单稳触发器、施密特触发器及多谐振荡器。

12.9　在图12.19所示CH 7555构成的单稳电路中,若$R=50$ kΩ,$C=2.2$ μF,试计算输出脉冲宽度。

12.10　画出一个由多谐振荡器和单稳态触发器构成脉冲信号产生电路的完整电路图,其中由多谐振荡器的 RC 参数决定脉冲信号的频率(或周期),由单稳态触发器的 RC 参数决定脉冲信号的宽度。试恰当选择这些 RC 数值,使输出正脉宽度为 2 μs,脉冲周期为 10 μs。

12.11　简述同步单脉冲电路的工作特点并举出一种可以检测这种电路是否能可靠工作的方法(即可以检测电路在按动一次微动开关后能够发出一个且仅发出一个脉冲信号)。

第 13 章　数/模和模/数转换器

本章首先介绍 D/A 和 A/D 转换的基本知识,然后分别介绍 D/A 转换器和 A/D 转换器的基本结构、工作原理、主要技术指标以及与微处理器连接时应考虑的问题。

13.1　概　　述

我们知道,计算机能够处理的是数字量信息。然而在现实世界中有很多信息并不都是数字量的,例如声音、电压、电流、流量、压力、温度、位移和速度等,它们都是连续变化的物理量,所谓连续,包含两方面的含义:一是从时间上来说,这些信息是随时间连续变化的;二是从数值上看,这些信息的数值也是连续变化的。我们将这些连续变化的物理量称为模拟量。计算机是处理数字量信息的设备,要处理这些模拟量信息就必须有一个模拟接口,通过这个模拟接口,将模拟量信息转换成数字量信息,以供计算机运算和处理;然后,再把计算机处理过的数字量信息转换为模拟量信息,以实现对被控制量的控制。

将数字量转换成相应模拟量的过程称为数字/模拟转换,简称数/模转换,或 D/A 转换(digital to analog conversion),完成这种转换的装置叫做 D/A 转换器(简称 DAC);反之,将模拟量转换成相应数字量的过程称为模拟/数字转换,简称模/数转换,或 A/D 转换(analog to digital conversion),完成这种转换的装置叫做 A/D 转换器(简称 ADC)。

A/D 转换和 D/A 转换在控制系统和测量系统中有非常广泛的用途,如图 13.1 是一个计算机自动控制系统的方块图。在生产或实验的现场,有多种物理量,如生产过程中的各种参数,如温度、压力、流量等,它们先通过传感器转换成电信号(电流或电压信号),然后经过滤波放大后送到模/数转换器去,在那里模拟量被转换成数字量,再送给微型计算机。微型计算机对这些数字量进行处理加工后,再由数/模转换器转换成模拟信号,在对这些模拟信号进行一定的调理后,由执行部件产生相关的控制信号去控制生产过程或实验装置中的各种参数,这就形成了一个计算机闭环自动控制系统。

图 13.1 计算机自动控制系统

21世纪被称为是数字化世纪,如数字电视、数字通信、数字图像、数字化家电等新技术和新设备被广泛使用。在现代化建设中,数字化技术已经非常广泛地应用于国民经济各个领域及人们的日常生活中,因此,了解和掌握 D/A 和 A/D 转换的相关概念及其基本技术具有十分重要的意义。

13.2 D/A 转换器

13.2.1 D/A 转换器的工作原理

D/A 转换器一般由基准电压源、电阻解码网络、运算放大器和数据缓冲寄存器等部件组成。各种 DAC 都可用图 13.2 所示的结构框图来概括,其中电阻解码网络是其核心部件,是任何一种 DAC 都必须具备的组成部分。

图 13.2 DAC 结构框图

D/A 转换电路的种类很多,如权电阻 D/A 转换器、倒 T 型电阻网络 D/A 转换器、开关树型 D/A 转换器等,这里仅介绍其中的两种。

1. 权电阻 D/A 转换器

(1) 电路的构成及各部分的作用

权电阻 D/A 转换器的电路原理图如图 13.3 所示,它由双向电子开关、基准电压源、权电阻网络和运算放大器等部分组成。

图 13.3 权电阻网络 D/A 转换器电路原理图

① 双向电子开关 $S_{n-1},S_{n-2},\cdots,S_1,S_0$。双向电子开关通常由场效应管构成,每位开关分别受对应的输入二进制数码 $b_{n-1},b_{n-2},\cdots,b_1,b_0$ 的控制。每一位二进制数码 b_i 控制一个相应的开关 $S_i(i=0,1,\cdots,n-1)$。当 $b_i=1$ 时,开关上合,对应的权电阻与基准电压源 U_R 相接;当 $b_i=0$ 时,开关下合,对应的权电阻接"地"。也就是说,开关的状态由相应二进制数码来控制。如 4 位二进制数码是 1010,则开关 S_0 接"地",S_1 接基准电压源,S_2 接"地",S_3 接基准电压源。

数字量 $b_{n-1},b_{n-2},\cdots,b_1,b_0$ 来自一个数据缓冲寄存器(如图 13.2 所示)。

② 基准电压源 U_R。U_R 是一个稳定性很高的恒压源。

③ 权电阻网络 $R,2R,2^2R,2^3R,\cdots$。流过权电阻网络中每个电阻的电流与对应位的"权"成正比,这些分电流在权电阻网络的输出端 Σ 处汇总加至运算放大器的反相端,总电流 I 与输入数字量成正比。

对应的位越高,相应的电阻值越小(b_{n-1} 为最高位,电阻值 2^0R 最小)。由于电阻值和每一位的"权"相对应,所以称这种电阻网络为权电阻网络。

④ 运算放大器。运算放大器和权电阻网络构成反相加法运算电路。输出电压 U_0 与 I 成正比,亦即与输入数字量成正比。运算放大器还能起缓冲作用,使 U_0 输出端负载变化时不影响 I。调节反馈电阻 R_f 的大小,可以很方便地调节转换系数,使 U_0 的数值符合实际需要。

(2) 定量分析

在图 13.3 中,G 点为运算放大器的"虚地点"。当 $b_i=1$ 时,S_i 接通基准电压源 U_R,流过第 i 位权电阻的电流 $I_i=U_R/R_i$;当 $b_i=0$ 时,$I_i=0$。这样,I_i 可以综合表示为

$$I_i = \frac{U_R}{R_i} b_i$$

由图 13.3 可见,权电阻网络输出电流 I 为各支路电流之和,即

$$I = \frac{b_{n-1}U_R}{2^0 R} + \frac{b_{n-2}U_R}{2^1 R} + \frac{b_{n-3}U_R}{2^2 R} + \cdots + \frac{b_0 U_R}{2^{n-1} R} \tag{13-1}$$

根据运算放大器的工作原理可得

$$I_F = \frac{U_O}{R_f}$$

而 $I \approx I_F$,将其代入(13-1),整理后可得

$$U_O = -\frac{U_R R_f}{R}\left(\frac{b_{n-1}}{2^0} + \frac{b_{n-2}}{2^1} + \frac{b_{n-3}}{2^2} + \cdots + \frac{b_0}{2^{n-1}}\right) \tag{13-2}$$

当 $R_f = R/2$ 时,有

$$U_O = -U_R\left(\frac{b_{n-1}}{2^1} + \frac{b_{n-2}}{2^2} + \frac{b_{n-3}}{2^3} + \cdots + \frac{b_0}{2^n}\right) \tag{13-3}$$

例 13.1 设 $U_R = -10$ V,试分别求出与二进制数码 0001、0010、0100 相对应的模拟输出量 U_O。

解 根据式 13-3,可得:

(1) 与 0001 相对应的模拟输出量为

$$U_O = 10(0/2^1 + 0/2^2 + 0/2^3 + 1/2^4) = 0.625 \text{ V}$$

(2) 与 0010 相对应的模拟输出量为

$$U_O = 10(0/2^1 + 0/2^2 + 1/2^3 + 0/2^4) = 1.25 \text{ V}$$

(3) 与 0100 相对应的模拟输出量为

$$U_O = 10(0/2^1 + 1/2^2 + 0/2^3 + 0/2^4) = 2.5 \text{V}$$

可见,输出模拟量与输入数字量成正比。

这种 D/A 转换器的精确度主要取决于权电阻的精确度和运算放大器的稳定性。由于权电阻的阻值有一定误差,且易受温度变化的影响,所以当位数较多时,阻值分散性很大,不易保证精确度。另外,在动态过程中,加至各开关上的阶跃脉冲信号将在输出端产生尖峰脉冲,输出模拟电压的瞬时值可能比稳定值大很多,造成较大的动态误差。

2. 倒 T 型电阻网络 D/A 转换器

这种电路只用 R 和 $2R$ 两种电阻来接成倒 T 型电阻网络。4 位倒 T 型电阻网络 D/A 转换器如图 13.4 所示。

图 13.4　倒 T 型电阻网络 D/A 转换器

该电路的特点是：

① 当输入数字量的任何一位为 1 时，对应的开关将 $2R$ 电阻支路接到运算放大器的反相端；而当该位为 0 时，对应开关将 $2R$ 电阻支路接地。因此，无论输入数字信号每一位是"1"还是"0"，$2R$ 电阻要么接地，要么虚地，其中流过的电流保持恒定，这就从根本上消除了在动态过程中产生尖峰脉冲的可能性。

② 从每一节点向左看的等效电阻都是 R。如从节点 1 向左看的等效电阻 $R_1 = 2R // 2R = R$；从节点 2 向左看的等效电阻 $R_2 = (R+R) // 2R = R$，…。

利用分压原理，求得各节点电压为

$$U_4 = U_R$$

$$U_3 = \frac{1}{2} U_R$$

$$U_2 = \frac{1}{4} U_R$$

$$U_1 = \frac{1}{8} U_R$$

各支路电流为

$$I_3 = \frac{U_4}{2R} = \frac{U_R}{2R}$$

$$I_2 = \frac{U_3}{2R} = \frac{U_R}{4R}$$

$$I_1 = \frac{U_2}{2R} = \frac{U_R}{8R}$$

$$I_0 = \frac{U_1}{2R} = \frac{U_R}{16R}$$

因此,流到Σ点的总电流为

$$I_\Sigma = I_3 + I_2 + I_1 + I_0$$
$$= \frac{U_R}{2^4 R}(2^3 b_3 + 2^2 b_2 + 2^1 b_1 + 2^0 b_0) \tag{13-4}$$

若取 $R_f = R$,则输出电压为

$$U_O = -I_\Sigma R_f = -\frac{U_R}{2^4}(2^3 b_3 + 2^2 b_2 + 2^1 b_1 + 2^0 b_0)$$
$$= -\left(\frac{U_R}{2^4}\right)N \tag{13-5}$$

其中 $N = 2^3 b_3 + 2^2 b_2 + 2^1 b_1 + 2^0 b_0$ 为数字量的按权展开式。即输出的模拟电压正比于输入的数字信号。对于 n 位倒 T 型电阻网络 D/A 转换器,则可写出:

$$U_O = -\frac{U_R}{2^n}(2^{n-1} b_{n-1} + 2^{n-2} b_{n-2} + \cdots + 2^1 b_1 + 2^0 b_0) \tag{13-6}$$

倒 T 型电阻网络 D/A 转换器是各种 D/A 转换器中速度最快的一种,使用最为广泛。

13.2.2 D/A 转换器的主要技术指标

1. 分辨率

分辨率是指 D/A 转换器的输出模拟量对输入数字量的敏感程度。一般有两种表示法,一种是用输入二进制位数来表示,如分辨率为 n 位的 D/A 转换器就是输入的二进制代码为 n 位;另一种方法是以最低有效位所对应的模拟电压值来表示。如果输入为 n 位,则最低有效位所对应的模拟电压值是满量程电压的 $1/2^n$。若 $n=12$,则分辨率为 12 位,或称分辨率为满量程电压的 1/4096,即 12 位 D/A 转换器,其输出分辨率为:$1/2^{12} = 1/4096 = 0.0244\%$。若满量程电压为 4.096 V,则分辨率为 1 mV,即最低位对应的输出为 1 mV,输入全 1 时对应的输出为 4095 mV。

2. 精度

精度(即误差)表明 D/A 转换的准确程度,它可分为绝对精度和相对精度。

(1) 绝对精度

绝对精度是指输入给定数字量时,其理论输出模拟值与实际所测得输出模拟值之差。它是由 D/A 转换器的增益误差、零点误差、线性误差和噪声等综合因数引起的。

(2) 相对精度

相对精度是指满量程值校准以后,任一数字输入的模拟量输出与它的理论值之差相对于满量程的百分数情况,有时也以最低有效位(LSB)的分数形式给出。

例如:相对精度±0.1%指的是最大误差为V_{FS}的±0.1%。如满量程值V_{FS}为10V时,则最大误差为$V_E = \pm 10 \text{ mV}$。

n位DAC的相对精度为$\pm \frac{1}{2}$LSB是指最大可能误差为

$$V_E = \pm \frac{1}{2} \text{LSB} = \pm \frac{1}{2} \times \frac{1}{2^n} V_{FS} = \pm \frac{1}{2^{n+1}} V_{FS} \tag{13-7}$$

注意,精度和分辨率是两个截然不同的参数。如上所述,分辨率是指其输出模拟量对输入数字量的敏感程度,它取决于转换器的位数;而精度是表明D/A转换器工作的准确程度,它取决于构成转换器的各个部件的精度和稳定性。

3. 建立时间

DAC的建立时间是指从输入数字信号起到输出电压(或电流)达到稳定输出值所需要的时间。当输出形式是电流时,这个时间很短;当输出形式是电压时,则建立时间取决于运算放大器所需要的时间。建立时间一般为几十纳秒至几微秒。

除以上几个主要技术指标外,还有温度系数、功率消耗、零点误差、标度误差等,使用时可查阅有关资料。

13.2.3 D/A转换器芯片

1. D/A转换器芯片的基本组成和分类

D/A转换器芯片是由集成在单一芯片上的解码网络及其他一些附加电路组成的,图13.5给出了其简化功能结构图。

图 13.5 D/A芯片的简化功能结构图

图中数字缓冲寄存器接收CPU送来的数字量,由它们产生一组D/A转换电路内部的开关控制电平。有些芯片内部具有缓冲器或锁存器。

D/A转换电路是由电阻网络和由二进制码控制的双向开关组成的,数字量在这里进行D/A转换。

对于输出电路,有些D/A转换芯片是电流输出,有些是把电流经运算放大器OA转变成电压后输出。

精密基准电压部分产生D/A转换电路所需要的基准电压,可以由外部提供,也有的做在芯片内部。

D/A 转换芯片的种类很多,根据输入位数可分为 8 位、10 位、12 位、16 位芯片;根据数据传输方式可分为并行输入和串行输入两类芯片,此外还有对数式 D/A 转换芯片等。

2. DAC 0832

(1) 芯片简介

DAC 0832 是一种常用的 8 位 D/A 转换芯片,图 13.6 是其内部结构及引脚图,它采用了二次缓冲输入数据方式(输入寄存器及 DAC 寄存器)。这样可以在输出的同时,采集下一个数字量,以提高转换速度。更重要的是能够用于需要同时输出多个参数的模拟量系统中。此时对应于每一种参数需要一片 DAC 0832,因而可构成多片 DAC 0832 同时输出模拟量的系统。

图 13.6　DAC 0832 内部逻辑结构和引脚图

DAC 0832 的主要特性如下:

- 分辨率:8 位
- 建立时间:1 μs
- 增益温度系数:20 ppm/℃
- 输入:TTL 电平
- 功耗:20 mW

(2) 引脚功能

- ILE:允许输入锁存
- $\overline{CS}$:片选信号,它与 ILE 结合起来用于控制 $\overline{WR_1}$ 是否起作用。
- $\overline{WR_1}$:写信号 1,在 $\overline{CS}$ 和 ILE 有效下,用它将数字输入并锁存于输入寄存器中。
- $\overline{WR_2}$:写信号 2,在 $\overline{XFER}$ 有效下,用它将输入寄存器中的数字传送到 8 位 DAC 寄存器中。
- $\overline{XFER}$:传送控制信号,用来控制 $\overline{WR_2}$ 是否起作用。在控制多个 DAC 0832 同时输出时特别有用。

- $D_7 \sim D_0$：8 位数字输入，D_0 为最低位。
- I_{OUT1}：DAC 输出电流 1，它是逻辑电平为 1 的各位输出电流之和。
- I_{OUT2}：DAC 输出电流 2，它是逻辑电平为 0 的各位输出电流之和。
- R_f：反馈电阻，该电阻被制做在芯片内，用作运算放大器的反馈电阻。
- V_{REF}：基准电压输入，可超出 ± 10 V 范围。芯片用于四象限乘时，为模拟电压输入。
- V_{CC}：逻辑电源，$+5$ V $\sim +15$ V，最佳用 $+15$ V。
- AGND：模拟地，芯片模拟信号接地点。
- DGND：数字地，芯片数字信号接地点。

(3) DAC 0832 的工作原理

图 13.6 中有两个独立的数据寄存器，即"8 位输入寄存器"和"8 位 DAC 寄存器"。8 位输入寄存器直接与数据总线连接，当 ILE、$\overline{CS}$ 和 $\overline{WR_1}$ 有效时，8 位输入寄存器的 $\overline{LE_1}$ 为高电平，此时该寄存器的输出状态随输入状态变化；当 $\overline{LE_1} = 0$ 时，数据锁存在寄存器中，但此时还没有转换。当 $\overline{XFER}$ 和 $\overline{WR_2}$ 有效时，8 位 DAC 寄存器的 $\overline{LE_2}$ 为高电平，输入寄存器中的数据送到 DAC 寄存器并输出；当 $\overline{LE_2} = 0$ 时，则将这个数据锁存在 DAC 寄存器中，并开始转换。

(4) DAC 0832 的模拟输出

DAC 0832 的输出是电流型的，如果需要电压输出，只要使用运算放大器即可实现，如图 13.7 所示。其中 V_{REF} 是稳定的直流电压，也可以从 -10 V 到 $+10$ V 之间的可变电压。当为可变电压时，即可实现四象限乘。V_{OUT} 的极性与 V_{REF} 相反，其数值由数字输入和 V_{REF} 决定。由于芯片内部有反馈电阻 R_f，所以运算放大器外部不必再接另外的反馈电阻。

图 13.7　DAC 0832 的电压输出电路

13.2.4 D/A 转换器与微处理器的接口

D/A 转换器与微处理器接口时要考虑如下问题。

（1）数据锁存问题

由于 D/A 转换器只有数据输入线、片选和写入控制线等与微处理器有关，因此 D/A 转换器与微处理器的接口相对比较简单，它不需要应答，微处理器可直接把数据输出给 D/A 转换器。若 D/A 转换器芯片内有数据锁存器，则微处理器就把 D/A 转换器芯片当作一个并行输出端口；若 D/A 转换器内没有数据锁存器，则微处理器把 D/A 转换器芯片当作一个并行输出的外设，在两者之间还需增加并行输出的接口，该接口实际上就是一个数据锁存器。

（2）其他问题

除了数据锁存问题，绝大多数 D/A 转换器还需要考虑地址译码和信号组合等问题，个别的 D/A 转换器还要考虑电平匹配问题。总之，接口的目的是希望使微处理器简单地执行一次输出指令就能建立一个给定的电压或电流输出。

13.3 A/D 转换器

13.3.1 基本概念

A/D 转换器是把模拟量转换成二进制数字量的电路，这种转换过程通常分四步进行，即采样、保持、量化和编码。前两步通常在采样保持电路中完成，后两步通常在 A/D 转换电路中完成。

1. 采样

所谓采样（sampling）是每隔一定的时间间隔，把模拟信号的值取出来作为样本，并让其代表原信号。或者说，采样就是把一个时间上连续变化的模拟量转换为一系列脉冲信号，每个脉冲的幅度取决于输入模拟量，如图 13.8 所示。

图 13.8 采样器的输入输出波形

图 13.8(a)中采样器相当于一个受控的理想开关,$S(t)$是采样脉冲,如图 13.8(b)所示。当 $S(t)=1$ 时,开关合上,$f_S(t)=f(t)$;$S(t)=0$ 时,开关断开,$f_S(t)=0$,即

$$f_S(t) = f(t) \cdot S(t), S(t) = \begin{cases} 1 \\ 0 \end{cases}$$

采样定理:当采样器的采样频率 f_s 大于或等于输入信号最高频率 f_{max} 的 2 倍时,采样后的离散序列就能无失真地恢复出原始连续模拟信号。即采样频率 f_s 和输入信号最高频率 f_{max} 须满足如下关系:

$$f_s \geqslant 2f_{max} \tag{13-8}$$

实际工程上常采用:
$$f_s = (3 \sim 5) f_{max} \tag{13-9}$$

2. 保持

所谓保持就是把采样结束前瞬间的输入信号保持下来,使输出和保持的信号一致。由于 A/D 转换需要一定时间,在转换期间,要求模拟信号保持稳定,所以当输入信号变化速率较快时,应采用采样—保持电路;如果输入信号变化缓慢,则可不用保持电路。

最基本的采样—保持电路如图 13.9 所示。它由 MOS 管采样开关 K、保持电容 C 和运算放大器 OA 三部分组成。$S(t)=1$ 时,MOS 管 K 导通,V_{IN} 向电容 C 充电,C 上的电压 V_C 和 V_{OUT} 跟踪 V_{IN} 变化,即对 V_{IN} 采样。$S(t)=0$ 时,K 截止,V_{OUT} 将保持前一瞬间采样的数值不变。只要 C 的漏电电阻、运放的输入电阻和 MOS 管 K 的截止电阻足够大,则 C 的放电电流可以忽略,V_{OUT} 就能保持到下次采样脉冲到来之前而基本不变。实际上进行 A/D 转换时所用的输入电压,就是这种保持下来的采样电压。

图 13.9 采样—保持器原理图

3. 量化

所谓量化就是决定样本属于哪个量化级,并将样本幅度按量化级取整,经量化后的样本幅度为离散的整数值,而不是连续值了。量化之前要规定将信号分为若干个量化级,例如可分为 8 级、16 级等。规定好每一级对应的幅值范围,然后将采样所得样本的幅值与上述量化级幅值范围相比较,并且取整定级。

图 13.10 就是量化的示意图。3 位 A/D 转换器把模拟范围分割成 8($2^3=$

8)个离散区间,可把 0~7 V 的采样信号量化为数字量,如输入 5 V 被量化为数字代码 101。

从图中可以看出,量化过程会产生 1/2 LSB(即 0.5 V)的误差,要减少这种量化误差,可采取位数更多的 A/D 转换器,这样就可以把模拟范围分割成更多的离散区间,从而可以减少 LSB 的值。

图 13.10 量化示意图

4. 编码

编码就是用相应位数的二进制码表示已经量化的采样样本的量级,如果有 N 个量化级,二进制位的位数应为 $\log_2 N$。如量化级有 8 个,就需要 3 位编码。例如在语音数字化系统中,常分为 128 个量级,故需用 7 位编码。

13.3.2 A/D 转换器的工作原理

A/D 转换器的种类很多,常见的有并行比较式、双积分式和逐次逼近式等。不同的 A/D 转换方式具有不同的工作特点和电路特性,例如并行比较式 A/D 转换器具有较高的转换速度,双积分式 A/D 转换器的精度较高,而逐次逼近式 A/D 转换器在一定程度上兼顾了以上两种转换器的特点。下面以常用的逐次逼近式 A/D 转换器为例,简要介绍 A/D 转换器的基本工作原理。

逐次逼近式 A/D 转换器的工作特点为:二分搜索,反馈比较,逐次逼近。其工作过程与天平称重物重量的过程十分相似,例如被称重物重量为 195g,把标准砝码设置为与 8 位二进制数码相对应的权码值。砝码重量依次为 128 g、64 g、32 g、16 g、8 g、4 g、2 g、1 g,相当于数码最高位(D_7)的权值为 $2^7 = 128$,次高位(D_6)为 $2^6 = 64$,……,最低位(D_0)为 $2^0 = 1$,称重过程如下:

① 先在砝码盘上加 128 g 砝码,经天平比较结果,重物 195 g > 128 g,此砝码保留,即相当于最高位数码 D_7 记为 1。

② 再加 64 g 砝码,经天平比较,重物 195 g > (128+64)g,则继续留下 64 g

砝码,即相当于数码 D_6 记为 1。

接着不断用上述方法,由大到小砝码逐一添加比较,凡砝码总重量小于物体重量的砝码保留,否则拿下所添加的砝码。这样可得保留的砝码为 128 g+64 g+2 g+1 g=195 g,与重物重量相等,相当于转换的数码为 $D_7 \sim D_0 = 11000011$。

逐次逼近式 A/D 转换器工作原理框图如图 13.11 所示,它由电压比较器 C、D/A 转换器、逐次逼近寄存器(SAR)、控制逻辑和输出缓冲器等部分组成。

图13.11 逐次逼近式 A/D 转换器工作原理框图

其工作原理如下:

一个待转换的模拟输入信号 V_{IN} 与一个"推测"信号 V_O 相比较,根据 V_O 大于还是小于 V_{IN} 来决定减小还是增大该推测信号 V_O,以便向模拟输入信号逐渐逼近。推测信号 V_O 由 D/A 输出得到,当推测信号 V_O 与 V_{IN} 相等时,则 D/A 转换器输入的数字即为 V_{IN} 对应的数字量。"推测"的算法如下:使逐次逼近寄存器 SAR 中的二进制数从最高位开始依次置 1,每一位置 1 后都要进行测试,若 $V_{IN} < V_O$,则比较器输出为 0,并使该位置 0;否则 $V_{IN} > V_O$,比较器输出为 1,则使该位保持 1。无论那种情况,均应比较下一位,直到 SAR 的最末位为止。此时在 D/A 输入的数字量即为对应 V_{IN} 的数字量,本次 A/D 转换完成,给出转换结束信号 EOC。

逐次逼近式 A/D 转换器的特点是转换时间固定,它取决于 A/D 转换器的位数和时钟周期,适用于变化过程较快的控制系统,转换精度取决于 D/A 转换器和比较器的精度,可达 0.01%。转换的结果可以并行输出,也可以串行输出,是目前应用很广泛的一种 A/D 转换器。

13.3.3 A/D 转换器的主要技术指标

1. 分辨率

对于 ADC 来说,分辨率表示输出数字量变化一个相邻数码所需要输入模拟电压的变化量。通常定义为满刻度电压与 2^n 的比值,其中 n 为 ADC 的位数。例如具有 12 位分辨率的 ADC 能够分辨出满刻度的 $1/2^{12}$ (0.0244%)。若满刻度为 10 V,则分辨率为 2.44 mV。

有时分辨率也用 A/D 转换器的位数来表示,如 ADC 0809 的分辨率为 8 位,AD574 的分辨率为 12 位等。

2. 量化误差

量化误差是由于 ADC 的有限分辨率引起的误差,这是连续的模拟信号在量化取整后的固有误差。对于四舍五入的量化法,量化误差在 ±1/2 LSB 之间。

3. 绝对精度

绝对精度是指在输出端产生给定的数字代码,实际需要的模拟输入值与理论上要求的模拟输入值之差。

4. 相对精度

它与绝对精度相似,所不同的是把这个偏差表示为满刻度模拟电压的百分数。

5. 转换时间

转换时间是 ADC 完成一次转换所需要的时间,即从启动信号开始到转换结束并得到稳定的数字输出量所需要的时间,通常为微秒级。一般约定,转换时间大于 1 ms 的为低速,1 ms~1 μs 的为中速,小于 1 μs 的为高速,小于 1 ns 的为超高速。

6. 量程

量程是指能转换的输入电压范围。

13.3.4　A/D 转换器芯片

ADC 0809 是目前最常用的 8 位中速逐次逼近法 A/D 转换器,下面简单介绍此芯片的结构、性能、指标和它的工作过程。

1. ADC 0809 的结构和指标

ADC 0809 的结构如图 13.12(a)所示,它是 CMOS 集成器件,内部包括一个逐次逼近型的 A/D 部分、一个 8 通道的模拟开关和地址锁存及译码逻辑等。它的主要技术指标如下:

- 分辨率:8 位。
- 转换时间:100 μs。
- 时钟频率:10~1280 kHz,典型值 640 kHz。
- 8 路模拟输入通道,通道地址锁存。
- 未经调整误差:±1 LSB。
- 模拟输入范围:0~5 V。
- 功耗:15 mW。
- 工作温度:-40~+85℃。
- 不需进行零点和满刻度校正。

图 13.12 ADC 0809 内部结构和引脚

2. ADC 0809 的引脚

ADC 0809 的引脚如图 13.12(b)所示。

- $IN_0 \sim IN_7$：8 路模拟输入。
- START：启动 A/D 转换信号。
- ALE：地址锁存允许信号。
- EOC：转换结束信号。
- ADDA、ADDB、ADDC：8 路模拟通道选择。
- $V_{REF}(+)$、$V_{REF}(-)$：基准电压输入，典型值为 $V_{REF}(+) = +5\text{ V}$，$V_{REF}(-) = 0\text{ V}$。
- $D_0 \sim D_7$：8 位数字数据输出。
- CLOCK：时钟输入。
- V_{CC}、GND：电源和地。
- OE：输出允许。

3. ADC 0809 的工作过程

转换由 START 为高电平启动，START 的上升沿将 SAR（逐次逼近寄存器）复位，真正转换从 START 的下降沿开始，转换期间 EOC 输出为低电平，以指示转换操作正在进行中。转换完成后 EOC 变为高电平，此时若 OE 也为高电平，则输出三态门打开，数据锁存器的内容输出到数据总线上。

模拟通道的选择可以相对于转换操作开始前独立地进行，然而通常把通道选择和启动转换结合起来完成。这样用一条输出指令就既可以选择模拟通道，又可以启动转换开始。EOC 信号是转换结束的标志，可供 CPU 查询或用作中断申请信号。

13.3.5 A/D 转换器与微处理器接口

A/D 转换器与微处理器接口时应考虑如下问题。

1. ADC 的数字输出特性

首先要考虑 A/D 转换器芯片内部是否有数据锁存器和三态输出缓冲器,如果有,则接口很简单,只要将 A/D 的数字输出线直接连到微处理器的数据总线上就可以了。如果 A/D 芯片内没有数据锁存器和三态输出缓冲器,则 A/D 的数字输出必须考虑数据的锁存和三态输出问题,以保证 A/D 转换器芯片与微处理器接口的正确性。

2. ADC 与微处理器的时间配合问题

任何一个 A/D 转换器芯片都有一个转换时间,快者要几纳秒到几微秒,慢者则需要几十到几百微秒,甚至需要几秒。一般说来,A/D 转换时间都要比微处理器的指令周期长。为了正确地将 A/D 转换的结果送到微机内,要很好地解决启动 A/D 转换器开始转换和读取转换结果数据这两种操作的时间配合问题。

通常可以采用三种方法来解决 A/D 转换器与微处理器的时间配合问题,即固定延迟时间法、查询法和中断响应法。关于这方面的具体技术,可查阅相关文献,此处不再详述。

本 章 小 结

数字系统(例如数字电子计算机)能够处理的是数字量信息,然而在现实世界中有很多信息并不是数字量的,例如声音、压力、温度、流量等,它们属于模拟量信息。为了能够用计算机处理这些模拟量信息,并实现生产过程的自动控制,首先就要把模拟信号转换成数字信号,计算机才能接受并处理,这就是 A/D 转换器(ADC)要完成的任务;经计算机处理后的数字信号还必须再转换成模拟信号,才能对过程进行自动控制,这就是 D/A 转换器(DAC)要承担的任务。ADC 和 DAC 是测量和控制系统中必不可少的接口电路。

在 D/A 转换器中,本章介绍了权电阻网络型和倒 T 型电阻网络型 D/A 转换器。

A/D 转换器的种类很多,本章重点介绍了目前广泛应用的逐次逼近式 A/D 转换器,它兼有转换速度较快和转换精度高两方面的优点。

分辨率、转换精度和转换速度是衡量 DAC 和 ADC 的主要技术指标。高分辨率、高精度和高速度是 DAC 和 ADC 的发展趋势。

习 题 13

13.1 A/D 和 D/A 转换器在计算机自动控制系统中起什么作用？

13.2 简述 D/A 转换器的基本工作原理，它一般由哪几部分组成？

13.3 试从结构、特点和工作原理等方面比较权电阻网络 D/A 转换器和倒 T 型电阻网络 D/A 转换器。

13.4 A/D 转换器与 D/A 转换器的分辨率和精度各指什么？

13.5 DAC 0832 有何特点？用它作双极性输出时，输出电路如何连接？试用图来说明。

13.6 D/A 转换器和微处理器接口时要考虑的问题有哪些？如何解决？

13.7 把模拟量转换成数字量一般要经过哪几步？这几步通过什么部件来实现？

13.8 A/D 转换为什么要进行采样？采样频率根据什么选定？

13.9 什么是量化？如何减小量化带来的误差？

13.10 简述逐次逼近式 A/D 转换器基本原理。

13.11 A/D 转换器和微处理器接口中的关键问题有哪些？

13.12 有几种方法解决 A/D 转换器与微处理器接口中的时间配合问题？

13.13 若输入模拟信号的最高有效频率为 5 MHz，问采样频率应选择多大？

13.14 图 13.13 所示的 A/D 转换电路，试说明该转换器的运行过程，以及各信号的作用。

图 13.13　13.14 题图

附录一 半导体器件的命名方法

我国生产的各种半导体器件的型号是根据国家标准 GB249-74《半导体器件型号命名方法》统一命名的。其型号的表示及其代表意义如表附 1.1 所示。

表附 1.1 常用半导体器件型号的组成部分及其意义

第一部分		第二部分		第三部分		第四部分	第五部分
用数字表示器件的电极数目		用汉语拼音字母表示器件的材料		用汉语拼音字母表示器件类型符号		数字表示器件序号	用汉语拼音字母表示规格号
符号	意义	符号	意义	符号	意义		
2	二级管	A	N 型锗材料	P	普通管		
		B	P 型锗材料	V	微波管		
		C	N 型硅材料	W	稳压管		
		D	P 型硅材料	Z	整流管		
3	三极管	A	PNP 型锗材料	K	开关管		
		B	NPN 型锗材料	X	低频小功率管($f_\alpha<3$ MHz,$P_o<1$ W)		
		C	PNP 型硅材料	G	高频小功率管($f_\alpha\geq3$ MHz,$P_o<1$ W)		
		D	NPN 型硅材料	D	低频大功率管($f_\alpha<3$ MHz,$P_o\geq1$ W)		
		E	化合物材料	A	高频大功率管($f_\alpha\geq3$ MHz,$P_o\geq1$ W)		
				T	半导体闸流管(可控整流器)		
				CS	场效应器件		
				FH	复合管		

注:场效应管、复合管的型号命名只有第三、四、五部分。

示例 1 硅 NPN 型高频小功率晶体管

示例 2 场效应管

附录二　线性网络常用定理与定律

一、欧姆定律

加在导体两端间的电压 u 与流经导体中的电流 i 成正比，这种关系称为欧姆定律。在电压与电流的关联参考方向下（如图附 2.1(a) 所示），线性电阻的伏安特性如图附 2.1(b) 所示。用公式表示为

$$u = Ri \qquad (\text{附 -1})$$

式中 R 为导体的电阻，它是一个反映电路中的电能损耗的电路参数，其定义为 $R = \dfrac{u}{i}$。线性电阻是一个常量，u、i 是电路的变量，它们可以是直流也可以是交流，电阻的单位是欧姆，或用 Ω 表示。

(a) u 与 i 的关联参考方向　　(b) 伏安特性

图附 2.1　电阻元件特征

线性电阻元件也可用电导来表示，电导的符号是 G，定义 $G = \dfrac{1}{R}$，电导的单位是西门子，或用 S 表示。用电导表示线性电阻元件时，欧姆定律为

$$i = Gu \qquad (\text{附 -2})$$

二、克希霍夫电流定律(KCL)

KCL 是用来确定连接在同一节点上各支路电流间关系的基本定律。由于电流的连续性，电路中任一点（包括节点在内）均不能堆积电荷，因此在任一时刻，流出某一节点的电流之和应该等于流入该节点的电流之和。例如，在图附 2.2 中：

$$i_1 = i_2 + i_3$$

或

$$-i_1 + i_2 + i_3 = 0$$

图附 2.2　电路举例

所以 KCL 归纳为,在集中参数电路中,任何时刻,对任一节点,流出(或流入)该节点的所有支路电流的代数和等于零,其数学表达式为

$$\sum i = 0 \tag{附-3}$$

在上式中,规定流出节点的电流取"+"号,流入节点的电流取"-"号。

KCL 原是适用于单一节点的,也可以把它推广用于电路的任一假设的封闭面。在图附 2.3 中同样满足 $\sum i = 0$。

图附 2.3　KCL 用于任一封闭面

三、克希霍夫电压定律(KVL)

KVL 是用来确定连接在同一回路中各段电压间关系的基本定律。电路中任一点的电位具有单值性。因此,在任一时刻,从任一节点出发经过若干支路绕行一个回路再回到原节点,电位的总降低量等于电位的总升高量,原节点的电位不发生变化。例如在图附 2.2 电路中,$abcda$ 各段电压的参考极性如图所示。按顺时针方向绕行,电压参考方向与回路绕行方向一致的电压取正号(从"+"极性走向"-"极性),电压参考方向与回路绕行方向相反时(从"-"极性走向"+"极性)取负号。列回路方程为

$$u_1 + u_2 = u_s$$

或

$$u_1 + u_2 - u_s = 0$$

因此 KVL 归纳为,在集中参数电路中,任何时刻,沿任一回路各段电压的代数和恒等于零,其数学表达式为

$$\sum u = 0 \qquad\qquad (\text{附-4})$$

KVL 也可以推广到电路中任何假想的回路,如图附 2.4 所示。假设有回路 $abca$,其中 ab 段未画出支路,对于这个假想回路,如从 a 点出发,顺时针绕行一周,按图中规定的参考方向有

$$u + u_1 - u_s = 0$$

或
$$u = u_s - u_1$$

图附 2.4　KVL 用于任一回路

四、戴文宁定理

任一线性有源二端网络,对外部电路来说,可以用一个电压源串联阻抗支路来等效。电压源的电压等于该网络端口的开路电压 $\dot{U}_{oc} = \dfrac{Z_1}{Z_1 + Z_2}\dot{U}_S$,而等效阻抗 Z_0 则等于该网络中全部独立电源为零值时从端口看进去的阻抗。这种等效关系可用图附 2.5(b) 表示。

(a) 一般电路　　　　　(b) 戴文宁等效电路　　　　　(c) 诺顿等效电路

图附 2.5　戴文宁等效电路和诺顿等效电路

五、诺顿定理

任一线性有源二端网络,对外部电路来说,可以用一个电流源并联阻抗支路来等效。电流源的电流等于该网络端口的短路电流 $\dot{I}_S = \dfrac{\dot{U}_S}{Z_1}$,阻抗 Z_0 等于该网络全部独立电源为零值时从端口看进去的等效阻抗。这种等效关系可用图附 2.5(c) 来表示。

应用上述两个定理要注意两个问题:

第一,等效电路只对外部等效,即适用于计算等效部分以外电路的电压和电流,而不适用于计算等效部分以内电路的电压和电流;

第二,只要单口网络内部是线性的,外部电路含有非线性元件,定理仍适用。

六、迭加定理

在线性电路中,当含有两个或两个以上的独立电源(电压源或电流源)作用时,则任一支路的电压或电流都可以看作是电路中各个电源单独作用于电路时在该支路上产生的电压分量和电流分量的代数和。

使用迭加定理时应注意:考虑任一电源单独作用时,其他电源应视为零值。即电压源用短路代替,电流源用开路代替。而受控源则必须保留,受控源是否取零值,要由控制量决定。用迭加定理求解例子如图附 2.6 所示,图中:

$$I'_2 = \frac{U_S}{R_1 + R_2}, \quad I''_2 = \frac{R_1}{R_1 + R_2} I_S$$

而
$$I_2 = I'_2 + I''_2$$

(a) U_S、I_S 共同作用　　(b) U_S 单独作用　　(c) I_S 单独作用

图附 2.6　用迭加定理求 $I_2 = I'_2 + I''_2$

部分习题参考答案

习 题 1

1.3 (a) 0.7 V   (b) 1.5 V   (c) 4.3 V

1.5 (1) $U_F=0$ V, $I_R=5$ mA, $I_{DA}=2.5$ mA, $I_{DB}=2.5$ mA
    (2) $U_F=0$ V, $I_R=5$ mA, $I_{DA}=0$ mA, $I_{DB}=5$ mA
    (3) $U_F=3$ V, $I_R=2$ mA, $I_{DA}=1$ mA, $I_{DB}=1$ mA

1.10 0.5 KΩ

1.11 (1) N 沟道耗尽型,电路符号略   (2) -6 V   (3) 12 mA
    (4) 2 mA/V

习 题 2

2.9 (1) $I_B=50$ μA, $I_C=2$ mA, $U_{CE}=6$ V   (2) 略
    (3) $U_{C1}=0.7$ V,极性为右"$+$"、左"$-$";$U_{C2}=6$ V,极性为左"$+$"、右"$-$"。

2.10 (1) $I_B=30$ μA, $I_C=1.2$ mA, $U_{CE}=5.9$ V
    (2) 微变等效电路参见图 2.10
    (3) $\dot{A}_u=-\beta\dfrac{R_L'}{r_{be}}=-40\,\dfrac{5.1//2}{1.188}=-48.4$, $r_i\approx r_{be}=1.188$ kΩ, $r_o=R_C=5.1$ kΩ

2.11 (1) $I_B=\dfrac{U_{CC}-U_{BE}}{R_B+(1+\beta)R_E}=\dfrac{12-0.7}{200+(1+40)\times 2}=0.04(\text{mA})=40(\mu\text{A})$,
    $I_C=\beta I_B=40\times 0.04=1.6(\text{mA})$
    $U_{CE}=U_{CC}-I_C R_E=12-1.87\times 2=8.26(\text{V})$
    (2) 微变等效电路参见图 2.16(b)
    (3) $r_{be}=300+(1+\beta)\dfrac{26}{I_E}=300+(1+40)\dfrac{26}{1.6}=966(\Omega)=0.966$ kΩ

    $\dot{A}_u=\dfrac{\dot{U}_o}{\dot{U}_i}=\dfrac{(1+\beta)(R_E//R_L)}{r_{be}+(1+\beta)(R_E//R_L)}=\dfrac{(1+40)\times 1.2}{0.966+(1+40)\times 1.2}=0.98$

    $r_i=R_B//[r_{be}+(1+\beta)(R_E//R_L)]=200//[0.966+(1+40)\times 1.2]$
    $=40(\text{k}\Omega)$

$$r_o = \frac{r_{be} + R_S // R_B}{1+\beta} = 26(\Omega)$$

2.12 (1) $U_B = \dfrac{R_{B2}}{R_{B1}+R_{B2}} U_{CC} = \dfrac{10}{20+10} \times 12 = 4(V)$

$I_C \approx I_E = \dfrac{U_B - U_{BE}}{R_E} = \dfrac{4-0.7}{2} = 1.65(mA)$

$I_B = \dfrac{I_C}{\beta} = \dfrac{1.65}{50} mA = 33(\mu A)$

$U_{CE} = U_{CC} - I_C(R_C + R_E) = 12 - 1.65(3+2) = 3.75(V)$

(2) 微变等效电路参见图 2.14(b)

(3) $r_{be} = 300 + (1+\beta)\dfrac{26}{I_E} = 300 + (1+50)\dfrac{26}{1.65} = 1.1(k\Omega)$

$\dot{A}_u = \dfrac{\beta(R_C // R_L)}{r_{be}} = -\dfrac{50 \times 1.2}{1.1} = -54.5$

$r_i = R_{B1} // R_{B2} // r_{be} = 20 // 10 // 1.1 = 0.94(k\Omega)$

$r_o = R_C = 3(k\Omega)$

2.13 共模输入信号 $U_{ic} = \dfrac{1}{2}(U_{i1}+U_{i2}) = \dfrac{1}{2}(9-3) = 3(mV)$

差模输入信号 $U_{id} = \dfrac{1}{2}(U_{i1}-U_{i2}) = \dfrac{1}{2}(9+3) = 6(mV)$

2.14 (1) $U_G = \dfrac{R_{G2}}{R_{G1}+R_{G2}} U_{DD} = \dfrac{100}{100+500} \times 24 = 4(V)$

$I_D = \dfrac{U_S}{R_S} = \dfrac{U_G}{R_S} = \dfrac{4}{10} = 0.4(mA)$

$U_{DS} = U_{DD} - I_D(R_D + R_S) = 24 - 0.4(10+15) = 14(V)$

(2) 微变等效电路参见图 2.19(b)

(3) $\dot{A}_u = -g_m(R_D // R_L) = -2 \times \dfrac{15 \times 15}{15+15} = -15$

$r_i = R_G + R_{G1} // R_{G2} = 2000 + \dfrac{500 \times 100}{500+100} = 2083(k\Omega) = 2.08(M\Omega)$

$r_o = R_D = 15 \ k\Omega$

2.15 最大输出功率 $P_{OM} = \dfrac{(U_{CC}-U_{CES})^2}{2R_L} = \dfrac{(12-2)^2}{2 \times 8} = 6.25(W)$

电路效率 $\eta = \dfrac{\pi}{4} \times \dfrac{U_{CC}-U_{CES}}{U_{CC}} = \dfrac{\pi}{4} \times \dfrac{12-2}{12} = 65\%$

2.16 (1) $I_{B1} = I_{B2} = 33 \ \mu A, I_{C1} = I_{C2} = 1.65 \ mA, U_{CE1} = U_{CE2} = 5.4 \ V$

(2) $r_{be1} = r_{be2} = 300 + (1+\beta)\dfrac{26}{I_{E1}} = 300 + (1+50)\dfrac{26}{1.65} = 1103(\Omega) = 1.1 \ k\Omega$

$$r_{i2} = R'_{B1} \parallel R'_{B2} \parallel r_{be2} = 20 \parallel 10 \parallel 1.1 = 0.94(\text{k}\Omega)$$

$$\therefore \dot{A}_{u1} = -\frac{\beta(R_{C1} \parallel r_{i2})}{r_{be1}} = -\frac{50 \times (2 \parallel 0.94)}{1.1} = -29$$

$$\dot{A}_{u2} = -\frac{\beta(R_{C2} \parallel R_L)}{r_{be2}} = -\frac{50 \times (2 \parallel 2)}{1.1} = -45$$

$$\dot{A}_u = \dot{A}_{u1} \times \dot{A}_{u2} = (-29) \times (-45) = 1305$$

习 题 3

3.8 (1) 根据"虚断"概念，$i_+ = i_- = 0$，所以 $u_+ = u_i = 0.1$ V；又由于 $i_f = i_- = 0$，所以 $u_o = u_- = 0.1$ V；R_f 引入的反馈是电压串联负反馈。

(2) R_1、R_2 支路引入的是电压并联正反馈。

3.9 闭环放大倍数为 $A_f = \dfrac{A}{1+AF} = \dfrac{10^4}{1+10^4 \times 0.01} = 100$；相对变化率为 $\dfrac{dA_f}{A_f} = \dfrac{1}{1+A_f} \cdot \dfrac{dA}{A} = \dfrac{1}{1+10^4 \times 0.01} \times 10\% = 0.1\%$

3.10 $U_o = 18u_i$

3.12 用两级反相输入加法电路实现：第一级反相输入端连接的两个输入信号分别为 u_{i1} 和 u_{i2}，输出信号为 u_{O1}，实现运算 $u_{O1} = -(u_{i1} + 2u_{i2})$；第二级反相输入端连接的输入信号分别为 u_{O1}、u_{i3} 和 u_{i4}，输出信号为 u_O，实现运算 $u_O = -(u_{O1} + 5u_{i3} + 10u_{i4}) = u_{i1} + 2u_{i2} - 5u_{i3} - 10u_{i4}$，具体电路从略。

3.14 $u_o = 2.5$ V

3.15 所给电路的名称是"同相输入比例运算电路"；

输出电压 $u_o = \left(1+\dfrac{R_f}{R_1}\right)\dfrac{R_3}{R_2+R_3}u_i = \left(1+\dfrac{100}{50}\right) \times \dfrac{100}{50+100} \times 0.5 = 1(\text{V})$

3.16 第一级为电压跟随器，具有极高的输入电阻，起到减轻信号源负担的作用，且 $u_{O1} = u_i = 0.5$ V，作为第二级的输入；$u_O = -\dfrac{R_f}{R_1}u_{O1} = -\dfrac{100}{50} \times 0.5 = -1(\text{V})$，$R_2 = R_1 \parallel R_f = 100 \parallel 50 = 33(\text{k}\Omega)$。

3.17 (1) 第一级为积分运算电路，第二级为加法运算电路。

(2) $u_{O1} = -\dfrac{1}{RC}\int u_i dt$，$u_o = -\dfrac{R_f}{R_2}u_i - \dfrac{R_f}{R_3}u_{O1}$，将 $R_2 = R_3 = R_f = 20$ kΩ 代入，得：

$$u_O = -u_{O1} - u_i = \dfrac{1}{RC}\int u_i dt - u_i$$

(3) $u_O = \dfrac{1}{RC}t - u_i = 0$，$t = RC = 5 \times 10^5 \times 10 \times 10^{-6} = 5(\text{s})$

习 题 4

4.8 $U_2 = U_o/0.9 = 18\text{ V}/0.9 = 20\text{ V}$

4.9 $I_{omax} = \dfrac{U_o}{R_L} = \dfrac{U_Z}{R} = \dfrac{9\text{ V}}{0.9\text{ k}\Omega} = 10\text{ mA}$，根据 R 应满足的关系式：

$$\dfrac{U_{Imax} - U_o}{I_{Zmax} + I_{omin}} < R < \dfrac{U_{Imin} - U_o}{I_{Zmin} + I_{omax}} \quad 得：\dfrac{24 \times 1.1 - 9}{26 + 0} < R < \dfrac{24 \times 0.9 - 9}{5 + 10}$$

所以 R 的取值范围为 $0.67\text{ k}\Omega < R < 0.84\text{ k}\Omega$

4.10 $I_{omax} = \dfrac{U_o}{R_L} = \dfrac{10}{2} = 5(\text{mA})$，$I_{Zmax} = (1.5 \sim 3)I_{omax} = 2 \times 5\text{ mA} = 10\text{ mA}$（选系数为 2），$U_Z = U_o = 10\text{ V}$；选择稳压二极管 2CW18，其 $U_Z = (10 \sim 12)\text{ V}$，$I_{zmin} = 5\text{ mA}$，$I_{zmax} = 20\text{ mA}$，$\dfrac{U_{Imax} - U_o}{I_{Zmax} + I_{omin}} < R < \dfrac{U_{Imin} - U_o}{I_{Zmin} + I_{omax}}$，$\dfrac{30 \times 1.1 - 10}{20 + 0} <$

$R < \dfrac{30 \times 0.9 - 10}{5 + 5}$，$1.15\text{ k}\Omega < R < 1.7\text{ k}\Omega$

4.11 (1) $U_{omax} = \dfrac{R_1 + R_P + R_2}{R_2}(U_Z + U_{BE1}) = \dfrac{3 + 10 + 3}{3}(4 + 0.7) = 25(\text{V})$

$U_{omin} = \dfrac{R_1 + R_P + R_2}{R_2 + R_P}(U_Z + U_{BE1}) = \dfrac{3 + 10 + 3}{3 + 10}(4 + 0.7) = 5.8(\text{V})$

(2) $R_1 = R_2 = R_P$

4.12 D_2、D_4 方向错；D_Z 方向错；缺限流电阻 R。

习 题 5

5.3 (1) 1001010　　　(2) 11　　　(3) 110010　　　(4) 1101

5.4 12,173,255,10.3125

5.5 $(1001011)_2$，$(1100010)_2$，$(1000000)_2$，$(10000000)_2$，$(1111111111)_2$，$(100000.0101)_2$

5.7

真值	原码	补码	反码
0.1001011	0.1001011	0.1001011	0.1001011
−0.1011010	1.1011010	1.0100110	1.0100101
+1100110	01100110	01100110	01100110
−1100110	11100110	10011010	10011001

5.12 (1) $F_1 = F_2$　　　(2) $F_1 = F_2$

5.13 (1) (0,0,1) (0,1,1) (1,1,0) (1,1,1)

(2) (0,0,0) (1,0,0) (1,0,1) (1,1,0) (1,1,1)

(3) (0,1,1) (1,0,0) (1,0,1)

5.14 (1) $f' = [AB + \overline{AC} + C(D+E)]F$
(2) $f' = \overline{\overline{A} + \overline{B} + \overline{C}} + \overline{A}C$

5.15 (1) $\overline{f} = \overline{A}BC + A\overline{B}\,\overline{C}$
(2) $\overline{f} = (\overline{A}+B)(B+\overline{C})(\overline{C}+A\overline{D})$

5.16 (1) 证明　左边 $= AB + C(\overline{A}+\overline{B}) = AB + \overline{AB}C = AB + C$
　　　　　　　$=$ 右边，证毕。

(3) 证明　左边 $= BC + D + (\overline{B}\,\overline{D} + \overline{C}\,\overline{D})(DA+B)$
　　　　　　　$= BC + D + B\overline{C}\,\overline{D}$
　　　　　　　$= BC + D + B\overline{C}$
　　　　　　　$= B(C+\overline{C}) + D$
　　　　　　　$= B + D$
　　　　　　　$=$ 右边，证毕。

(5) 证明　左边 $= (A\overline{B} + B\overline{C} + C\overline{A}) + \overline{C}A + \overline{B}C + \overline{A}B$
　　　　　　　$= \overline{A}B + \overline{B}C + \overline{C}A$
　　　　　　　$=$ 右边，证毕。

5.17 (1) $F = \overline{A}\,\overline{B}\,\overline{C} + AB + BC$
(3) $F = \overline{A} + D + \overline{B}\,\overline{C}$
(5) $F = AB + \overline{A}C + \overline{B}\,\overline{C}[= A\overline{C} + BC + \overline{A}\,\overline{B}]$

习 题 6

6.2 由 3 输入"与非"门的输出逻辑表达式 $F = \overline{A_1 \cdot A_2 \cdot A_3}$ 可知，若其中任意一个输入端的电平为低电平（逻辑 0），则可确定其输出一定为高电平（逻辑 1）；否则，不能确定其输出电平。对于"或非"门，若其中任意一个输入端的电平为高电平（逻辑 1），则可确定其输出一定为低电平（逻辑 0）；否则，不能确定其输出电平。

6.7 原式的最简"与或"表达式为 $F = A\overline{B} + \overline{A}C + \overline{C}D + BE$。若所实现电路的输入端既提供原变量，又提供反变量，则需用 5 块"与非"门实现，逻辑图从略。

习 题 7

7.4 (1) $F = \sum m(0,1,2,3,6,10,12,13,14,15)$

(2) $F = \sum m(7,8,9,10,11,14)$

(3) $F = \sum m(1,4,5,6,7)$

7.10 (1) $F=G$ (2) $F=\overline{G}$

7.11 (1) $F(A,B,C,D)=\overline{A}\,\overline{B}\,\overline{C}+\overline{A}B\,\overline{D}+ABC+A\,\overline{C}D[=\overline{A}\,\overline{D}\,\overline{C}+\overline{B}\,\overline{C}D+ABD+BC\,\overline{D}]$

(3) $F(A,B,C,D)=\overline{C}D+AB\,\overline{D}+\overline{B}C\,\overline{D}[=\overline{C}D+AB\,\overline{C}+\overline{B}C\,\overline{D}]$

7.14 分别找出两个电路的输出逻辑表达式,从中可以发现,两个电路的逻辑功能相同。

习 题 9

9.8 相应的状态图如图 XD.1 所示：

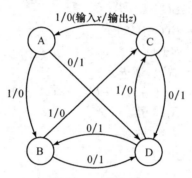

图 XD.1 状态图

9.9 (1)列出电路的输出函数表达式和触发器的激励函数表达式：

$$Z=\overline{Q\cdot x}$$
$$D=x\oplus Q$$

(2)把触发器的激励函数表达式代入 D 触发器的次态方程 $Q^{n+1}=D$ 中,得：
$$Q^{n+1}=x\oplus Q=\overline{x}Q+x\overline{Q}$$

(3)列状态表和状态图,如表 XD-1 和图 XD.2 所示。

表 XD-1 状态表

现态 Q \ 输入 x	0	1
0	0/1	1/1
1	1/1	0/0

图 XD.2 状态图

该电路属 Mealy 型；当输入序列为 10110111 且电路的初始状态为 0 时,其时序波形图如图 XD.3 所示。

图 XD.3 时序波形图

9.11 (1) 给定状态图的对应状态表如表 XD-2 所示:

表 XD-2 状态表

现态 $Q_1 Q_2$ \ 输入 x	0	1
0 0	00/0	10/1
0 1	11/0	01/0
1 0	01/0	10/1
1 1	11/0	00/0

$Q_1^{n+1} Q_2^{n+1}/Z$(次态/输出)

(2) 由表 XD-2 所示状态表及 D 触发器的激励表导出各触发器的激励函数表达式和电路的输出函数表达式:

表 XD-3 导出表

x	Q_1	Q_2	Q_1^{n+1}	Q_2^{n+1}	D_1	D_2	Z
0	0	0	0	0	0	0	0
0	0	1	1	1	1	1	0
0	1	0	0	1	0	1	0
0	1	1	1	1	1	1	0
1	0	0	1	0	1	0	1
1	0	1	0	1	0	1	0
1	1	0	1	0	1	0	1
1	1	1	0	0	0	0	0

用卡诺图化简,如图 XD.4 所示:

图 XD.4 用卡诺图化简

(3) 电路的逻辑图从略。

习 题 10

10.1 用 D 触发器、JK 触发器可以构成移位寄存器；基本 RS 触发器、钟控 RS 触发器不能用来构成移位寄存器，理由是：基本 RS 触发器没有时钟控制端，难以实现在移位脉冲作用下的移位操作。钟控 RS 触发器虽有时钟控制端，但它要求在时钟脉冲期间输入信号严格保持不变，而移位操作恰好会在移位脉冲（即时钟脉冲）期间输入信号发生改变。

10.4 应满足的关系式为：$2^{n-1} < M \leqslant 2^n$

10.7 3 位移位寄存器的逻辑图如图 XD.5 所示：

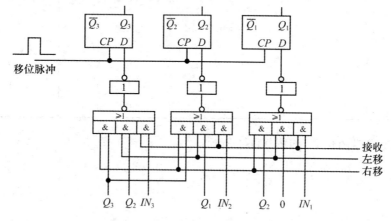

图 XD.5 3 位移位寄存器逻辑图

习 题 11

11.7 实现"二选一"选择器的 VHDL 程序：
```
LIBRARY IEEE;
USE IEEE.STD_LOGIC_1164.ALL;
ENTITY mux21 IS
    PORT(a, b: IN STD_LOGIC;
         s: IN STD_LOGIC;
         y: OUT STD_LOGIC);
END ENTITY mux21;
ARCHITECTURE behav OF mux21 IS
  BEGIN
    y <= a WHEN S='0' ELSE
         b;
END ARCHITECTURE behav;
```

11.8 ① 化简结果：$F(A,B,C)=\overline{A}\,\overline{B}\,\overline{C}+AB+AC$

② VHDL 程序：
```
ENTITY RLT IS
    PORT(A,B,C: IN BIT;
         F: OUT BIT);
END ENTITY RLT;
ARCHITECTURE behav OF RLT IS
  BEGIN
    F <= ((NOT A) AND (NOT B) AND (NOT C)) OR (A AND B) OR (A AND C);
END ARCHITECTURE behav;
```

习 题 13

13.13 根据采样定理（$f_s \geqslant 2f_{max}$），采样频率应选择为 $\geqslant 2 \times 5$ MHz。

13.14 该 A/D 转换器为一路输入的 A/D 转换器。当输入模拟量后，加入 START 信号启动转换；当转换结束时，转换结束信号 EOC 有效，在输出端输出转换后的数字量。

主要参考文献

[1] 李中发,主编.电子技术.北京:中国水利水电出版社,2005.
[2] 霍亮生,主编.电子技术基础.北京:清华大学出版社,2006.
[3] 席志红,主编.电子技术.哈尔滨:哈尔滨工程大学出版社,2004.
[4] 李守成,主编.电工电子技术.西安:西南交通大学出版社,2002.
[5] 田耘,徐文波.Xilinx FPGA 开发实用教程.北京:清华大学出版社,2008.
[6] 杨春玲,朱敏,主编.可编程逻辑器件应用实践.哈尔滨:哈尔滨工业大学出版社,2008.